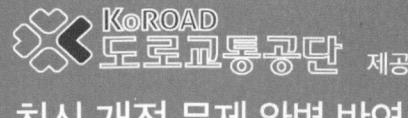
제공

최신 개정 문제 완벽 반영

100% 출제

2023 최신판

▶ 유튜버 홍시car가 알려주는

운전면허 필기시험

| 1종 · 2종 공통 |

홍시car 해설

최신 개정된 문제은행 1000제 중 40문제 100% 적중!

구독자 3만 자동차 유튜버 홍시car의 운전면허 합격 노하우!

이해하기 쉬운 해설로 핵심이론 및 합격요령 정리!

홍시car 유튜브
채널 바로가기

운전면허 학과시험 필기

한권으로 한방에 합격하기
100% 적중률! 1000항 출제!

CONTENTS

CHAPTER 01	문장형 문제	006
CHAPTER 02	사진형 문제	163
CHAPTER 03	일러스트형 문제	213
CHAPTER 04	안전표지형 문제	256
CHAPTER 05	동영상형 문제	290

문제 구성 및 배점

총 40문항이 출제되며 1종은 70점 이상, 2종은 60점 이상 득점하면 합격

문제유형		출제 문항	배점
문장형	4지1답	17	2
	4지2답	4	3
사진형	5지2답	6	3
일러스트형	5지2답	7	3
안전표지형	4지1답	5	2
동영상형	4지1답	1	5
합계		40문항	100점

운전면허 학과시험 1종·2종 공통

필기 문제은행

CHAPTER 01	문장형 문제	680문항 (4지1답·4지2답)
CHAPTER 02	사진형 문제	100문항 (5지2답)
CHAPTER 03	일러스트형 문제	85문항 (5지2답)
CHAPTER 04	안전표지형 문제	100문항 (4지1답)
CHAPTER 05	동영상형 문제	35문항 (4지1답)

Chapter 01 문장형 문제

680문항 | 4지1답·2답

001 다음 중 총중량 1.5톤 피견인 승용자동차를 4.5톤 화물자동차로 견인하는 경우 필요한 운전면허로 바람직하지 않은 것은?
① 제1종 대형면허 및 소형견인차면허
② 제1종 보통면허 및 대형견인차면허
③ 제1종 보통면허 및 소형견인차면허
④ 제2종 보통면허 및 대형견인차면허

해설 제2종 보통면허는 총중량 3.5톤 이하의 특수차를 운전할 수 있으므로 4.5톤 화물자동차를 운전할 수 없는 면허는 제2종 보통면허이다.

002 다음 중 도로교통법상 국제운전면허증 발급을 거부할 수 있는 경우는?
① 도로교통법 위반으로 벌점 15점이 부과된 경우
② 출입국관리법에 따라 외국으로 출국이 금지된 경우
③ 형사사건으로 벌금형을 선고 받고 벌금을 납부하지 않은 경우
④ 도로교통법 위반으로 부과된 범칙금을 납부하지 않은 경우(납부기간경과)

해설 도로교통법 제98조의 2(국제운전면허증 발급의 제한) 국제운전면허증을 발급받으려는 사람이 납부하지 아니한 범칙금 또는 과태료가 있는 경우 국제운전면허증 발급을 거부할 수 있다.

003 시·도경찰청장이 발급한 국제운전면허증의 유효기간은 발급받은 날부터 몇 년인가?
① 1년   ② 2년
③ 3년   ④ 4년

해설 도로교통법 제96조에 따라 국제운전면허증의 유효기간은 교부받은 날부터 1년이다.

004 도로교통법상 승차정원 15인승의 긴급 승합자동차를 처음 운전하려고 할 때 필요한 조건으로 맞는 것은?
① 제1종 보통면허, 교통안전교육 3시간
② 제1종 특수면허(대형견인차), 교통안전교육 2시간
③ 제1종 특수면허(구난차), 교통안전교육 2시간
④ 제2종 보통면허, 교통안전교육 3시간

해설 승차정원 15인승의 승합자동차는 1종 대형면허 또는 1종 보통 면허가 필요하지만, 긴급자동차 업무에 종사하는 사람은 도로교통법 시행령 제38조의2 제2항에 따른 신규(3시간) 및 정기교통안전교육(2시간)을 받으면 2종 보통면허로도 운전이 가능하다.

005 도로교통법상 연습운전면허의 유효 기간은?
① 받은 날부터 6개월
② 받은 날부터 1년
③ 받은 날부터 2년
④ 받은 날부터 3년

해설 연습운전면허증은 제1종과 제2종 보통연습면허로 나누며, 도로교통법 제81조에 따라 연습운전면허는 그 면허를 받은 날부터 1년 동안 효력을 가진다.

| 정답 | 01 ④ 02 ④ 03 ① 04 ① 05 ②

006 도로교통법상 운전면허의 조건 부과기준 중 운전면허증 기재방법으로 바르지 않는 것은?

① A : 수동변속기
② E : 청각장애인 표지 및 볼록거울
③ G : 특수제작 및 승인차
④ H : 우측 방향지시기

해설 도로교통법 시행규칙 제54조(운전면허의 조건 등) 제3항에 의거, A는 자동변속기, B는 의수, C는 의족, D는 보청기, E는 청각장애인 표지 및 볼록거울, F는 수동제동기 가속기, G는 특수제작 및 승인차, H는 우측 방향지시기, I는 왼쪽 엑셀레이터이며, 신체장애인이 운전면허시험에 응시할 때 조건에 맞는 차량으로 시험에 응시해야 하며, 합격 후 해당 조건에 맞는 면허증을 발급받으면 된다.

007 승차정원이 11명인 승합자동차로 총중량 780킬로그램의 피견인자동차를 견인하고자 한다. 운전자가 취득해야 하는 운전면허의 종류는?

① 제1종 보통면허 및 소형견인차면허
② 제2종 보통면허 및 제1종 소형견인차면허
③ 제1종 보통면허 및 구난차면허
④ 제2종 보통면허 및 제1종 구난차면허

해설 승차정원 11명의 승합자동차는 제1종 보통면허 및 제1종 대형면허를 가지고 있어야 한다. 그리고 750kg를 초과하는 피견인 자동차를 견인하려면, 소형견인차 면허를 가지고 있어야 한다.

008 운전면허 종류별 운전할 수 있는 차에 관한 설명으로 맞는 것 2가지는?

① 제1종 대형면허로 아스팔트살포기를 운전할 수 있다.
② 제1종 보통면허로 덤프트럭을 운전할 수 있다.
③ 제2종 보통면허로 250시시 이륜자동차를 운전할 수 있다.
④ 제2종 소형면허로 원동기장치자전거를 운전할 수 있다.

해설 제1종 보통면허는 총중량 10톤 미만 특수자동차 및 적재중량 12톤 미만 화물자동차를 운전할 수 있으므로 덤프트럭은 1종대형면허가 있어야 한다. 125cc 이하 기종은 원동기장치자전거로 분류되며 2종 보통면허로 운전 가능하지만, 125cc 초과 시엔 2종 소형면허가 있어야 운전할 수 있다.

009 승차정원이 12명인 승합자동차를 도로에서 운전하려고 한다. 운전자가 취득해야 하는 운전면허의 종류는?

① 제1종 대형견인차면허
② 제1종 구난차면허
③ 제1종 보통면허
④ 제2종 보통면허

해설 승차정원 15명 이하 승합자동차는 제1종 보통면허로 운전 가능하다. ①, ②, ④는 승차정원 10명 이하의 승합자동차 운전 가능하다.

010 다음 중 제2종 보통면허를 취득할 수 있는 사람은?

① 한쪽 눈은 보지 못하나 다른 쪽 눈의 시력이 0.5인 사람
② 붉은색, 녹색, 노란색의 색채 식별이 불가능한 사람
③ 17세인 사람
④ 듣지 못하는 사람

> **해설** 도로교통법 시행령 제45조 제1항 나목에 따라 제2종 운전면허 응시자격은 만 18세 이상, 두 눈을 동시에 뜨고 잰 시력이 0.5 이상(다만, 한쪽 눈을 보지 못하는 사람은 다른 쪽 눈의 시력이 0.6 이상)의 시력이 있어야 한다. 또한 적, 녹, 황색의 색채 식별이 가능해야 응시할 수 있다.

011 다음 중 도로교통법상 원동기장치자전거의 정의(기준)에 대한 설명으로 옳은 것은?

① 배기량 50시시 이하 - 최고정격출력 0.59킬로와트 이하
② 배기량 50시시 미만 - 최고정격출력 0.59킬로와트 미만
③ 배기량 125시시 이하 - 최고정격출력 11킬로와트 이하
④ 배기량 125시시 미만 - 최고정격출력 11킬로와트 미만

> **해설** 자동차관리법 제3조의 규정에 따르면 원동기장치자전거의 정의는 배기량 125cc 이하이거나, 전기를 동력으로 사용하는 경우는 최고정격출력 11kw 이하의 이륜자동차를 의미한다.

012 다음 중 도로교통법상 제1종 대형면허 시험에 응시할 수 있는 기준은?(이륜자동차 운전경력은 제외)

① 자동차의 운전경력이 6개월 이상이면서 만 18세인 사람
② 자동차의 운전경력이 1년 이상이면서 만 18세인 사람
③ 자동차의 운전경력이 6개월 이상이면서 만 19세인 사람
④ 자동차의 운전경력이 1년 이상이면서 만 19세인 사람

> **해설** 도로교통법 제82조 제1항 제6호에 따라 제1종 대형면허는 만 19세 이상, 제1종, 제2종 보통 면허 취득 후 1년이 경과한 사람이 응시할 자격이 주어진다.

013 거짓 그밖에 부정한 수단으로 운전면허를 받아 벌금 이상의 형이 확정된 경우 얼마 동안 운전면허를 취득할 수 없는가?

① 취소일로부터 1년
② 취소일로부터 2년
③ 취소일로부터 3년
④ 취소일로부터 4년

> **해설** 도로교통법 제82조 제2항에 따라 거짓 그 밖에 부정한 수단으로 운전면허를 발급받아 벌금 이상의 형이 확정된 경우, 운전면허 취득 결격기간은 취소일로부터 2년이다.

014 도로주행시험에 불합격한 사람은 불합격한 날부터 ( )이 지난 후에 다시 도로주행시험에 응시할 수 있다. ( )에 기준으로 맞는 것은?

① 1일   ② 3일
③ 5일   ④ 7일

> **해설** 도로교통법 시행령 제49조 제4항에 따라 도로주행시험에 불합격한 사람은 불합격한 날부터 3일이 지난 후에 다시 도로주행시험에 응시할 수 있다. 예를 들어 1일에 불합격을 했다면, 4일부터 재응시할 수 있다.

| 정답 | 10 ④ | 11 ③ | 12 ④ | 13 ② | 14 ② |

015 개인형 이동장치 운전자의 자세로 바르지 않은 것은?

① 인명보호 장구를 착용한다.
② 사용설명서 및 사용방법을 숙지 후 운행한다.
③ 운행에 방해될 수 있는 수화물 및 소지품을 휴대하지 않는다.
④ 자동차 전용도로 및 보도로 주행하여 안전하게 운행한다.

해설 개인형 이동장치는 고속도로, 자동차 전용도로를 주행해서는 안 된다. 개인형 이동장치는 자전거 도로 등 허용된 곳에서만 인명보호 장구를 착용하고 주행하여야 한다.

016 원동기 장치자전거 중 개인형 이동장치의 정의에 대한 설명으로 바르지 않은 것은?

① 오르막 각도가 25도 미만이어야 한다.
② 차체 중량이 30킬로그램 미만이어야 한다.
③ 자전거등이란 자전거와 개인형 이동장치를 말한다.
④ 시속 25킬로미터 이상으로 운행할 경우 전동기가 작동하지 않아야 한다.

해설 개인형 이동장치는 1~2인승 소형 이동수단을 의미하며, 전동킥보드, 전동휠, 전기자전거 등이 있다. 최고속도는 25km/h 미만이어야 하며, 차체중량이 30kg 미만이어야 한다. 등판각도는 규정되어 있지 않다.

017 개인형 이동장치의 기준에 대한 설명이다. 바르게 설명된 것은?

① 원동기를 단 차 중 시속 30킬로미터 이상으로 운행할 경우 전동기가 작동하지 아니하여야 한다.
② 최고 정격출력 11킬로와트 이하의 원동기를 단 차로 전기자전거를 포함한다.
③ 최고 정격출력 11킬로와트 이하의 원동기를 단 차로 차체 중량이 35킬로그램 미만인 것을 말한다.
④ 차체 중량은 30킬로그램 미만이어야 한다.

해설 개인형 이동장치 중 원동기를 단 차는 시속 25km/h 미만으로 운행해야 하며, 최고 정격출력 11kw 이하, 차체 중량은 30kg 미만이어야 한다.

018 다음 중 운전면허 취득 결격기간이 2년에 해당하는 사유 2가지는?(벌금 이상의 형이 확정된 경우)

① 무면허 운전을 3회한 때
② 다른 사람을 위하여 운전면허시험에 응시한 때
③ 자동차를 이용하여 감금한 때
④ 정기적성검사를 받지 아니하여 운전면허가 취소된 때

해설 무면허 운전은 1년 이하의 징역이나 300만 원 이하의 벌금, 1년의 결격 기간을 받게 되며, 3회 이상 무면허 운전을 한 경우에는 면허 취득의 결격 기간이 2년입니다. 운전면허 시험 대리응시는 공무집행방해죄가 성립되며 5년 이하의 징역 또는 1,000만 원 이하의 벌금에 처하며 운전면허 취득 결격 기간이 2년입니다. 자동차를 이용하여 감금한 때는 운전면허 취득 결격기간이 1년이고, 정기적성 검사를 받지 아니하여 운전면허가 취소된 때는 결격 기간이 없다.

| 정답 | 15 ④ 16 ① 17 ④ 18 ①, ②

019 도로교통법상 개인형 이동장치에 대한 설명으로 틀린 것은?

① 운전자는 앞 차의 우측으로 앞지르기할 수 있다.
② 도로에서 운전하는 경우 인명보호 장구를 착용해야 한다.
③ 도로에서 어린이가 운전하는 경우 보호자가 감독해야 한다.
④ 자전거도로에서 운전하는 경우 동승자에게도 인명보호 장구를 착용하게 해야 한다.

> **해설** 13세 미만 어린이는 보호자가 있더라도 개인형 이동장치를 운전할 수 없다. 개인형 이동장치 운전 중 앞차가 서행하거나 정지하게 되면, 앞차의 우측으로 앞지르기할 수 있다. 그리고 자전거 등 개인형 이동장치 운행 시 행정안전부령으로 정하는 인명보호 장구를 착용해야 하며, 동승자도 착용하여야 한다.

020 도로교통법상 원동기장치자전거는 전기를 동력으로 하는 경우에는 최고정격출력 (　) 이하의 이륜자동차이다. (　)에 기준으로 맞는 것은?

① 11킬로와트
② 9킬로와트
③ 5킬로와트
④ 0.59킬로와트

> **해설** 도로교통법 제2조(용어) 원동기장치자전거란 배기량 125cc 이하, 전기를 동력으로 사용하는 경우 최고 정격출력 11kw 이하의 이륜자동차여야 한다.

021 다음 중 도로교통법에서 사용되고 있는 "연석선" 정의로 맞는 것은?

① 차마의 통행방향을 명확하게 구분하기 위한 선
② 자동차가 한 줄로 도로의 정하여진 부분을 통행하도록 한 선
③ 차도와 보도를 구분하는 돌 등으로 이어진 선
④ 차로와 차로를 구분하기 위한 선

> **해설** 도로교통법 제2조(정의) 제4호 연석선의 정의는 차도와 보도를 구분하는 선이다. 차마의 통행방향을 구분하기 위한 선은 중앙선이며, 자동차가 한 줄로 도로의 정하여진 부분을 통행하도록 하는 선은 차로이며, 차로와 차로를 구분하기 위한 선은 차선이다.

022 도로교통법상 개인형 이동장치와 관련된 내용으로 맞는 것은?

① 승차정원을 초과하여 운전
② 운전면허를 반납한 만 65세 이상인 사람이 운전
③ 만 13세 이상인 사람이 운전면허 취득 없이 운전
④ 횡단보도에서 개인형 이동장치를 끌거나 들고 횡단

> **해설** 도로교통법 제13조의2 제6항 자전거등의 운전자가 횡단보도를 이용하여 도로를 횡단할 때는 자전거등에서 내려서 자전거등을 끌거나 들고 보행하여야 한다. 승차정원을 초과 시 범칙금 4만 원, 무면허운전 범칙금 10만 원이며, 13세 미만 어린이가 운전 시 보호자에게 과태료 10만 원이 부과된다.

| 정답 | 19 ③ | 20 ① | 21 ③ | 22 ④ |

023 도로교통법상, 고령자 면허 갱신 및 적성검사의 주기가 3년인 사람의 연령으로 맞는 것은?

① 만 65세 이상
② 만 70세 이상
③ 만 75세 이상
④ 만 80세 이상

해설 도로교통법 제87조 제1항 만 65세 이상인 사람은 1종, 2종 관계없이 5년 주기로 운전면허를 갱신해야 하며, 만 75세 이상인 사람은 갱신주기 3년이다.

024 다음은 도로교통법령상 운전면허증을 발급 받으려는 사람의 본인여부 확인 절차에 대한 설명이다. 틀린 것은?

① 주민등록증을 분실한 경우 주민등록증 발급신청 확인서로 가능하다.
② 신분증명서 또는 지문정보로 본인 여부를 확인할 수 없으면 시험에 응시할 수 없다.
③ 신청인의 동의 없이 전자적 방법으로 지문정보를 대조하여 확인할 수 있다.
④ 본인여부 확인을 거부하는 경우 운전면허증 발급을 거부할 수 있다.

해설 도로교통법 제87조의 2, 도로교통법시행규칙 제57조(운전면허시험응시) 신분증명서를 제시하지 못할 경우 신청인의 동의 하에, 전자적 방법으로 지문정보를 대조하여 본인 확인할 수 있다. 본인여부 확인이 불가하거나 거부하는 경우 운전면허증 발급이 불가하며, 신분증 외에 주민등록증 발급신청 확인서나 여권 등으로 본인확인이 가능하다.

025 연습운전면허를 발급받은 운전자가 운전연습 중 다음 교통사고를 일으킨 경우 연습면허가 취소되는 것은?

① 도로가 아닌 곳에서 교통사고를 일으킨 경우
② 물적피해 교통사고를 일으킨 경우
③ 전문학원 강사의 지시에 따라 운전하던 중 교통사고를 일으킨 경우
④ 인적피해 교통사고를 일으킨 경우

해설 고의가 아닌 상황에서 물적피해만 발생한 교통사고는 연습면허 취소 조건이 아니지만, 인적피해 교통사고를 일으킨 경우에는 연습면허 취소가 된다.

026 다음 중 특별교통안전 권장교육 대상자가 아닌 사람은?

① 운전면허를 받은 사람 중 교육을 받으려는 날에 65세 이상인 사람
② 운전면허효력 정지처분을 받고 그 정지기간이 끝나지 아니한 초보운전자로서 특별교통안전 의무교육을 받은 사람
③ 교통법규 위반 등으로 인하여 운전면허효력 정지처분을 받을 가능성이 있는 사람
④ 적성검사를 받지 않아 운전면허가 취소된 사람

해설 특별교통안전교육 대상자는 도로교통법 제73조(교통안전교육)에 따라
1. 운전면허를 받은 사람 중 교육을 받으려는 날에 65세 이상인 사람
2. 운전면허 정지를 받고, 그 기간이 끝나지 않은 초보운전자
3. 교통법규 위반 등으로 인하여 운전면허효력 정지처분을 받을 가능성이 있는 사람
적성검사를 받지 않아 운전면허가 취소된 사람은 5년 이내 신체검사와 학과시험을 응시하면 면허를 다시 발급받을 수 있다.

| 정답 | 23 ③ 24 ③ 25 ④ 26 ④

027 도로교통법상 자동차등의 운전에 필요한 기능에 관한 시험(장내기능시험)의 범위에 해당하지 않는 것은?

① 핸들, 브레이크, 방향지시기 등을 조작하는 능력
② 신호, 지정속도 등을 준수하면서 운전하는 능력
③ 운전 중 위험요소 등에 대한 지각 및 판단 능력
④ 연습운전면허를 소지하고 도로에서 주행하는 능력

해설 도로교통법시행령 제48조(자동차등의 운전에 필요한 기능에 관한 시험) 장내 기능시험은 자동차 조작법 등을 평가한다. 합격후에 연습운전면허가 발급되므로 그전에 도로주행은 불가하다.

028 제1종 운전면허를 발급받은 65세 이상 75세 미만인 사람(한쪽 눈만 보지 못하는 사람은 제외)은 몇 년마다 정기적성검사를 받아야 하나?

① 3년마다
② 5년마다
③ 10년마다
④ 15년마다

해설 1종, 2종 만 65세 이상 75세 미만인 사람은 5년마다 정기 적성검사를 받아야 하고, 75세 이상인 경우는 3년마다 받아야 한다. 단, 한쪽 눈만 보지 못하는 사람은 3년마다 받아야 한다.

029 운전면허증을 시·도경찰청장에게 반납하여야 하는 사유 2가지는?

① 운전면허 취소의 처분을 받은 때
② 운전면허 효력 정지의 처분을 받은 때
③ 운전면허 수시적성검사 통지를 받은 때
④ 운전면허의 정기적성검사 기간이 6개월 경과한 때

해설 운전면허증을 시·도경찰청장에게 반납해야 되는 상황은 운전면허 취소, 정지, 운전면허증을 분실 후 재발급받은 후에 분실된 운전면허증을 찾았을 때, 운전면허 정기적성검사 기간이 1년을 경과하였을 때이다.

030 도로교통법에 대한 설명 중 옳은 것은?

① 범칙금 또는 과태료를 미납하면 국제운전면허증을 발급받지 못할 수도 있다.
② 외국인이 국제운전면허증으로 음주운전을 하다가 인적피해 교통사고를 낸 경우 그 면허는 취소된다.
③ 제1종 보통면허 소지자는 교통안전교육만 받으면 운전면허 갱신이 가능하다.
④ 70세 이상의 노인은 운전면허를 취득할 수 없다.

해설 국제운전면허증은 범칙금 또는 과태료를 미납하면 발급받지 못할 수도 있다. 음주운전으로 인적 피해 사고를 낸 경우 내국인 외국인 모두 면허취소가 된다. 운전면허 갱신은 정기 적성검사를 받아야 갱신할 수 있으며, 70세 이상 노인은 운전면허를 취득할 수 있다.

| 정답 | 27 ④ 28 ② 29 ①,② 30 ①

031 다음 중 도로교통법령상 영문 운전면허증을 발급 받을 수 없는 사람은?

① 운전면허시험에 합격하여 운전면허증을 신청하는 경우
② 운전면허 적성검사에 합격하여 운전면허증을 신청하는 경우
③ 외국면허증을 국내면허증으로 교환 발급 신청하는 경우
④ 연습운전면허증으로 신청하는 경우

해설 도로교통법시행규칙 제78조(영문 운전면허증의 신청 등) 운전면허를 가지고 있거나, 운전면허시험을 모두 합격한 사람은 영문 운전면허증 발급이 가능하다. 하지만 연습운전면허 소지자는 영문운전면허증 발급 대상이 아니다.

032 도로교통법령상 제2종 보통면허로 운전할 수 없는 차는?

① 구난자동차
② 승차정원 10인 미만의 승합자동차
③ 승용자동차
④ 적재중량 2.5톤의 화물자동차

해설 도로교통법 시행규칙 별표18(운전할 수 있는 차의 종류) 제2종 보통면허로 운전할 수 있는 차량은 승용자동차, 승차정원 10인 이하 승합차, 적재중량 4톤 이하의 화물차, 총중량 3.5톤 이하의 특수차, 원동기장치자전거이다. 구난자동차를 운전하려면 제1종 특수면허가 있어야 한다.

033 운전면허시험 부정행위로 그 시험이 무효로 처리된 사람은 그 처분이 있는 날부터 (   )간 해당시험에 응시하지 못한다. (   )안에 기준으로 맞는 것은?

① 제1종 대형견인차면허
② 제1종 구난차면허
③ 제1종 보통면허
④ 제2종 보통면허

해설 승차정원 15명 이하 승합자동차는 제1종 보통면허로 운전 가능하다. ①, ②, ④는 승차정원 10명 이하의 승합자동차 운전 가능하다.

034 다음 중 도로교통법령상 운전면허증 갱신발급이나 정기 적성검사의 연기 사유가 아닌 것은?

① 해외 체류 중인 경우
② 질병으로 인하여 거동이 불가능한 경우
③ 군인사법에 따른 육·해·공군 부사관 이상의 간부로 복무중인 경우
④ 재해 또는 재난을 당한 경우

해설 도로교통법 시행령 제55조 제1항 운전면허증 갱신 또는 적성검사 연기 사유는 1. 해외에 체류 중인 경우 2. 재해 또는 재난을 당한 경우 3. 질병이나 부상으로 인하여 거동이 불가능한 경우 4. 법령에 따라 신체의 자유를 구속당한 경우 5. 군 복무 중(「병역법」에 따라 교정시설경비교도·의무경찰 또는 의무소방원으로 전환복무 중인 경우를 포함하고, 사병으로 한정한다)인 경우 6. 그 밖에 사회통념상 부득이하다고 인정할 만한 상당한 이유가 있는 경우이고, 부사관 이상의 간부로 복무 중인 경우는 해당하지 않는다.

| 정답 | 31 ④ 32 ① 33 ① 34 ③

035 도로교통법령상 운전면허증 갱신기간의 연기를 받은 사람은 그 사유가 없어진 날부터 (   ) 이내에 운전면허증을 갱신하여 발급받아야 한다. (   )에 기준으로 맞는 것은?

① 1개월 ② 3개월
③ 6개월 ④ 12개월

해설 도로교통법 시행령 제55조 제3항 운전면허증 갱신기간의 연기를 받은 사람은 그 사유가 없어진 날부터 3개월 이내에 운전면허증을 갱신하여 발급받아야 한다. 이 기간이 지나게 되면 면허 종류에 따라 과태료와 면허취소가 될 수 있다.

036 최초의 운전면허증 갱신기간은 운전면허시험에 합격한 날부터 기산하여 10년이 되는 날이 속하는 해의 (   )이다. (   )안에 기준으로 맞는 것은?

① 1월 1일부터 6월 30일까지
② 1월 1일부터 12월 31일까지
③ 7월 1일부터 9월 30일까지
④ 7월 1일부터 12월 31일까지

해설 최초의 운전면허증 갱신기간은 운전면허시험에 합격한 날부터 기산하여 10년 되는 날이 속하는 해의 1월 1일부터 12월 31일까지이다.

037 다음 타이어 특성 중 자동차 에너지 소비효율에 가장 큰 영향을 주는 것은 무엇인가?

① 노면 제동력
② 내마모성
③ 회전저항
④ 노면 접지력

해설 타이어가 자동차 에너지 소비효율에 가장 큰 영향을 주는 것은 회전저항이다. 단위 주행 거리당 소비되는 에너지로, 회전저항 측정 시험을 하고 그 수치를 에너지 소비효율 등급으로 표시해야 한다.

038 운전자가 가짜 석유제품임을 알면서 차량 연료로 사용할 경우 처벌기준은?

① 과태료 5만 원 ~ 10만 원
② 과태료 50만 원 ~ 1백만 원
③ 과태료 2백만 원 ~ 2천만 원
④ 처벌되지 않는다.

해설 석유 및 석유대체연료 사업법 시행령 별표 6 과태료 시행기준 고의로 가짜 석유제품을 사용할 경우 사용량에 따라 최소 2백만 원에서 최대 2천만 원까지 과태료가 부과될 수 있다.

039 출발 전 엔진룸을 열어서 차량 상태를 육안으로 점검할 사항으로 맞는 것은?

① 타이어의 공기압
② 제동등의 상태
③ 엔진오일의 적정량
④ 냉각수의 온도

해설 차량 엔진룸을 열게 되면 주요 부품들이 위치하고 있는데, 제일 큰 비중인 엔진의 상태를 보는 게 좋다. 엔진오일은 오일레벨 게이지를 뽑아서 한눈에 알 수 있지만, 냉각수의 온도는 온도계 없이 정확하게 확인하기 어렵다.

| 정답 | 35 ② 36 ② 37 ③ 38 ③ 39 ③

040 가짜 석유를 주유했을 때 자동차에 발생할 수 있는 문제점이 아닌 것은?

① 연료 공급장치 부식 및 파손으로 인한 엔진 소음 증가
② 연료를 분사하는 인젝터 파손으로 인한 출력 및 연비 감소
③ 윤활성 상승으로 인한 엔진 마찰력 감소로 출력 저하
④ 연료를 공급하는 연료 고압 펌프 파손으로 시동 꺼짐

해설 가짜석유를 자동차 연료로 사용하였을 경우, 연료 공급장치 부식 및 파손과 윤활성 저하로 인한 마찰력 증가로 연료 고압 펌프 및 인젝터 파손 등 큰 문제들이 발생할 수 있다.

041 자동차에 승차하기 전 주변점검 사항으로 맞는 2가지는?

① 타이어 마모상태
② 전 후방 장애물 유무
③ 운전석 계기판 정상작동 여부
④ 브레이크 페달 정상작동 여부

해설 타이어와 차량주변 장애물 유무는 차량 외부에서 확인 가능하고, 계기판과 브레이크 페달은 차량 내부에서 확인 가능하다.

042 일반적으로 무보수(MF : Maintenance Free)배터리 수명이 다한 경우, 점검창에 나타나는 색깔은?

① 황색   ② 백색
③ 검은색 ④ 녹색

해설 일반적인 자동차용 배터리 점검창의 수명은 컬러로 쉽게 확인할 수 있다. 정상인 경우 녹색(청색), 전해핵의 비중이 낮을 때는 검은색, 배터리의 수명이 다한 경우는 백색(적색)이다.

043 다음 중 차량 연료로 사용될 경우, 가짜 석유제품으로 볼 수 없는 것은?

① 휘발유에 메탄올이 혼합된 제품
② 보통 휘발유에 고급 휘발유가 약 5% 미만으로 혼합된 제품
③ 경유에 등유가 혼합된 제품
④ 경유에 물이 약 5% 미만으로 혼합된 제품

해설 가짜 석유제품의 기준은 석유제품에 다른 석유제품이 혼합된 것을 차량 연료로 사용할 목적으로 제조된 것을 말한다. 혼합량에 따른 별도 적용 기준이 없으므로 소량을 혼합해도 가짜 석유제품이다. 하지만 석유제품 이외의 물이나 침전물이 유입되는 경우는 가짜 석유제품이 아니고, 품질 부적합 제품으로 본다.

044 수소가스 누출을 확인할 수 있는 방법이 아닌 것은?

① 가연성 가스검지기 활용 측정
② 비눗물을 통한 확인
③ 가스 냄새를 맡아 확인
④ 수소검지기로 확인

해설 수소는 지구에서 가장 가벼운 원소로 무색, 무미, 무독한 특징을 가지고 있기 때문에 냄새로 정확한 확인이 어렵다. 수소가스 누출은 가연성 가스 검지기나 수소검지기로 확인 가능하고, 비눗물을 통해 누출되는 부위를 알 수 있다.

| 정답 | 40 ③ 41 ①,② 42 ② 43 ④ 44 ③

045 수소차량의 안전수칙으로 틀린 것은?

① 충전하기 전 차량의 시동을 끈다.
② 충전소에서 흡연은 차량에 떨어져서 한다.
③ 수소가스가 누설할 때에는 충전소 안전관리자에게 안전점검을 요청한다.
④ 수소차량의 충돌 등 교통사고 후에는 가스 안전점검을 받은 후 사용한다.

해설 수소 충전소는 가연성 물체를 다루는 곳이므로 충전소 주변은 절대 금연해야 한다. 또한 충전하기 전 차량의 시동을 꺼야하고, 충전소 기기는 교육된 인원에 의해서만 사용 및 유지 보수되어야 한다. 또한 수소차량의 문제가 있는 경우 안전점검을 받은 후 사용해야 한다.

046 다음 중 수소차량에서 누출을 확인하지 않아도 되는 곳은?

① 밸브와 용기의 접속부
② 조정기
③ 가스 호스와 배관 연결부
④ 연료전지 부스트 인버터

해설 수소차량에서 누출이 될 수 있는 부위는 가스호스와 배관 연결부, 밸브와 용기의 접속부, 조정기가 있다. 연료전지 부스트 인버터는 회생제동 시 발생하는 전기를 저장하는 곳이므로 가스누출과는 상관없는 부위이다.

047 우회전 차량 우측 앞바퀴와 우측 뒷바퀴의 회전 궤적의 차이는?

① 회전 저항
② 외륜차
③ 최소 회전 반경
④ 내륜차

해설 차량을 좌우로 나누었을 때, 핸들을 돌리는 방향과 함께 코너 안쪽의 앞바퀴와 뒷바퀴의 회전 반경의 차이를 내륜차, 핸들 돌리는 방향의 반대쪽 앞바퀴와 뒷바퀴의 회전 반경의 차이를 외륜차라고 한다. 즉 우회전 차량 우측 앞바퀴와 우측 뒷바퀴의 회전 궤적 차이는 내륜차이다.

048 LPG자동차 용기의 최대 가스 충전량은?

① 100% 이하(도넛형 95% 이하)
② 95% 이하(도넛형 90% 이하)
③ 85% 이하(도넛형 80% 이하)
④ 75% 이하(도넛형 70% 이하)

해설 LPG자동차 용기의 최대 가스 충전량은 85% 이하로 해야 하며, 도넛형 용기의 경우에는 80% 이하로 해야 한다.

049 LPG차량의 연료특성에 대한 설명으로 적당하지 않은 것은?

① 일반적인 상온에서는 기체로 존재한다.
② 차량용 LPG는 독특한 냄새가 있다.
③ 일반적으로 공기보다 가볍다.
④ 폭발 위험성이 크다.

해설 LPG는 공기보다 무겁고 폭발 위험성이 크기 때문에 끓는점이 낮아, 일반적인 상온에서는 기체 상태로 존재한다. 가스 자체는 무색무취이지만 차량용 LPG에는 특수한 향을 섞어 누출 여부를 쉽게 확인할 수 있도록 하고 있다.

| 정답 | 45 ② 46 ④ 47 ④ 48 ③ 49 ③

050 자동 주차시스템 및 주차 보조시스템이 갖춰진 자동차의 설명으로 바르지 않은 것은?

① 주차 보조시스템에 따른 동작이 모두 종료되어 주차가 완료될 때까지 운전자는 돌발 상황에 대비한다.
② 자동 주차시스템을 사용하여 주차 시 안전한 장소에서 주차가 완료될 때까지 운전자는 돌발 상황에 대비한다.
③ 자동 주차시스템을 작동하는 경우 주차완료 상태로 간주하여도 무방함으로 자리를 떠나도 된다.
④ 자동 주차시스템을 작동하는 경우 진행 예상 구역 앞이나 뒤 등 차량 가까이에서 대기하지 않는다.

해설 자동 주차시스템 및 주차 보조시스템은 운전자의 주차를 도와주는 편의기능이다. 완벽한 자율시스템이 아니기 때문에 오작동이 발생할 수 있어, 운전자가 돌발상황에 대비할 수 있도록 대기하여야 한다.

051 주행 보조장치가 장착된 자동차의 운전방법으로 바르지 않은 것은?

① 주행 보조장치를 사용하는 경우 주행 보조장치 작동 유지 여부를 수시로 확인하며 주행한다.
② 운전 개입 경고 시 주행 보조장치가 해제될 때까지 기다렸다가 개입해야 한다.
③ 주행 보조장치의 일부 또는 전체를 해제하는 경우 작동 여부를 확인한다.
④ 주행 보조장치가 작동되고 있더라도 즉시 개입할 수 있도록 대기하면서 운전한다.

해설 주행 보조장치는 운전자의 운전을 도와주는 편의 기능이다. 말 그대로 도와주는 기능이기 때문에 오작동이 일어날 수 있어, 운전자가 돌발상황에 대비할 수 있도록 대기하고, 주행보조 장치의 작동유무를 계속 확인하여야 한다. 운전개입 경고가 뜨는 즉시 개입해야 주행보조 장치가 해제되지 않는다.

052 자동비상제동장치가 장착된 자동차가 주행하고 있는 경우 안전운행 방법으로 바르지 않은 것은?

① 자동비상제동장치가 장착된 자동차가 급히 끼어들기를 할 경우 앞차와의 추돌을 피하기 위해 자동비상제동장치가 작동할 수 있으므로 양보 운전한다.
② 자동비상제동장치가 장착된 자동차는 오작동을 일으키지 않기 때문에 안전거리를 확보할 필요가 없다.
③ 자동비상제동장치가 장착된 자동차 앞으로 갑자기 끼어들기 하는 차량이 있는 경우 자동비상제동장치가 작동할 수 있기 때문에 안전거리를 확보한다.
④ 차량 진출로 및 정체 구간에서 앞차와의 안전거리를 제어하기 위해 제동장치가 작동할 수 있기 때문에 안전거리를 확보한다.

해설 자동비상제동장치 또한 운전자를 위한 안전, 편의 기능이기 때문에 오작동이 일어날 확률이 있으므로 항상 안전거리를 확보하면서 주행해야 한다.

053 다음은 타이어의 공기압이 부족할 때 문제점이다. 틀린 것은?

① 연비가 저하되어 손실이 따른다.
② 주행속도가 증가되어 위험하다.
③ 타이어와 휠이 분리되기 쉽다.
④ 주행저항이 커진다.

해설 타이어 공기압이 부족하면 주행 시 주행저항이 커지고 연비가 저하되며 타이어와 휠이 분리되기 쉬워진다. 또한 주행속도가 느려지며 위험상황이 발생될 수 있다.

정답 50 ③ 51 ② 52 ② 53 ②

054 다음 중 전기자동차 충전기 사용 시 잘못된 사항은?

① 장거리 운행 전, 충전소 위치 정보를 확인한다.
② 충전기 커넥터와 차량 충전 소켓 부위에 물기가 있을 때는 사용하지 않는다.
③ 충전기 전원이 차단되어 있을 때는 전원을 강제로 연결시켜 사용한다.
④ 충전 중에는 가급적 멀리 이동하지 말고, 연락처를 남겨 놓아야 한다.

해설 충전기 전원이 차단되어 있을 때는 사용자가 강제로 켜서는 안 되며, 충전기에 이상이 있을 시에는 사용을 중지하고, 담당자에게 연락한다. 전기를 다루는 곳인 만큼 물기에 유의해야 하며, 충전소가 협소한 경우 다음 사용자를 위하여 장시간 주차는 지양해야 한다.

055 다음 중 자동차의 연비에 대한 설명으로 맞는 것은?

① 자동차가 1리터의 연료로 주행할 수 있는 거리이다.
② 내연기관에서 피스톤이 움직이는 부피이다.
③ 내연기관의 크랭크축에서 발생하는 회전력이다.
④ 75킬로그램의 무게를 1초 동안에 1미터 이동하는 일의 양이다.

해설 자동차의 연비는 1리터의 연료로 주행할 수 있는 거리를 말한다. 예를 들어 연비가 10km/L인 차량은 1리터의 연료로 10km를 갈 수 있다는 뜻이다.

056 다음 중 운전자에게 엔진과열 상태를 알려주는 경고등은?

① 브레이크 경고등
② 수온 경고등
③ 연료 경고등
④ 주차브레이크 경고등

해설 엔진 과열과 관련된 경고등은 수온 경고등이다. 엔진 과열은 냉각수가 온도조절을 해주는데, 냉각수 수온이 적정 온도보다 많이 올라가면 엔진과열이 심각하다는 뜻이므로 정차 후 후드를 열어 자연냉각시켜야 한다. 그렇지 않으면 엔진의 부품이 손상될 가능성이 높다.

057 전기자동차 관리방법으로 옳지 않은 2가지는?

① 주차 시 지상주차장을 이용하는 것이 좋다.
② 장거리 운전 시에는 사전에 배터리를 확인하고 충전한다.
③ 충전 직후에는 급가속, 급정지를 하지 않는 것이 좋다.
④ 열선시트, 열선핸들보다 공기 히터를 사용하는 것이 효율적이다.

해설 전기자동차의 베터리는 저온에 취약하므로 특히 겨울철에는 실내주차를 하는 것이 좋다. 그리고 엔진미션이 없는 전기자동차는 히터 작동에 많은 전기 에너지를 사용한다. 따라서 겨울철에는 히터보다는 열선시트와 열선핸들을 사용하는 것이 전기 사용량을 줄일 수 있는 지름길이다.

정답 | 54 ③ 55 ① 56 ② 57 ①, ④

058 도로교통법령상 자동차(단, 어린이통학버스 제외) 창유리 가시광선 투과율의 규제를 받는 것은?

① 뒷좌석 옆면 창유리
② 앞면, 운전석 좌우 옆면 창유리
③ 앞면, 운전석 좌우, 뒷면 창유리
④ 모든 창유리

해설 가시광선 투과율이 낮으면 날이 어두운 야간이나 인적이 드문 곳에서 앞이 잘 보이지 않을 수 있다. 따라서 전방 시야 확보를 위한 전면과 운전석의 좌우 창유리는 가시광선 투과율이 70% 이상 되어야 한다.

059 자동차관리법령상 승용자동차는 몇 인 이하를 운송하기에 적합하게 제작된 자동차인가?

① 10인 ② 12인
③ 15인 ④ 18인

해설 승용자동차는 10인 이하를 운송하기에 적합하게 제작된 자동차이다. 11인승부터는 승합자동차로 분류된다.

060 자동차관리법령상 비사업용 신규 승용자동차의 최초검사 유효기간은?

① 1년 ② 2년
③ 4년 ④ 6년

해설 비사업용 신규 승용자동차의 최초 검사 유효기간은 4년이다. 이후 2년마다 검사를 해야 한다.

061 자동차관리법상 자동차의 종류로 맞는 2가지는?

① 건설기계
② 화물자동차
③ 경운기
④ 특수자동차

해설 자동차관리법상 자동차는 승용자동차, 승합자동차, 화물자동차, 특수자동차, 이륜자동차가 있다. 건설기계와 경운기는 토목이나 농업에 사용되는 기계로 분류된다.

062 비사업용 및 대여사업용 전기자동차와 수소 연료전지자동차(하이브리드 자동차 제외) 전용번호판 색상으로 맞는 것은?

① 황색 바탕에 검은색 문자
② 파란색 바탕에 검은색 문자
③ 감청색 바탕에 흰색 문자
④ 보랏빛 바탕에 검은색 문자

해설 배출가스가 나오지 않는 친환경 전기자동차와 수소연료전지 자동차의 번호판은 파란색 바탕에 검은색 문자로 되어있다. 황색 바탕에 검은색 문자는 영업용 자동차이며 감청색 바탕에 흰색 문자는 외교용 자동차, 보랏빛 바탕에 검은색 문자는 분홍빛 흰색 바탕에 보랏빛 검은색 문자로 표현할 수 있으며 비사업용 일반 자동차 번호판이다.

063 자동차관리법령상 구조변경 차량에 대한 안전도를 점검하기 위한 검사는?

① 신규검사
② 정기검사
③ 외관검사
④ 튜닝검사

해설 자동차 구조 및 장치를 변경하고자 하는 경우 안전기준에 반드시 적합하여야 승인이 가능하다. 그러므로 구조변경 차량에 대한 안전도 검사는 튜닝검사에 해당한다.

| 정답 | 58 ② 59 ① 60 ③ 61 ②,④ 62 ② 63 ④

064 자동차관리법령상 소형 승합자동차의 검사 유효기간으로 맞는 것은?

① 6개월 ② 1년
③ 2년 ④ 4년

해설 자동차관리법 시행규칙 별표15의2 경형, 소형의 승합 및 화물자동차의 검사 유효기간은 1년이다. 사업용 승용 자동차도 동일하게 검사 유효기간은 1년이고, 사업용 대형 화물 자동차는 등록 후 2년 이하인 경우 1년, 등록 후 2년 초과인 경우 6개월이다.

065 자동차관리법령상 차령이 6년이 지난 피견인 자동차의 검사 유효기간으로 맞는 것은?

① 6개월 ② 1년
③ 2년 ④ 4년

해설 자동차관리법 시행규칙 별표15의2 비사업용 승용자동차 및 피견인자동차의 검사 유효기간은 2년이고, 신규검사는 유효기간 4년이다.

066 자동차관리법령상 신차 구입 시 임시운행 허가 유효기간의 기준은?

① 10일 이내 ② 15일 이내
③ 20일 이내 ④ 30일 이내

해설 자동차관리법 시행령 제7조제2항제1호 임시운행 허가 유효기간은 주말 포함 10일 이내이다. 이 기간 안에 지자체 차량등록소를 방문하여 자동차 등록을 해야 한다.

067 다음 중 자동차관리법령에 따른 자동차 변경등록 사유가 아닌 것은?

① 자동차의 사용본거지를 변경한 때
② 자동차의 차대번호를 변경한 때
③ 소유권이 변동된 때
④ 법인의 명칭이 변경된 때

해설 자동차 등록원부에는 차량과 관련된 정보가 기재되어 있다. 따라서 사용 본거지나 차대번호 변경, 법인일 경우 명칭이 변경되었을 때 30일 이내에 변경등록을 신청해야 한다. 자동차 소유권 변동은 이전등록을 하여야 한다.

068 자동차의 화재 예방 요령에 대한 설명 중 가장 옳은 것은?

① 자동차 배선의 상태, 연료 계통, 점화 장치 등은 6개월마다 정기 점검한다.
② 주행 중 흡연 시 담뱃재는 차창 밖으로 버리는 것이 안전하다.
③ 차내에 라이터나 성냥을 보관할 때에는 반드시 서랍에 보관하여야 한다.
④ 화재 발생에 대비하여 차내에는 항상 소화기를 비치하고 사용법을 익혀 둔다.

해설 자동차 배선의 상태, 연료 계통, 점화 장치 등은 6개월이 아닌 수시로 점검하며, 주행 중 담뱃재는 차내에 안전하게 버려야 한다. 또한, 기온에 따라 차량 내부 온도 차이에 의해 폭발 위험성이 있으므로 차내에 라이터나 성냥을 보관하지 않는다.

| 정답 | 64 ② 65 ③ 66 ① 67 ③ 68 ④

069 화물자동차 운수사업법에 따른 화물자동차 운송사업자는 관련 법령에 따라 운행기록장치에 기록된 운행기록을 (   )동안 보관하여야 한다. (   ) 안에 기준으로 맞는 것은?

① 3개월　　② 6개월
③ 1년　　　④ 2년

해설 교통안전법 시행령 제45조 제2항, 교통안전법상 화물차 운행기록은 운송사업자가 6개월 동안 보관하여야 한다.

070 자동차관리법령상 자동차를 이전 등록하고자 하는 자는 매수한 날부터 (   ) 이내에 등록해야 한다. (   )에 기준으로 맞는 것은?

① 15일　　② 20일
③ 30일　　④ 40일

해설 자동차를 매수한 날부터 15일 이내 이전 등록해야 한다. 이전 등록 기간 10일 이내 경과 시 10만 원, 10일 초과 시 매 1일마다 1만 원씩 추가된다.

071 자동차관리법령상 자동차의 정기검사의 기간은 검사 유효기간 만료일 전후 (   ) 이내이다. (   )에 기준으로 맞는 것은?

① 31일　　② 41일
③ 51일　　④ 61일

해설 정기검사의 기간은 검사 유효기간 만료일 전후 31일 이내이며, 이 기간 경과일 이후 30일 이내 2만 원, 30일을 초과한 경우 매 3일 초과 시마다 1만 원씩 추가된다.

072 자동차손해배상보장법상 의무보험에 가입하지 않은 자동차보유자의 처벌 기준으로 맞는 것은?(자동차 미운행)

① 300만 원 이하의 과태료
② 500만 원 이하의 과태료
③ 1년 이하의 징역 또는 1천만 원 이하의 벌금
④ 2년 이하의 징역 또는 2천만 원 이하의 벌금

해설 자동차 의무보험에 가입하지 않고 자동차를 소유하게 되면, 자동차손해배상보장법 제48조(과태료) 300만 원 이하의 과태료를 부과해야 하며, 의무보험에 가입되지 않는 자동차를 운행하게 되면 1년 이하의 징역 또는 1천만 원 이하의 벌금에 처한다.

073 자동차관리법령상 자동차 소유권이 상속 등으로 변경될 경우 하는 등록의 종류는?

① 신규등록
② 이전등록
③ 변경등록
④ 말소등록

해설 자동차관리법 제12조 자동차 소유권이 매매, 상속, 공매, 경매 등으로 변경될 경우 양수인이 법정기한 내에 소유권 이전등록을 해야 한다.

074 자동차관리법령상 자동차 소유자가 신규등록 후 일정 기간마다 정기적으로 실시하는 검사는?

① 신규검사
② 정기검사
③ 튜닝검사
④ 임시검사

해설 자동차관리법 제43조제1항 신규등록 후 일정 기간마다 정기적으로 실시하는 검사는 정기검사이다. 일반적인 비사업용 승용차는 신규검사 이후 2년마다 정기검사를 해야 한다.

075 다음 중 자동차를 매매한 경우 이전등록 담당 기관은?

① 도로교통공단
② 시·군·구청
③ 한국교통안전공단
④ 시·도경찰청

해설 자동차 등록에 관한 사무는 시·군·구청 차량 등록부서에서 담당한다.

076 자동차 등록의 종류가 아닌 것 2가지는?

① 경정등록   ② 권리등록
③ 설정등록   ④ 말소등록

해설 자동차등록은 신규, 변경, 이전, 말소, 압류, 경정, 예고등록이 있고, 권리등록과 설정등록은 특허등록에 해당된다.

077 자동차(단, 어린이통학버스 제외) 앞면 창유리의 가시광선 투과율 기준으로 맞는 것은?

① 40퍼센트 미만
② 50퍼센트 미만
③ 60퍼센트 미만
④ 70퍼센트 미만

해설 도로교통법 시행령 제28조에 따라 자동차 창유리 가시광선 투과율의 기준은 앞면 창유리의 경우 70퍼센트 미만, 운전석 좌우 옆면 창유리의 경우 40퍼센트 미만이어야 한다. 이를 위반할 경우 범칙금 2만 원과 제거, 교체 비용 약 5~6만 원이 추가된다.

078 다음 중 운전행동과정을 올바른 순서로 연결한 것은?

① 인지 → 판단 → 조작
② 판단 → 인지 → 조작
③ 조작 → 판단 → 인지
④ 인지 → 조작 → 판단

해설 운전 행동 과정은 인지→판단→조작의 순서로 이루어져야 한다. 예를 들어 차량 운행 중 신호등 빨간불이 들어왔다면, 빨간불을 인지하고, 차량을 멈춰야겠다 판단 후 브레이크 페달을 조작하게 된다. 이 가운데 한 가지 과정이라도 잘못되면 교통사고로 이어지기 때문에 주의하여야 한다.

079 운전자가 지켜야 할 준수사항으로 올바른 것은?

① 자신의 차 앞으로 차로변경을 하지 못하도록 앞차와의 거리를 좁힌다.
② 신호가 없는 횡단보도는 횡단하는 사람이 없으므로 빠른 속도로 통과한다.
③ 고속도로에서 야간 운전 시 졸음이 오는 경우 갓길에 정차하여 잠시 휴식을 취한 후 운전한다.
④ 어린이 보호구역 내에서 어린이가 보이지 않더라도 제한속도를 지켜 안전하게 운전한다.

해설 어린이 보호구역에서는 어린이의 안전을 위해 제한속도를 반드시 준수하여야 하며, 고속도로 갓길 정차는 매우 위험한 행동이다. 이럴 때 휴게소나 졸음쉼터를 이용해야 한다. 도로는 모두가 같이 사용하는 공간이니 다른 차량과 보행자를 위한 양보와 배려 운전을 해야 한다.

정답 75 ② 76 ②, ③ 77 ④ 78 ① 79 ④

080 다음 중 운전자 등이 차량 승하차 시 주의사항으로 맞는 것은?

① 타고 내릴 때는 뒤에서 오는 차량이 있는지를 확인한다.
② 문을 열 때는 완전히 열고 나서 곧바로 내린다.
③ 뒷좌석 승차자가 하차할 때 운전자는 전방을 주시해야 한다.
④ 운전석을 일시적으로 떠날 때는 시동을 끄지 않아도 된다.

해설 운전자 등이 차량 승하차 시 주변에 오는 차량이 있는지를 반드시 확인해야 한다. 그리고 뒷좌석 탑승자가 승하차 시에 운전자는 후방을 주시해야 한다.

081 도로교통법상 올바른 운전방법으로 연결된 것은?

① 학교 앞 보행로 - 어린이에게 차량이 지나감을 알릴 수 있도록 경음기를 울리며 지나간다.
② 철길 건널목 - 차단기가 내려가려고 하는 경우 신속히 통과한다.
③ 신호 없는 교차로 - 우회전을 하는 경우 미리 도로의 우측 가장자리를 서행하면서 우회전한다.
④ 야간 운전 시 - 차가 마주 보고 진행하는 경우 반대편 차량의 운전자가 주의할 수 있도록 전조등을 상향으로 조정한다.

해설 신호 없는 교차로에서는 우회전을 하는 경우 방향지시등 점등 후 도로 우측 가장자리를 서행하면서 우회전해야 한다. 학교 앞 보행로에서 어린이가 지나갈 경우 일시 정지해야 한다. 철길 건널목에서 차단기가 내려가려는 경우 진입하면 안 된다. 또한 야간 운전 시에는 반대편 차량 운전자의 눈부심을 방지하여 전조등을 하향으로 조정해야 한다.

082 앞지르기에 대한 내용으로 올바른 것은?

① 터널 안에서는 주간에는 앞지르기가 가능하지만 야간에는 앞지르기가 금지된다.
② 앞지르기할 때에는 전조등을 켜고 경음기를 울리면서 좌측이나 우측 관계없이 할 수 있다.
③ 다리 위나 교차로는 앞지르기가 금지된 장소이므로 앞지르기를 할 수 없다.
④ 앞차의 우측에 다른 차가 나란히 가고 있을 때에는 앞지르기를 할 수 없다.

해설 다리 위, 교차로, 터널 안은 실선 구간이므로 앞지르기가 금지된 장소이다. 그리고 앞지르기 할 때에는 방향지시등 점등 후, 무리하지 않는 선에서 안전거리를 확보 후 해야 한다.

083 다음 중 운전자의 올바른 마음가짐으로 가장 바람직하지 않은 것은?

① 반려동물을 태우는 경우 안전을 위해 동물을 안고 운전한다.
② 차량용 소화기를 차량 내부에 비치하여 화재발생에 대비한다.
③ 차량 내부에 휴대용 라이터 등 인화성 물건을 두지 않는다.
④ 초보운전자에게 배려운전을 한다.

해설 모든 차의 운전자는 영유아나 동물을 안고 운전을 하는 등 안전에 지장을 줄 우려가 있는 상태로 운전하여서는 아니 되며, 이를 위반하면 승합차 범칙금 5만 원, 승용차 4만 원, 이륜차 3만 원 등이 부과된다.

| 정답 | 80 ① 81 ③ 82 ③ 83 ①

084 다음 중 운전자의 올바른 운전행위로 가장 적절한 것은?

① 졸음운전은 교통사고 위험이 있어 갓길에 세워두고 휴식한다.
② 초보운전자는 고속도로에서 앞지르기 차로로 계속 주행한다.
③ 교통단속용 장비의 기능을 방해하는 장치를 장착하고 운전한다.
④ 교통안전 위험요소 발견 시 비상점멸등으로 주변에 알린다.

> 해설 교통안전 위험요소 발견 시 비상점멸등으로 주변에 알린 후 심각성에 따라 신고해야 한다. 고속도로 갓길 휴식, 앞지르기차로 정속주행, 방해장치 장착 등은 올바르지 않다.

085 다음 중 운전자의 올바른 마음가짐으로 가장 적절하지 않은 것은?

① 자신의 운전능력을 지나치게 믿는 마음
② 정속주행 등 올바른 운전습관을 가지려는 마음
③ 교통법규는 서로간의 약속이라고 생각하는 마음
④ 자동차보다는 보행자를 우선으로 생각하는 마음

> 해설 자신의 운전능력을 지나치게 믿는 것은 교통사고의 요인이며, 운전자가 안전하게 운전하더라도, 사고는 언제 어디서 날지 모르는 것이므로 항상 유의해야 한다.

086 다음 중 교통법규 위반으로 교통사고가 발생하였다면 그 내용에 따라 운전자 책임으로 가장 거리가 먼 것은?

① 형사책임
② 행정책임
③ 민사책임
④ 공고책임

> 해설 운전자 책임은 벌금 부과 등 형사책임, 벌점에 따른 행정책임, 손해배상에 따른 민사책임이 따른다.

087 경사가 심한 편도 2차로 오르막길을 주행할 때 가장 안전한 운전 방법은?

① 전방 화물 차량으로 시야가 막힌 경우 시야 확보를 위해 재빨리 차로 변경을 한다.
② 고단 기어를 사용하여 오르막길을 주행한다.
③ 속도가 낮은 차량의 경우 2차로로 주행한다.
④ 속도가 높은 차량의 경우 더욱 가속하며 주행한다.

> 해설 1차로는 일반적으로 추월차선이므로, 속도가 낮은 차량은 2차로로 주행하는 게 올바르다. 경사가 심한 오르막길은 급차로 변경, 급제동, 급가속은 피하고, 고단기어를 사용하게 되면 연비가 나빠지는 등 차량에 좋지 않다.

정답 | 84 ④ 85 ① 86 ④ 87 ③

088 승용차에 영유아를 탑승시킬 때 좌석안전띠의 착용 방법으로 가장 올바른 것은?

① 성인이 안고 승차 후 좌석안전띠를 착용한다.
② 유아보호용 장구를 장착한 후에 보호용 안전띠를 착용시킨다.
③ 운전석 뒷좌석에 승차 후 좌석안전띠를 착용시킨다.
④ 유아인 경우는 좌석안전띠를 착용시키지 않아도 된다.

해설 자동차 시트와 안전벨트는 성인 신체 사이즈에 맞게 제작되기 때문에, 영유아를 승용차에 탑승시킬 때 카시트 같은 유아보호용 장구를 장착 후 좌석 안전벨트를 사용하는 것이 안전하다.

089 운전자 준수 사항으로 맞는 것 2가지는?

① 어린이 교통사고 위험이 있을 때에는 일시정지한다.
② 물이 고인 곳을 지날 때는 피해를 주지 않기 위해 서행하며 진행한다.
③ 자동차 유리창의 밝기를 규제하지 않으므로 짙은 틴팅(선팅)을 한다.
④ 보행자가 횡단보도를 통행하고 있을 때에는 서행한다.

해설 어린이 교통사고 위험이 있을 때에는 일시정지하고, 우천 시 빗물이 고인 곳에서는 서행하며 보행자에게 피해 가지 않도록 주의한다. 자동차 유리창 틴팅은 법적으로 앞유리 70% 이상, 옆유리 40% 이상으로 정해져 있기 때문에 이보다 짙은 틴팅을 하면 안 된다. 그리고 횡단보도에서 보행자가 통행 시엔 정지한다.

090 운전 중 스트레스와 흥분을 줄이기 위한 바람직한 방법 2가지는?

① 다른 운전자의 실수에 흥분을 하며 위협한다.
② 사전에 목적지의 경로를 파악하여 계획을 세운다.
③ 운전 중에는 마음의 평정을 유지하기 위해 노력한다.
④ 과도한 잡담을 통해 스트레스를 해소한다.

해설 사전에 목적지의 경로를 파악하면 보다 쉽게 목적지에 도착할 수 있고, 타 운전자의 실수를 예상하며 마음의 평정을 유지하면 안전한 운전을 할 수 있다.

091 다음 중 안전운전에 필요한 운전자의 준비사항으로 가장 바람직하지 않은 것은?

① 주의력이 산만해지지 않도록 몸상태를 조절한다.
② 운전기기 조작에 편안하고 운전에 적합한 복장을 착용한다.
③ 적색 손전등 등 비상 신호도구를 준비한다.
④ 연료절약을 위해 출발 10분 전에 시동을 켜 엔진을 예열한다.

해설 노후화된 디젤 차량의 경우 엔진 예열이 필요하기 때문에 출발 전 2~3분 정도만 예열해도 충분하다. 10분 이상의 공회전은 환경오염을 유발할 수 있다.

| 정답 | 88 ② 89 ①,② 90 ②,③ 91 ④

092 운전 중 집중력에 대한 내용으로 가장 적합한 2가지는?

① 운전 중 동승자와 계속 이야기를 나누는 것은 집중력을 높여 준다.
② 운전자의 시야를 가리는 차량 부착물은 제거하는 것이 좋다.
③ 운전 중 집중력은 안전운전과는 상관이 없다.
④ TV/DMB는 뒷좌석 동승자들만 볼 수 있는 곳에 장착하는 것이 좋다.

> **해설** 운전의 집중력에 방해되는 차량 부착물은 제거하는 것이 좋고, 운전 중 핸드폰이나 DMB를 시청하여서는 아니 된다. 불필요한 대화는 집중력에 방해가 되기 때문에, 운전 중에는 운전에만 집중해야 한다.

093 운전면허를 취득하려는 운전자의 마음가짐으로 옳은 2가지는?

① 양보심
② 이기심
③ 자만심
④ 인내심

> **해설** 운전자가 가져야 할 올바른 마음가짐은 생명존중, 준법정신, 인내심, 양보심, 교통예절, 친절함 등이 있다.

094 도로교통법령상 개인형 이동장치의 안전한 운전방법으로 틀린 것은?

① 운전자는 밤에 도로를 통행하는 때에는 전조등과 미등을 켜야 한다.
② 전동킥보드 운전자는 동승자에게도 인명보호 장구를 착용하도록 해야 한다.
③ 전동킥보드 운전자는 교통안전에 위험을 초래할 수 있는 운전을 해서는 아니 된다.
④ 행정안전부령으로 정하는 개인형 이동장치의 승차정원을 초과하여 운전해서는 아니 된다.

> **해설** 도로교통법 제11조 제4항. 도로교통법 시행규칙 33조의3. 전동킥보드 및 전동이륜평행차의 승차정원은 1명이다. 동승자가 있어서는 아니 되며, 이를 위반할 경우 범칙금 4만 원에 해당된다.

095 안전한 운전을 위한 운전자의 태도로 맞는 것은?

① 어린이보호구역에서 경음기를 계속 울려 내 차의 존재를 알렸다.
② 급한 약속이 있을 때마다 수시로 차로변경을 하였다.
③ 출발 전에 운행계획을 철저하게 세웠다.
④ 다른 차의 끼어들기 예방차원으로 앞차와 거리를 좁혀 운전했다.

> **해설** 안전하고 올바른 운전을 위한 태도는 출발 전 목적지 경로와 운행계획을 철저하게 세우면 보다 편리하고 안전하게 운전할 수 있다. 이외의 지문들은 난폭운전, 위협운전에 해당된다.

| 정답 | 92 ②,④ 93 ①,④ 94 ② 95 ③

096 교통사고를 예방하기 위한 운전자세로 맞는 것은?

① 방향지시등으로 진행방향을 명확히 알린다.
② 급조작과 급제동을 자주한다.
③ 나에게 유리한 쪽으로 추측하면서 운전한다.
④ 다른 운전자의 법규위반은 반드시 보복한다.

해설 차선 변경 시 방향지시등을 필수로 점멸하면서 다른 차량에 나의 진행 방향을 명확히 알려야 한다. 급조작, 급제동, 보복운전 등은 교통사고를 일으킬 수 있는 위험한 운전이다.

097 다음 중 운전자의 올바른 운전행위로 가장 바람직하지 않은 것은?

① 지정속도를 유지하면서 교통흐름에 따라 운전한다.
② 초보운전인 경우 고속도로에서 갓길을 이용하여 교통흐름을 방해하지 않는다.
③ 도로에서 자동차를 세워둔 채 다툼행위를 하지 않는다.
④ 연습운전면허 소지자는 법규에 따른 동승자와 동승하여 운전한다.

해설 갓길은 특정한 상황(긴급자동차, 유지 및 보수작업) 등을 제외하고 운행하여서는 안 된다. 이를 위반할 경우 범칙금 승용차 6만 원, 승합차 7만 원에 벌점 30점이다.

098 양보 운전에 대한 설명 중 맞는 것은?

① 계속하여 느린 속도로 운행 중일 때에는 도로 좌측 가장자리로 피하여 차로를 양보한다.
② 긴급자동차가 뒤따라올 때에는 신속하게 진행한다.
③ 교차로에서는 우선순위에 상관없이 다른 차량에 양보하여야 한다.
④ 양보표지가 설치된 도로의 주행 차량은 다른 도로의 주행 차량에 차로를 양보하여야 한다.

해설 양보표지가 설치된 도로의 차량은 다른 차량에 차로를 양보하여야 한다. 긴급 자동차의 종류는 소방차, 구급차, 경찰차, 국군차 등이 있고, 긴급 상황을 알리는 사이렌이 울리는 차량 이외의 차량은 양보의 의무가 없다.

099 교통약자의 이동편의 증진법에 따른 '교통약자'에 해당되지 않는 사람은?

① 고령자
② 임산부
③ 영유아를 동반한 사람
④ 반려동물을 동반한 사람

해설 '교통약자'란 장애인, 고령자, 임산부, 영·유아를 동반한 사람, 어린이 등 일상생활에서 이동에 불편함을 느끼는 사람을 말한다.

| 정답 | 96 ① 97 ② 98 ④ 99 ④

100 교통약자의 이동편의 증진법에 따른 교통약자를 위한 '보행안전 시설물'로 보기 어려운 것은?

① 속도저감 시설
② 자전거 전용도로
③ 대중 교통정보 알림 시설 등 교통안내 시설
④ 보행자 우선 통행을 위한 교통신호기

> 해설 자전거 전용도로는 이동에 불편함을 느끼는 교통약자를 위한 시설이 아니다. 교통약자를 위한 보행안전 시설물은 속도저감 시설, 횡단시설, 대중교통 정보알림 시설, 보행자 우선통행을 위한 교통신호기, 음향신호기 등 보행경로 안내장치 등이 있다.

101 도로교통법상 서행으로 운전하여야 하는 경우는?

① 교차로의 신호기가 적색 등화의 점멸일 때
② 교차로를 통과할 때
③ 교통정리를 하고 있지 아니하는 교차로를 통과할 때
④ 교차로 부근에서 차로를 변경하는 경우

> 해설 교통정리를 아니하거나 신호가 없는 교차로를 통과할 땐 서행하여야 한다. 나머지 지문은 신호에 알맞게 움직여야 한다.

102 정체된 교차로에서 좌회전할 경우 가장 옳은 방법은?

① 가급적 앞차를 따라 진입한다.
② 녹색 신호에는 진입해도 무방하다.
③ 적색 신호라도 공간이 생기면 진입한다.
④ 녹색 화살표의 등화라도 진입하지 않는다.

> 해설 정체된 교차로에서 무리하게 진입해 다른 차량 통행에 방해하는 행위를 꼬리물기라고 한다. 올바른 신호에서 꼬리물기를 한 경우 범칙금 4만 원이 부과되며, 신호가 바뀌었거나 바뀌는 도중 꼬리물기를 한 경우 범칙금 6만 원과 벌점 15점이 부과된다.

103 고속도로 진입 방법으로 옳은 것은?

① 반드시 일시정지하여 교통 흐름을 살핀 후 신속하게 진입한다.
② 진입 전 일시정지하여 주행 중인 차량이 있을 때 급진입한다.
③ 진입할 공간이 부족하더라도 뒤차를 생각하여 무리하게 진입한다.
④ 가속 차로를 이용하여 일정 속도를 유지하면서 충분한 공간을 확보한 후 진입한다.

> 해설 고속도로 진입 시엔 가속차로를 이용하여 속도를 점점 높이면서 충분한 공간을 확보한 후 진입해야 한다. 갑자기 천천히 진입하거나 일시정지할 경우 도로 흐름에 방해가 되면서 뒷 차량과 사고가 날 위험이 증가한다.

104 고속도로 본선 우측 차로에 서행하는 A차량이 있다. 이 때 B차량의 안전한 본선 진입 방법으로 가장 알맞는 것은?

① 서서히 속도를 높여 진입하되 A차량이 지나간 후 진입한다.
② 가속하여 비어있는 갓길을 이용하여 진입한다.
③ 가속차로 끝에서 정차하였다가 A차량이 지나가고 난 후 진입한다.
④ 가속차로에서 A차량과 동일한 속도로 계속 주행한다.

> 해설 고속도로 진입 시 서행하는 앞차를 무리하게 앞질러서 운행하게 되면 위험하다. 이럴 경우엔 서서히 속도를 높여 진입하되 서행하는 A차량이 지나간 후 진입하는 게 안전하다.

| 정답 | 100 ② 101 ③ 102 ④ 103 ④ 104 ①

105 도로교통법상 서행으로 운전하여야 하는 경우는?

① 교차로의 신호기가 적색 등화의 점멸일 때
② 교차로를 통과할 때
③ 교통정리를 하고 있지 아니하는 교차로를 통과할 때
④ 교차로 부근에서 차로를 변경하는 경우

해설 교통정리를 아니하거나 신호가 없는 교차로를 통과할 땐 서행하여야 한다. 나머지 지문은 신호에 알맞게 움직여야 한다.

106 도로교통법상 신호등이 없고 좌·우를 확인할 수 없는 교차로에 진입 시 가장 안전한 운행 방법은?

① 주변 상황에 따라 서행으로 안전을 확인한 다음 통과한다.
② 경음기를 울리고 전조등을 점멸하면서 진입한 다음 서행하며 통과한다.
③ 반드시 일시정지 후 안전을 확인한 다음 양보 운전 기준에 따라 통과한다.
④ 먼저 진입하면 최우선이므로 주변을 살피면서 신속하게 통과한다.

해설 신호등이 없는 교차로에서는 서행이 원칙이지만, 도로공사 등 장애물에 의해 좌우 확인이 불가한 곳에서는 반드시 일시정지하며 안전을 확인한 다음에 통과해야 한다.

107 교차로에서 좌회전할 때 가장 위험한 요인은?

① 우측 도로의 횡단보도를 횡단하는 보행자
② 우측 차로 후방에서 달려오는 오토바이
③ 좌측도로에서 우회전하는 승용차
④ 반대편 도로에서 우회전하는 자전거

해설 교차로에서 좌회전 시에 마주 보는 도로의 우회전하는 차량과 충돌 시 사고위험이 가장 크기 때문에 반대편 도로에서 우회전하는 자전거를 가장 조심해야 한다.

108 도로교통법에 따라 개인형 이동장치를 운전하는 사람의 자세로 가장 알맞은 것은?

① 보도를 통행하는 경우 보행자를 피해서 운전한다.
② 술을 마시고 운전하는 경우 특별히 주의하며 운전한다.
③ 횡단보도와 자전거횡단도가 있는 경우 자전거횡단도를 이용하여 운전한다.
④ 횡단보도를 횡단하는 경우 횡단보도를 이용하는 보행자를 피해서 운전한다.

해설 도로교통법 제15조의 2(자전거횡단도의 설치). 자전거등(자전거와 개인형 이동장치)을 타고 자전거횡단도가 따로 있는 도로를 횡단할 때에는 자전거횡단도를 이용해야 한다. 보도는 사람이 보행하는 곳이고, 횡단보도에서 도로를 횡단할 때에는 내려서 끌거나 들고 보행해야 한다.

| 정답 | 105 ③ 106 ③ 107 ④ 108 ③

109 비가 내려 물이 고인 곳을 운행할 때 올바른 운전방법은?

① 고인 물에 상관없이 통과한다.
② 일시정지 또는 서행하고 물이 튀지 않게 주의한다.
③ 감속 없이 통과하면서 고인 물에 주의한다.
④ 전방의 차량 또는 물체에만 주의하여 운행한다.

해설 물이 고인 곳을 운행할 때에는 주변의 보행자 등에게 피해를 주지 않도록 감속 서행하면서 물이 튀지 않게 주의해야 한다.

110 운전 중 서행을 하여야 하는 경우나 장소 2가지는?

① 신호등이 없는 교차로
② 어린이가 보호자 없이 도로를 횡단하는 때
③ 앞을 보지 못하는 사람이 흰색 지팡이를 가지고 도로를 횡단하고 있는 때
④ 도로가 구부러진 부근

해설 신호등이 없는 교차로나 코너각이 심한 도로에서는 서행해야 한다. 어린이의 횡단과 시각장애인의 횡단 시엔 정지해야 한다.

111 다음 중 운전자의 올바른 마음가짐으로 가장 적절한 2가지는?

① 무단 횡단하는 보행자도 보호해야 한다.
② 앞차와의 공간을 좁혀 진로변경을 사전에 차단한다.
③ 어린이 등 교통약자는 행동이 느리기 때문에 운전자가 보호한다.
④ 상대방에게 양보해주는 것보다 내가 양보받는 것이 우선이다.

해설 무단횡단은 보행자의 과실이 높지만, 운전자는 어떠한 이유에서든 보행자를 보호해야 할 의무가 있다. 이외의 어린이와 노약자 등 교통약자 보행 시 운전자가 보호해야 된다.

112 고속도로를 주행할 때 옳은 2가지는?

① 모든 좌석에서 안전띠를 착용하여야 한다.
② 고속도로를 주행하는 차는 진입하는 차에 대해 차로를 양보하여야 한다.
③ 고속도로를 주행하고 있다면 긴급자동차가 진입한다 하여도 양보할 필요는 없다.
④ 고장자동차의 표지(안전삼각대 포함)를 가지고 다녀야 한다.

해설 전 좌석 안전띠는 필수이며, 비상사태를 대비하여 안전삼각대를 휴대해야 한다. 고속도로 주행 시에는 진입하는 차가 양보하는 게 맞고, 긴급자동차가 진입한다면 양보해야 한다.

113 다음 설명 중 맞는 2가지는?

① 양보 운전의 노면표시는 흰색 '△'로 표시한다.
② 양보표지가 있는 차로를 진행 중인 차는 다른 차로의 주행차량에 차로를 양보하여야 한다.
③ 일반도로에서 차로를 변경할 때에는 30미터 전에서 신호 후 차로 변경한다.
④ 원활한 교통을 위해서는 무리가 되더라도 속도를 내어 차간거리를 좁혀서 운전하여야 한다.

해설 양보표지가 있는 차로 주행 시엔 다른 차로의 차량에 차로를 양보해야 한다. 차선변경 시 주변 차량이 충분히 인지할 수 있는 거리인 30미터 전에서 미리 방향지시등 점멸 후 변경해야 안전하다. 양보운전 노면표시는 '▽'이며, 주행 시에는 무리하여 속도를 내면 위험하다.

| 정답 | 109 ② 110 ①,④ 111 ①,③ 112 ①,④ 113 ②,③

114 교통정리가 없는 교차로에서의 양보 운전에 대한 내용으로 맞는 것 2가지는?

① 좌회전하고자 하는 차의 운전자는 그 교차로에서 직진 또는 우회전하려는 차에 진로를 양보해야 한다.
② 교차로에 들어가고자 하는 차의 운전자는 이미 교차로에 들어가 있는 좌회전 차가 있을 때에는 그 차에 진로를 양보할 의무가 없다.
③ 교차로에 들어가고자 하는 차의 운전자는 폭이 좁은 도로에서 교차로에 진입하려는 차가 있을 경우에는 그 차에 진로를 양보해서는 안 된다.
④ 우선순위가 같은 차가 교차로에 동시에 들어가고자 하는 때에는 우측 도로의 차에 진로를 양보해야 한다.

해설 신호등이 없는 교차로에서 좌회전 시 그 교차로에서 직진 또는 우회전하려는 차에 진로를 양보한 후 진입해야 한다. 또한 우선순위가 같은 차가 교차로에 동시에 들어가고자 하는 때엔 우측 도로의 차에 진로를 먼저 양보해야 한다.

115 다음 중 차의 통행과 관련하여 맞는 것 2가지는?

① 앞차의 뒤를 따르는 경우에는 그 앞차와의 추돌을 피할 수 있는 필요한 거리를 확보하여야 한다.
② 자전거 옆을 지날 때에는 그 자전거와의 충돌을 피할 수 있는 필요한 거리를 확보하여야 한다.
③ 차의 차로를 변경하려는 경우에 변경하려는 방향으로 진행하고 있는 차의 통행과 관계없이 신속히 차로를 변경하여야 한다.
④ 위험방지를 위한 경우와 그 밖의 부득이한 경우가 아니면서 운전하는 차를 갑자기 정지시키거나 속도를 줄이는 등의 급제동을 자주 한다.

해설 도로주행 시 차량들의 흐름이 언제 어떻게 바뀔지 모르기 때문에 앞차와의 안전거리 확보는 꼭 해야 한다. 그리고 자전거운전자와 같은 도로를 주행 중이라면 충돌을 피할 수 있는 여유 공간을 확보해야 한다.

116 교통사고를 일으킬 가능성이 가장 높은 운전자는?

① 운전에만 집중하는 운전자
② 급출발, 급제동, 급차로 변경을 반복하는 운전자
③ 자전거나 이륜차에게 안전거리를 확보하는 운전자
④ 조급한 마음을 버리고 인내하는 마음을 갖춘 운전자

해설 운전 중 급출발, 급제동, 급차로 변경은 교통사고를 발생시킬 가능성이 높다. 안전거리를 확보하며 인내하는 마음으로 운전에 집중하면 안전한 운전을 할 수 있다.

| 정답 | 114 ①, ④ 115 ①, ② 116 ②

117 다음 중 운전자의 올바른 마음가짐으로 가장 바람직하지 않은 것은?

① 신호기의 신호 지시보다 교통경찰관의 수신호가 우선이다.
② 도로에서는 교통약자보다 자동차의 흐름이 우선이다.
③ 교통 환경 변화에 따라 개정되는 교통법규를 숙지한다.
④ 폭우가 내리는 도로에서는 포트 홀(pot hole)을 주의한다.

해설 도로에서는 어떠한 상황에서도 보행자가 우선이 되어야 한다. 즉 교통약자는 일반인보다 보행에 불편이 있기 때문에 배려하며 운전해야 한다. 간혹 사고나 공사로 인한 도로상황이 바뀌었을 때 교통경찰관이 수신호를 해주기 때문에 기계적으로 움직이는 신호기 지시 말고 교통경찰관의 수신호가 우선이다.

118 신호 없는 교차로에서 직진하려 할 때, 맞은편 차가 좌측 방향지시등을 켜고 좌회전 중이다. 다음 중 가장 바람직한 운전행동은?

① 내 차 뒤를 살펴서 많은 차가 따라오면 그대로 직진한다.
② 직진이 우선이므로 경음기를 울리면서 먼저 통과한다.
③ 일시 정지하여 좌회전 차량을 먼저 보내주고 안전하게 진행한다.
④ 내 뒤차가 양보해 주리라 믿고 먼저 통과한다.

해설 맞은편 차량이 이미 좌회전 중이라면 먼저 보내주고 안전하게 진행해야 한다. 무리하게 진입하게 되면 교통사고를 유발할 수 있으므로 주의한다.

119 바람직한 운전자의 자세와 마음가짐은?

① 차로변경을 시도하는 차량에 대하여 경음기로 주의를 주는 자세
② 여유 있는 운행계획으로 준법운전하는 자세
③ 저속으로 주행하는 운전자에게 전조등을 점멸하여 재촉하는 자세
④ 무단 횡단하는 보행자를 나무라거나 위협하는 자세

해설 운전은 여유 있는 마음으로 준법을 지키며 운전하는 것이 바람직하다. 이외의 지문은 난폭운전에 해당된다.

120 운전자가 갖추어야 할 올바른 자세로 가장 맞는 것은?

① 소통과 안전을 생각하는 자세
② 사람보다는 자동차를 우선하는 자세
③ 다른 차보다는 내 차를 먼저 생각하는 자세
④ 교통사고는 준법운전보다 운이 좌우한다는 자세

해설 도로는 많은 사람과 차량이 같이 쓰는 공간이므로 타인 또는 타 차량과의 소통과 안전을 생각해야 한다.

121 도로교통법에서 정한 운전이 금지되는 술에 취한 상태의 기준으로 맞는 것은?

① 혈중알코올농도 0.03퍼센트 이상인 상태로 운전
② 혈중알코올농도 0.08퍼센트 이상인 상태로 운전
③ 혈중알코올농도 0.1퍼센트 이상인 상태로 운전
④ 혈중알코올농도 0.12퍼센트 이상인 상태로 운전

해설 혈중알콜농도 0.03~0.08% 미만일 경우, 형사처벌, 100일간 면허정지가 되고, 혈중알콜농도 0.08% 이상일 경우 형사처벌, 면허취소가 된다.

| 정답 | 117 ② 118 ③ 119 ② 120 ① 121 ①

122 다음 중 도로교통법상 과로(졸음운전 포함)로 인하여 정상적으로 운전하지 못할 우려가 있는 상태에서 자동차를 운전한 사람에 대한 벌칙으로 맞는 것은?

① 처벌하지 않는다.
② 10만 원 이하의 벌금이나 구류에 처한다.
③ 20만 원 이하의 벌금이나 구류에 처한다.
④ 30만 원 이하의 벌금이나 구류에 처한다.

해설 도로교통법 제45조(과로한 때 등의 운전 금지), 제154조(벌칙) 30만 원 이하의 벌금이나 구류에 처한다. 과로나 졸음운전은 교통사고를 발생시킬 위험이 높기 때문에, 몸이 좋지 않을 때는 운전하지 않는 것이 좋다.

123 운전자의 피로는 운전 행동에 영향을 미치게 된다. 피로가 운전 행동에 미치는 영향을 바르게 설명한 것은?

① 주변 자극에 대해 반응 동작이 빠르게 나타난다.
② 시력이 떨어지고 시야가 넓어진다.
③ 지각 및 운전 조작 능력이 떨어진다.
④ 치밀하고 계획적인 운전 행동이 나타난다.

해설 피로는 지각 및 운전 조작 능력이 떨어지게 한다. 반사신경이 줄어들면서 시야가 좁아지고 계획적인 운전을 할 수 없게 된다.

124 승용자동차를 음주운전한 경우 처벌 기준에 대한 설명으로 틀린 것은?

① 최초 위반 시 혈중알코올농도가 0.2퍼센트 이상인 경우 2년 이상 5년 이하의 징역이나 1천만 원 이상 2천만 원 이하의 벌금
② 음주 측정 거부 시 1년 이상 5년 이하의 징역이나 5백만 원 이상 2천만 원 이하의 벌금
③ 혈중알코올농도가 0.05퍼센트로 2회 위반한 경우 1년 이하의 징역이나 5백만 원 이하의 벌금
④ 최초 위반 시 혈중알코올농도 0.08퍼센트 이상 0.20퍼센트 미만의 경우 1년 이상 2년 이하의 징역이나 5백만 원 이상 1천만 원 이하의 벌금

해설 ③의 경우, 2년 이상 5년 이하의 징역이나 1천만 원 이상 2천만 원 이하의 벌금이다.

위반횟수		처벌기준
1회	0.03~0.08%	1년 이하 / 500만 원 이하
	0.08~0.20%	1년 이상 2년 이하 / 500만 원 이상 1천만 원 이하
	0.20% 이상	2년 이상 5년 이하 / 1천만 원 이상 2천만 원 이하
측정거부		1년 이상 5년 이하 / 500만 원~2천만 원
음주운전 및 측정거부 2회 이상		2년 이상 5년 이하 / 1천만 원 이상 2천만 원 이하

125 운전자가 피로한 상태에서 운전하게 되면 속도 판단을 잘못하게 된다. 그 내용이 맞는 것은?

① 좁은 도로에서는 실제 속도보다 느리게 느껴진다.
② 주변이 탁 트인 도로에서는 실제보다 빠르게 느껴진다.
③ 멀리서 다가오는 차의 속도를 과소평가하다가 사고가 발생할 수 있다.
④ 고속도로에서 전방에 정지한 차를 주행 중인 차로 잘못 아는 경우는 발생하지 않는다.

> 해설 피로한 상태에서 운전 시 인지능력이 떨어지기 때문에 멀리서 다가오는 차의 속도를 알지 못하고 운전하다가 사고가 날 확률이 높아진다.

126 자동차를 운행할 때 공주거리에 영향을 줄 수 있는 경우로 맞는 2가지는?

① 비가 오는 날 운전하는 경우
② 술에 취한 상태로 운전하는 경우
③ 차량의 브레이크액이 부족한 상태로 운전하는 경우
④ 운전자가 피로한 상태로 운전하는 경우

> 해설 공주거리란 운전자가 위험 상황을 인지한 순간부터 브레이크를 밟기 직전까지 이동한 거리이다. 상황 인지 - 판단 - 실행의 순서에서 영향을 줄 수 있는 경우는 술에 취한 상태나 피로한 상태에서 운전하는 경우 등이 있다.

127 음주 운전자에 대한 처벌 기준으로 맞는 2가지는?

① 혈중알코올농도 0.08퍼센트 이상의 만취 운전자는 운전면허 취소와 형사처벌을 받는다.
② 경찰관의 음주 측정에 불응하거나 혈중알코올농도 0.03퍼센트 이상의 상태에서 인적 피해의 교통사고를 일으킨 경우 운전면허 취소와 형사처벌을 받는다.
③ 혈중알코올농도 0.03퍼센트 이상 0.08퍼센트 미만의 단순 음주운전일 경우에는 120일간의 운전면허 정지와 형사처벌을 받는다.
④ 처음으로 혈중알코올농도 0.03퍼센트 이상 0.08퍼센트 미만의 음주 운전자가 물적 피해의 교통사고를 일으킨 경우에는 운전면허가 취소된다.

> 해설 혈중알코올농도 0.03퍼센트 이상 0.08퍼센트 미만의 음주운전일 경우에는 100일간의 운전면허 정지와 형사처벌을 받으며, 혈중알코올농도 0.03퍼센트 이상의 음주 운전자가 인적 피해의 교통사고를 일으킨 경우에는 운전면허가 취소된다.

| 정답 | 125 ③ 126 ②, ④ 127 ①, ②

128 음주운전 관련 내용 중 맞는 2가지는?

① 호흡 측정에 의한 음주 측정 결과에 불복하는 경우 다시 호흡 측정을 할 수 있다.
② 이미 운전이 종료되고 귀가하여 교통안전과 위험 방지의 필요성이 소멸되었다면 음주 측정 대상이 아니다.
③ 자동차가 아닌 건설기계관리법상 건설 기계도 도로교통법상 음주 운전 금지 대상이다.
④ 술에 취한 상태에 있다고 인정할 만한 상당한 이유가 있음에도 경찰공무원의 음주 측정에 응하지 않은 사람은 운전면허가 취소된다.

해설 모든 이동 수단의 음주운전은 금지되어 있다. 또한 음주측정 거부 시 공무집행 방해죄에 성립되며 혈중알코올농도와 상관없이 운전면허 취소가 된다. 음주측정은 호흡과 혈액채취 등의 방법이 있고, 차에서 내려 운전이 끝났다 하더라도 음주운전 의심이 된다면 사후에도 음주 측정을 할 수 있다.

129 피로 및 과로, 졸음운전과 관련된 설명 중 맞는 2가지는?

① 도로 환경과 운전 조작이 단조로운 상황에서의 운전은 수면 부족과 관계없이 졸음운전을 유발할 수 있다.
② 변화가 적고 위험 사태의 출현이 적은 도로에서는 주의력이 향상되어 졸음운전 행동이 줄어든다.
③ 피로하거나 졸음이 오면 위험 상황에 대한 대처가 둔해진다.
④ 음주운전을 할 경우 대뇌의 기능이 활성화되어 졸음운전의 가능성이 적어진다.

해설 변화가 단조로운 고속도로 등에서의 운전은 수면부족과 관계없이 졸음운전 유발 가능성이 높다. 또 피로하면 인지능력이 떨어져 위험상황 대처능력이 떨어진다.

130 질병 과로로 인해 정상적인 운전을 하지 못할 우려가 있는 상태에서 자동차를 운전하다가 단속된 경우 어떻게 되는가?

① 과태료가 부과될 수 있다.
② 운전면허가 정지될 수 있다.
③ 구류 또는 벌금에 처한다.
④ 처벌 받지 않는다.

해설 도로교통법 제154조(벌칙) 질병, 과로로 인해 정상적인 운전을 하지 못하는 상태에서 운전하다 단속되면 30만 원 이하의 벌금이나 구류에 처한다.

131 마약 등 약물복용 상태에서 자동차를 운전하다가 인명피해 교통사고를 야기한 경우 교통사고 처리특례법상 어떻게 되는가?

① 종합보험에 가입이 되어 있으면 형사처벌이 면제된다.
② 운전자보험에 가입이 되어 있으면 형사처벌이 면제된다.
③ 합의와 관계없이 형사처벌 한다.
④ 피해자와 합의하면 과태료를 부과한다.

해설 마약 등 약물복용 상태에서 운전 시 인사사고를 내게 되면 보험처리가 불가능하고, 합의와 관계없이 형사처벌 한다. 5년 이하의 금고 또는 2천만 원 이하의 벌금에 처한다.

정답 128 ③,④ 129 ①,③ 130 ③ 131 ③

132 혈중알코올농도 0.03퍼센트 이상 상태의 운전자 갑이 신호대기 중인 상황에서 뒤차(운전자 을)가 추돌한 경우에 맞는 설명은?

① 음주운전이 중한 위반행위이기 때문에 갑이 사고의 가해자로 처벌된다.
② 사고의 가해자는 을이 되지만, 갑의 음주운전은 별개로 처벌된다.
③ 갑은 피해자이므로 운전면허에 대한 행정처분을 받지 않는다.
④ 을은 교통사고 원인과 결과에 따른 벌점은 없다.

> **해설** 운전자 갑이 술을 마셨지만, 음주운전이 사고발생과 직접적인 원인이 없으므로, 갑은 교통사고의 피해자가 되고 별도로 단순 음주운전에 대해서만 형사처벌과 면허행정처분 을 받는다.

133 도로교통법상 운전이 금지되는 술에 취한 상태의 기준은 운전자의 혈중알코올농도가 (   )로 한다. (   )안에 맞는 것은?

① 0.01퍼센트 이상인 경우
② 0.02퍼센트 이상인 경우
③ 0.03퍼센트 이상인 경우
④ 0.08퍼센트 이상인 경우

> **해설** 제44조(술에 취한 상태에서의 운전 금지) 제4항 술에 취한 상태의 기준은 운전자의 혈중알코올농도가 0.03퍼센트 이상인 경우이다.

134 피로운전과 약물복용 운전에 대한 설명이다. 맞는 2가지는?

① 피로한 상태에서의 운전은 졸음운전으로 이어질 가능성이 낮다.
② 피로한 상태에서의 운전은 주의력, 판단능력, 반응속도의저하를 가져오기 때문에 위험하다.
③ 마약을 복용하고 운전을 하다가 교통사고로 사람을 상해에 이르게 한 운전자는 처벌될 수 있다.
④ 마약을 복용하고 운전을 하다가 교통사고로 사람을 상해에 이르게 하고 도주하여 운전면허가 취소된 경우에는 3년이 경과해야 운전면허 취득이 가능하다.

> **해설** 피로한 상태에서의 운전은 주의력, 판단능력, 반응속도 저하와 졸음운전으로 이어질 가능성이 높다. 약물 복용 후 인사사고를 내게 되면 운전자는 형사처벌이 되며, 운전면허 취소 후 5년이 경과해야 운전면허 취득이 가능하다.

135 다음 중에서 보복운전을 예방하는 방법이라고 볼 수 없는 것은?

① 긴급제동 시 비상점멸등 켜주기
② 반대편 차로에서 차량이 접근 시 상향전조등 끄기
③ 속도를 올릴 때 전조등을 상향으로 켜기
④ 앞차가 지연 출발할 때는 3초 정도 배려하기

> **해설** 상향등은 아주 어두운 상황에서 반대편 차선에 차량이 없을 때 사용하는 것이고, 불필요한 작동 시에 다른 차량의 운행방해가 되기 때문에 주의해야 한다.

| 정답 | 132 ② 133 ③ 134 ②,③ 135 ③

136 다음 중 보복운전을 당했을 때 신고하는 방법으로 가장 적절하지 않은 것은?

① 120에 신고한다.
② 112에 신고한다.
③ 스마트폰 앱 '목격자를 찾습니다'에 신고한다.
④ 사이버 경찰청에 신고한다.

해설 보복운전을 당했을 때 112, 사이버 경찰청, 시·도경찰청, 경찰청 홈페이지, 스마트폰 "목격자를 찾습니다."앱에 신고하면 된다. 120은 지역 다산콜센터이다.

137 보복운전 위험에 처했을 때 가장 적절한 대응 방안은?

① 가능한 직접 대응을 하지 않고, 안전한 곳에 정차 후 112에 신고한다.
② 상대 운전자와 큰 소리로 시시비비를 가린다.
③ 상대방을 무시하고, 과속을 하여 최대한 빨리 벗어난다.
④ 상대방에게 어느 정도 위협을 가하는 행위를 하는 것도 도움이 된다.

해설 보복운전 위험에 처하면 직접 대응하지 않는 것이 중요하다. 심리적으로 흥분된 상태이므로 안전한 곳에서 잠시 운전을 멈추고, 위험한 경우 차량에서 내리지 말고 문과 창문을 다 잠근 후에 112에 신고하는 것이 좋은 방법이다.

138 피해 차량을 뒤따르던 승용차 운전자가 중앙선을 넘어 앞지르기하여 급제동하는 등 위협 운전을 한 경우에는 「형법」에 따른 보복운전으로 처벌받을 수 있다. 이에 대한 처벌기준으로 맞는 것은?

① 7년 이하의 징역 또는 1천만 원 이하의 벌금에 처한다.
② 10년 이하의 징역 또는 2천만 원 이하의 벌금에 처한다.
③ 1년 이상의 유기징역에 처한다.
④ 1년 6월 이상의 유기징역에 처한다.

해설 「형법」 제284조(특수협박) 자동차를 이용하여 형법상의 협박죄를 범한 자는 7년 이하의 징역 또는 1천만 원 이하의 벌금에 처한다.

139 승용차 운전자가 차로 변경 시비에 분노해 상대차량 앞에서 급제동하자, 이를 보지 못하고 뒤따르던 화물차가 추돌하여 화물차 운전자가 다친 경우에는 「형법」에 따른 보복운전으로 처벌받을 수 있다. 이에 대한 처벌기준으로 맞는 것은?

① 1년 이상 10년 이하의 징역
② 1년 이상 20년 이하의 징역
③ 2년 이상 10년 이하의 징역
④ 2년 이상 20년 이하의 징역

해설 보복운전으로 사람을 다치게 한 경우 형법 제 258조의2(특수상해) 제1항 위반으로 1년 이상 10년 이하의 징역에 처한다.

140 다음 중 도로교통법상 난폭운전 적용 대상이 아닌 것은?

① 최고속도의 위반
② 횡단·유턴·후진 금지 위반
③ 끼어들기
④ 연속적으로 경음기를 울리는 행위

해설 난폭운전은 속도위반, 횡단·유턴·후진 금지 위반, 정당한 사유없는 소음 발생이며 끼어들기는 난폭운전이 아니다. 하지만 다른 차량에게 위협을 가하며 무리한 끼어들기는 난폭운전에 해당될 수 있다.

141 자동차등(개인형 이동장치는 제외)의 운전자가 다음의 행위를 반복하여 다른 사람에게 위협을 가하는 경우 난폭운전으로 처벌받게 된다. 난폭운전의 대상 행위가 아닌 것은?

① 신호 또는 지시 위반
② 횡단·유턴·후진 금지 위반
③ 정당한 사유 없는 소음 발생
④ 고속도로에서의 지정차로 위반

해설 난폭운전의 행위는 신호 또는 지시위반, 횡단·유턴·후진 금지 위반, 정당한 사유 없는 소음 발생 등이 있으며 지정차로 위반은 난폭운전이 아니다. 고속도로에서의 지정차로 위반 시에는 승용차, 4톤 이하의 화물은 범칙금 4만 원, 대형승합, 4톤 초과 화물, 특수차량은 범칙금 5만 원이 부과된다.

142 승용차 운전자가 난폭운전을 하는 경우 도로교통법에 따른 처벌기준으로 맞는 것은?

① 범칙금 6만 원의 통고처분을 받는다.
② 과태료 3만 원이 부과된다.
③ 6개월 이하의 징역이나 200만 원 이하의 벌금에 처한다.
④ 1년 이하의 징역 또는 500만 원 이하의 벌금에 처한다.

해설 도로교통법 제46조의3 및 동법 제151조의2에 의하여 난폭운전에 해당하는 행위 시 1년 이하의 징역이나 500만 원 이하의 벌금에 처한다.

143 다음 중 도로교통법상 난폭운전을 하는 운전자에 해당하는 것은?

① 신호위반을 연달아 하여 교통상의 위험을 발생하게 하는 운전자
② 야간 주행 시 하향등을 켜고 주행하는 운전자
③ 차가 없는 도로에서 1회 중앙선 침범을 한 운전자
④ 안전지대에 정차한 운전자

해설 신호 또는 지시 위반 시에 난폭운전에 해당하며 1년 이하의 징역이나 500만 원 이하의 벌금에 처한다.

144 자동차등(개인형 이동장치는 제외)을 운전 중 난폭하게 운전하는 사람을 목격했을 때 올바른 대처 방안으로 적절한 것은?

① 난폭 운전자를 따라가며 경고한다.
② 난폭 운전자의 길을 막고 사과를 요구한다.
③ 난폭 운전자를 경찰에 신고한다.
④ 고의로 사고를 유발하여 운전을 중지시킨다.

해설 난폭 운전자는 심리적으로 불안정하고 흥분된 상태이므로 직접 대응하지 않는 것이 좋다. 위험한 상황 목격 시 경찰에 신고하는 것이 좋다.

| 정답 | 140 ③ 141 ④ 142 ④ 143 ① 144 ③

145 다음은 난폭운전과 보복운전에 대한 설명이다. 맞는 것은?

① 오토바이 운전자가 정당한 사유 없이 소음을 반복하여 불특정 다수에게 위협을 가하는 경우는 보복운전에 해당된다.
② 승용차 운전자가 중앙선 침범 및 속도위반을 연달아 하여 불특정 다수에게 위해를 가하는 경우는 난폭운전에 해당된다.
③ 대형 트럭 운전자가 고의적으로 특정 차량 앞으로 앞지르기하여 급제동한 경우는 난폭운전에 해당된다.
④ 버스 운전자가 반복적으로 앞지르기 방법 위반하여 교통상의 위험을 발생하게 한 경우는 보복운전에 해당된다.

해설 난폭운전은 불특정 다수에게 불쾌감과 위험을 주는 행위로 도로교통법의 적용을 받고, 보복운전은 특정인을 고의적으로 위협하는 행위로 형법의 적용을 받는다.

146 보복운전과 관련된 내용이다. 알맞은 것은?

① 법률상 보복운전은 난폭운전의 일종이다.
② 형법의 적용을 받는다.
③ 과태료 처분이 따른다.
④ 1회의 행위는 보복운전이 아니다.

해설 보복운전은 특정인을 고의적으로 위협하는 행위로 형법의 적용을 받는다. 단 1회의 행위라도 제3자의 입장에서 보았을 때 고의가 분명하고, 사고 위험의 정도가 인정된다면 보복운전이라 할 수 있다.

147 일반도로에서 자동차등(개인형 이동장치는 제외)의 운전자가 다음의 행위를 반복하여 다른 사람에게 위협을 가하는 경우 난폭운전으로 처벌받게 된다. 난폭운전의 대상 행위가 아닌 것은?

① 일반도로에서 지정차로 위반
② 중앙선 침범, 급제동금지 위반
③ 안전거리 미확보, 차로변경 금지 위반
④ 일반도로에서 앞지르기 방법 위반

해설 난폭운전은 중앙선 침범, 이유 없는 급제동, 안전거리 미확보, 차로변경 금지위반, 앞지르기 방법 위반 등이 있으며 일반도로에서의 지정차로 위반은 난폭운전에 해당되지 않으며 이를 어길 시 차종에 관계없이 범칙금 3만 원이 부과된다.

148 자동차등(개인형 이동장치는 제외)의 운전자가 둘 이상의 행위를 연달아 하여 다른 사람에게 위협을 가하는 경우 난폭운전으로 처벌받게 된다. 다음의 난폭운전 유형에 대한 설명으로 적당하지 않은 것은?

① 운전 중 영상 표시 장치를 조작하면서 전방주시를 태만하였다.
② 앞차의 우측으로 앞지르기하면서 속도를 위반하였다.
③ 안전거리를 확보하지 않고 급제동을 반복하였다.
④ 속도를 위반하여 앞지르기하려는 차를 방해하였다.

해설 운전중 전방주시 태만은 난폭운전에 해당되지 않지만, 큰 사고로 이어질 수 있는 행위이므로 하지 말아야 한다. 대표적으로 핸드폰 사용이 있으며, 범칙금 6만 원에 벌점 15점이 부과된다.

| 정답 | 145 ② 146 ② 147 ① 148 ①

149 자동차등(개인형 이동장치는 제외)의 운전자가 다음의 행위를 반복하여 다른 사람에게 위협을 가하는 경우 난폭운전으로 처벌받게 된다. 난폭운전의 대상 행위로 틀린 것은?

① 신호 및 지시 위반, 중앙선 침범
② 안전거리 미확보, 급제동 금지 위반
③ 앞지르기 방해 금지 위반, 앞지르기 방법 위반
④ 통행금지 위반, 운전 중 휴대용 전화 사용

해설 난폭운전은 불특정 다수에게 위협을 가하는 행위를 뜻하며 통행금지나 휴대폰 사용은 난폭운전이라 할 수 없다. 통행금지나 제한사항 위반 시 과태료 4만 원이 부과되고, 운전 중 휴대폰 사용 시엔 범칙금 6만 원과 벌점 15점이 부과된다.

150 다음의 행위를 반복하여 교통상의 위험이 발생하였을 때 난폭운전으로 처벌받을 수 있는 것은?

① 고속도로 갓길 주·정차
② 음주운전
③ 일반도로 전용차로 위반
④ 중앙선 침범

해설 고의적으로 중앙선 침범을 1회 이상 하였을 경우 난폭운전에 해당되며, 범칙금 승용차 9만 원, 승합차 10만 원이 부과된다.

151 다음 행위를 반복하여 교통상의 위험이 발생하였을 때, 난폭운전으로 처벌할 수 없는 것은?

① 신호위반
② 속도위반
③ 정비 불량차 운전금지 위반
④ 차로변경 금지 위반

해설 난폭운전은 신호위반, 속도위반, 차로변경 금지위반 등이 있다. 정비 불량차는 상태에 따라 위험 발생 우려가 있는 경우 해당 차량의 자동차등록증을 보관하고 운전의 일시정지를 명할 수 있다.

152 보복운전으로 구속되었다. 운전면허 행정처분은?

① 면허 취소
② 면허 정지 100일
③ 면허 정지 60일
④ 할 수 없다.

해설 보복운전은 자동차 등을 이용하여 형법상 특수상해, 특수협박, 특수손괴 등이 있다. 보복운전으로 구속되었을 때 면허는 취소되며, 형사 입건 시 벌점 100점이 부과된다.

153 도로교통법상 도로에서 2명 이상이 공동으로 2대 이상의 자동차등(개인형 이동장치는 제외)을 정당한 사유 없이 앞뒤로 또는 좌우로 줄지어 통행하면서 다른 사람에게 위해(危害)를 끼치거나 교통상의 위험을 발생하게 하는 행위를 무엇이라고 하는가?

① 공동 위험행위
② 교차로 꼬리 물기 행위
③ 끼어들기 행위
④ 질서위반 행위

해설 서킷이 아닌 도로에서 2명 이상이 공동으로 2대 이상의 자동차로 정당 사유 없이 줄지어 통행하면서 교통상의 위험을 발생하는 행위는 공동 위험행위이다. 위반 시 2년 이하의 징역이나 500만 원 이하의 벌금에 처한다.

정답 | 149 ④ 150 ④ 151 ③ 152 ① 153 ①

154 다음 중 도로교통법상 난폭운전에 해당하지 않는 운전자는?

① 급제동을 반복하여 교통상의 위험을 발생하게 하는 운전자
② 계속된 안전거리 미확보로 다른 사람에게 위협을 주는 운전자
③ 고속도로에서 지속적으로 앞지르기 방법 위반을 하여 교통상의 위험을 발생하게 하는 운전자
④ 심야 고속도로 갓길에 미등을 끄고 주차하여 다른 사람에게 위협을 주는 운전자

> **해설** 밤, 안개가 끼거나, 비 또는 눈이 올 때, 터널 안 등 시야확보가 어려울 때는 반드시 차량의 미등과 그밖의 전조등을 켜고 운행해야 한다. 위반시 과태료 2만 원 부과된다.

155 다음 중 운전자의 올바른 운전습관으로 가장 적절하지 않은 것은?

① 자동차 주유 중에는 엔진시동을 끈다.
② 다른 차가 급제동하는 상황을 만들지 않는다.
③ 위험상황을 예측하고 방어운전 한다.
④ 신속한 차로변경을 위해 방향지시기는 가급적 조작하지 않는다.

> **해설** 차로 변경 시 주변 도로 흐름 파악 후, 반드시 방향지시기 조작 후 그 행위가 끝날 때까지 신호를 하여야 한다.

156 보복운전으로 입건되었다. 운전면허 행정처분은?

① 면허 취소
② 면허 정지 100일
③ 면허 정지 60일
④ 행정처분 없음

> **해설** 보복운전은 자동차 등을 이용하여 형법상 특수상해, 특수협박, 특수손괴 등이 있다. 보복운전으로 형사입건 후 불구속되었을 때 면허정지 100일, 형사입건 후 구속되었을 때 면허 취소와 벌금 100점이 부과된다.

157 차량이 주유소나 상가를 출입하기 위해 보도를 통과할 경우 가장 안전한 운전방법은?

① 전조등을 번쩍이며 통과한다.
② 경음기를 울리며 통과한다.
③ 보행자가 방해를 받지 않도록 신속히 통과한다.
④ 일시정지 후 안전을 확인하고 통과한다.

> **해설** 보도는 사람이 보행하는 곳이므로, 차량 진입 시 일시정지한 후 안전을 확인하고 통과해야 한다.

158 도로교통법상 가장 안전한 운전을 하고 있는 운전자는?

① 보행자가 횡단보도가 없는 도로를 횡단하고 있는 경우에 주의하여 보행자 옆을 주행한다.
② 가파른 비탈길의 오르막길에서는 속도를 높여 주행한다.
③ 신호등이 없고 좌·우를 확인할 수 없는 교차로에서 일시정지한다.
④ 어린이에 대한 교통사고의 위험이 있는 것을 발견한 경우에는 경음기를 울려서 어린이에게 위험을 알려준다.

> **해설** 모든 차의 운전자는 신호등이 없고 좌·우를 확인할 수 없거나 교통이 빈번한 교차로에서는 일시정지한 후 주변상황 판단 후 서행해야 한다.

| 정답 | 154 ④ 155 ④ 156 ② 157 ④ 158 ③

159 보행자 안전 및 보행 문화 정착을 위한 보행자의 통행 방법으로 맞는 것은?

① 좌측통행 원칙
② 우측통행 원칙
③ 중간 부분 통행
④ 어느 쪽이든 괜찮다.

해설 보도와 차로가 구분된 도로에서 보행자는 언제나 보도로 통행해야 하고, 우측통행을 원칙으로 한다.

160 길가장자리구역에 대한 설명 중 맞는 것은?

① 보행자의 안전을 확보하기 위하여 안전표지 등으로 경계를 표시한 곳이다.
② 보도와 차도가 구분된 도로에 자전거를 위하여 설치한 곳이다.
③ 보행자가 도로를 횡단할 수 있도록 안전표지로써 표시한 곳이다.
④ 자동차가 다니는 곳이다.

해설 길가장자리구역이란 보행자의 안전을 확보하기 위하여 안전표지 등으로 경계를 표시한 곳이다.

161 승용차의 운전자가 보도를 횡단하여 통행할 수 있는 곳으로 맞는 것은?

① 도로 외의 곳에 출입하는 때
② 차로 외의 곳에 출입하는 때
③ 안전지대 외의 곳에 출입하는 때
④ 횡단보도 외의 곳에 출입하는 때

해설 차마의 운전자는 보도와 차도가 구분된 도로에서는 차도를 통행하여야 한다. 다만, 도로 외의 곳(주유소나 상가 등)을 출입할 때는 보도를 횡단하여 통행할 수 있다.

162 시내 도로를 매시 50킬로미터로 주행하던 중 무단횡단 중인 보행자를 발견하였다. 가장 적절한 조치는?

① 보행자가 횡단 중이므로 일단 급브레이크를 밟아 멈춘다.
② 보행자의 움직임을 예측하여 그 사이로 주행한다.
③ 속도를 줄이며 멈출 준비를 하고 비상점멸등으로 뒤차에도 알리면서 안전하게 정지한다.
④ 보행자에게 경음기로 주의를 주며 다소 속도를 높여 통과한다.

해설 무단횡단 중인 보행자를 발견하면 속도를 줄이며 멈출 준비를 하고 비상등으로 뒤차에도 알리면서 안전하게 정지한다. 보행자는 횡단보도, 육교, 그밖의 도로 횡단시설이 설치되어 있는 곳에서만 횡단해야 한다.

163 보도와 차도가 구분된 도로에서 보행자의 통행 방법으로 맞는 것은?

① 여러 사람이 같이 가면 차도로 통행할 수 있다.
② 보도에 도로 공사를 하고 있어 보도의 통행이 금지된 경우 차도를 통행할 수 있다.
③ 달리기와 같은 운동을 할 때는 차도로 갈 수 있다.
④ 보도와 차도를 구분하지 않고 통행할 수 있다.

해설 보행자는 보도와 차도가 구분된 도로에서는 언제나 보도로 통행하여야 한다. 하지만 도로공사 등으로 보도의 통행이 금지된 경우, 차도를 통행할 수 있다.

| 정답 | 159 ② 160 ① 161 ① 162 ③ 163 ②

164 보행자의 횡단보도 통행방법으로 가장 바람직한 방법은?

① 좌측 통행
② 우측 통행 또는 화살표가 있는 곳에서는 화살표 방향
③ 중간 부분 통행
④ 어느 쪽이든 괜찮다.

> 해설 방향 표기가 되어있는 횡단보도에서는 표기된 방향대로 통행해야 하고, 별도의 표기가 되어있지 않으면 우측통행이 우선이다.

165 보행자의 보호의무에 대한 설명으로 맞는 것은?

① 무단 횡단하는 술 취한 보행자를 보호할 필요 없다.
② 신호등이 있는 도로에서는 횡단 중인 보행자의 통행을 방해하여도 무방하다.
③ 보행자 신호기에 녹색 신호가 점멸하고 있는 경우 차량이 진행해도 된다.
④ 신호등이 있는 교차로에서 우회전할 경우 신호에 따르는 보행자를 방해해서는 아니된다.

> 해설 신호등이 있는 교차로에서 우회전할 경우, 보행자 신호일 때 보행자가 있으면 정지선을 넘어서는 안 되며, 보행자가 인도까지 완전히 다 건넌 후에 우회전이 가능하고, 보행자가 없더라도 신호기가 끝날 때까지 일시정지하여야 한다.

166 도로의 중앙을 통행할 수 있는 사람 또는 행렬로 맞는 것은?

① 사회적으로 중요한 행사에 따라 시가행진하는 행렬
② 말, 소 등의 큰 동물을 몰고 가는 사람
③ 도로의 청소 또는 보수 등 도로에서 작업 중인 사람
④ 기 또는 현수막 등을 휴대한 장의 행렬

> 해설 중앙선이 있는 모든 도로는 중앙을 통행할 수 없다. 하지만 차량통행을 임시적으로 막아두고, 집회나 시가행진 행렬은 가능하다.

167 신호등이 없는 횡단보도를 통과할 때 가장 안전한 운전 방법은?

① 횡단하는 사람이 없다 하더라도 전방을 잘 살피며 서행한다.
② 횡단하는 사람이 없으므로 그대로 진행한다.
③ 횡단하는 사람이 없을 때 빠르게 지나간다.
④ 횡단하는 사람이 있을 수 있으므로 경음기를 울리며 그대로 진행한다.

> 해설 신호등이 없는 횡단보도에서는 보행자가 언제 보행할지 모르니 더욱더 주의를 기울여 주변을 잘 살피고 서행해야 한다.

| 정답 | 164 ② 165 ④ 166 ① 167 ①

168 교차로에서 우회전하고자 할 때 보행자가 횡단보도에서 횡단 중인 경우 가장 안전한 운전 방법은?

① 먼저 우회전할 수 있다고 판단되면 서둘러 우회전한다.
② 보행 신호등이 적색이면 무조건 진행한다.
③ 서행하며 보행자보다 먼저 우회전한다.
④ 보행 신호등이 녹색에서 적색으로 바뀌었어도 보행자의 횡단이 종료될 때까지 정지하여야 한다.

> **해설** 도로에서는 차보다 사람을 먼저 생각해야 한다. 보행 신호등이 녹색에서 적색으로 바뀌었어도, 보행자의 횡단이 종료될 때까지 정지하여야 한다.

169 차의 운전자가 보도를 횡단하여 건물 등에 진입하려고 한다. 다음 중 가장 안전한 운전 방법은?

① 보도를 통행하는 보행자가 없으면 신속하게 진입한다.
② 방향지시등을 켜고 곧 바로 진입한다.
③ 일시정지하여 좌측과 우측 부분 등을 살핀 후 보행자의 통행을 방해하지 아니하도록 횡단하여야 한다.
④ 경음기를 울려 내 차의 통과여부를 알리면서 신속하게 진입한다.

> **해설** 보도를 횡단하여 건물 등에 진입하기 전, 보행자의 유무와 상관없이 일단 일시정지하여 좌우측을 살핀 후 보행자의 통행을 방해하지 아니하도록 조심히 횡단하여야 한다.

170 다음 중 도로교통법상 보행자의 도로 횡단 방법에 대한 설명으로 잘못된 것은?

① 모든 차의 바로 앞이나 뒤로 횡단하여서는 아니 된다.
② 지체장애인의 경우라도 반드시 도로 횡단시설을 이용하여 도로를 횡단하여야 한다.
③ 안전표지 등에 의하여 횡단이 금지되어 있는 도로의 부분에서는 그 도로를 횡단하여서는 아니 된다.
④ 횡단보도가 설치되어 있지 아니한 도로에서는 가장 짧은 거리로 횡단하여야 한다.

> **해설** 보행자는 횡단보도, 육교 등 도로 횡단시설로 보행해야 하지만, 지체장애인의 경우에는 다른 교통에 방해가 되지 않는 방법으로 도로를 횡단할 수 있다.

171 야간에 도로 상의 보행자나 물체들이 일시적으로 안 보이게 되는 "증발 현상"이 일어나기 쉬운 위치는?

① 반대 차로의 가장자리
② 주행 차로의 우측 부분
③ 도로의 중앙선 부근
④ 도로 우측의 가장자리

> **해설** 도로 중앙선 부근은 특별한 경우가 아닌 이상 보행자나 기타 물체들이 없기 때문에 야간 차량 전조등이나 가로등의 불빛이 약하게 비춘다.

| 정답 | 168 ④ 169 ③ 170 ② 171 ③

172 보행자의 통행에 관한 설명으로 맞는 것은?

① 보행자는 도로 횡단 시 차의 바로 앞이나 뒤로 신속히 횡단하여야 한다.
② 지체 장애인은 도로 횡단시설이 있는 도로에서 반드시 그곳으로 횡단하여야 한다.
③ 보행자는 안전표지 등에 의하여 횡단이 금지된 도로에서는 신속하게 도로를 횡단하여야 한다.
④ 보행자는 횡단보도가 설치되어 있지 아니한 도로에서는 가장 짧은 거리로 횡단하여야 한다.

해설 지체장애인은 도로 횡단시설을 이용하지 않고 횡단할 수 있다. 보행자는 횡단보도가 없는 도로에서는 가장 짧은 거리로 횡단하는 것이 맞다.

173 보행자의 보도통행 원칙으로 맞는 것은?

① 보도 내 우측통행
② 보도 내 좌측통행
③ 보도 내 중앙통행
④ 보도 내에서는 어느 곳이든

해설 보행자는 보도 내에서는 우측통행이 원칙이다. 차도와 거리가 멀어지기 때문에 안전거리가 확보된다.

174 도로를 통행하는 보행자의 의무에 대한 설명으로 맞는 2가지는?

① 신호기가 표시하는 신호에 따라야 한다.
② 교통안전표지의 지시는 따를 필요가 없다.
③ 혼잡 완화를 위한 경찰공무원을 보조하는 사람의 필요한 지시에 따를 필요는 없다.
④ 도로에서의 위험을 방지하기 위한 경찰공무원의 일시적인 통행금지에 따라야 한다.

해설 보행자는 신호기 표시에 따라야 하며, 도로에서의 위험을 방지하기 위한 경찰공무원의 일시적인 통행금지에 따라야 한다.

175 도로교통법상 보행자 보호에 대한 설명 중 맞는 2가지는?

① 자전거를 끌고 걸어가는 사람은 보행자에 해당하지 않는다.
② 교통정리를 하고 있지 아니하는 교차로에 먼저 진입한 차량은 보행자에 우선하여 통행할 권한이 있다.
③ 시·도경찰청장은 보행자의 통행을 보호하기 위해 도로에 보행자 전용 도로를 설치할 수 있다.
④ 보행자 전용 도로에는 유모차를 끌고 갈 수 있다.

해설 보행자 전용도로 설치는 시·도경찰청장에서 관여한다. 유모차는 이륜차에 해당하지 않으므로 보행자 전용 도로를 이용할 수 있다.

176 보행자의 통행에 대한 설명 중 맞는 것 2가지는?

① 보행자는 예외적으로 차도를 통행하는 경우 차도의 좌측으로 통행해야 한다.
② 보행자는 사회적으로 중요한 행사에 따라 행진 시에는 도로의 중앙으로 통행할 수 있다.
③ 도로횡단시설을 이용할 수 없는 지체장애인은 도로횡단시설을 이용하지 않고 도로를 횡단할 수 있다.
④ 도로횡단시설이 없는 경우 보행자는 안전을 위해 가장 긴 거리로 도로를 횡단하여야 한다.

해설 도로 중앙 통행은 사회적으로 중요한 행사에 따라 행진하는 경우 가능하다. 거동이 불편한 지체장애인은 횡단보도, 육교 등의 도로횡단시설을 이용하지 않고 도로를 횡단할 수 있다.

| 정답 | 172 ④ 173 ① 174 ①, ④ 175 ③, ④ 176 ②, ③

177 승용자동차의 운전자가 보도를 횡단하는 방법을 위반한 경우 범칙금은?

① 3만 원
② 4만 원
③ 5만 원
④ 6만 원

> 해설 정당 사유 없이 보도를 침범하거나 보도를 횡단할 경우 범칙금 6만 원에 해당한다.

178 다음 중 보행자 보호와 관련된 승용자동차 운전자의 범칙행위에 대한 범칙금액이 다른 것은?

① 신호에 따라 도로를 횡단하는 보행자 횡단 방해
② 보행자 전용도로 통행위반
③ 도로를 통행하고 있는 차에서 밖으로 물건을 던지는 행위
④ 어린이 앞을 보지 못하는 사람 등의 보호 위반

> 해설 보행자 횡단방해, 보행자 전용도로 통행위반, 교통약자 보행자 보호위반 범칙금은 6만 원이고, 도로에서 차량 밖으로 쓰레기 무단투기는 범칙금 5만 원이다.

179 보행자에 대한 운전자의 바람직한 태도는?

① 도로를 무단 횡단하는 보행자는 보호받을 수 없다.
② 자동차 옆을 지나는 보행자에게 신경 쓰지 않아도 된다.
③ 보행자가 자동차를 피해야 한다.
④ 운전자는 보행자를 우선으로 보호해야 한다.

> 해설 차보다 사람이 우선이다. 보행자가 규칙을 어기더라도 운전자는 보행자를 우선으로 보호해야 한다.

180 다음 중 보행자가 도로를 횡단할 수 있게 안전표지로 표시한 도로의 부분을 무엇이라 하는가?

① 보도
② 길가장자리구역
③ 횡단보도
④ 보행자 전용도로

> 해설 보행자가 도로를 횡단할 수 있게 안전표지로 표시한 도로는 횡단보도이다.

181 다음 중 보행자에 대한 운전자 조치로 잘못된 것은?

① 어린이보호 표지가 있는 곳에서는 어린이가 뛰어 나오는 일이 있으므로 주의해야 한다.
② 보도를 횡단하기 직전에 서행하여 보행자를 보호해야 한다.
③ 무단 횡단하는 보행자도 일단 보호해야 한다.
④ 어린이가 보호자 없이 도로를 횡단 중일 때에는 일시 정지해야 한다.

> 해설 차량으로 보도를 횡단할 땐, 일시정지한 후 좌우를 살피며 보행자의 통행에 방해되지 않도록 서행해야 한다.

정답 | 177 ④ 178 ③ 179 ④ 180 ③ 181 ②

182 보행자의 도로 횡단방법에 대한 설명으로 잘못된 것은?

① 보행자는 횡단보도가 없는 도로에서 가장 짧은 거리로 횡단해야 한다.
② 보행자는 모든 차의 바로 앞이나 뒤로 횡단하면 안 된다.
③ 무단횡단 방지를 위한 차선분리대가 설치된 곳이라도 넘어서 횡단할 수 있다.
④ 도로공사 등으로 보도의 통행이 금지된 때 차도로 통행할 수 있다.

해설 차선분리대는 무단횡단 방지를 위한 시설물이기 때문에 넘어서 횡단하면 아니 된다. 무단횡단 상황이 포착된 경우 범칙금 3만 원에 해당된다.

183 앞을 보지 못하는 사람에 준하는 범위에 해당하지 않는 사람은?

① 어린이 또는 영·유아
② 의족 등을 사용하지 아니하고는 보행을 할 수 없는 사람
③ 신체의 평형기능에 장애가 있는 사람
④ 듣지 못하는 사람

해설 앞을 보지 못하는 사람에 준하는 범위는 의족 등을 사용하지 아니하고 보행할 수 없는 사람, 신체의 평형기능에 장애가 있는 사람, 듣지 못하는 사람이다.

184 어린이 보호구역 안에서 (　)~(　) 사이에 신호위반을 한 승용차 운전자에 대해 기존의 벌점을 2배로 부과한다. (　)에 순서대로 맞는 것은?

① 오전 6시, 오후 6시
② 오전 7시, 오후 7시
③ 오전 8시, 오후 8시
④ 오전 9시, 오후 9시

해설 어린이 보호구역에서 오전 8시부터 오후 8시 사이에 신호위반을 하게 되면 운전자는 기존 벌점의 2배를 부과해야 하며, 휴일 구분 없이 365일 단속한다.

185 4.5톤 화물자동차가 오전 10시부터 11시까지 노인보호구역에서 주차위반을 한 경우 과태료는?

① 4만 원
② 5만 원
③ 9만 원
④ 10만 원

해설 노인보호구역에서 정차 또는 주차위반을 한 승합자동차는 2시간 이내일 경우 과태료 9만 원이고, 승용차는 8만 원이 부과된다.

186 다음 중 보행자의 통행방법으로 잘못된 것은?

① 보도에서는 좌측통행을 원칙으로 한다.
② 도로의 통행방향이 일방통행인 경우에는 차마를 마주보지 않고 통행할 수 있다.
③ 보도와 차도가 구분된 도로에서는 언제나 보도로 통행하여야 한다.
④ 보도와 차도가 구분되지 않은 도로에서는 차마와 마주보는 방향의 길가장자리구역으로 통행하여야 한다.

해설 보행자는 보도에서 우측통행을 원칙으로 한다.

| 정답 | 182 ③ | 183 ① | 184 ③ | 185 ③ | 186 ① |

187 다음 중 차도를 통행할 수 있는 사람 또는 행렬이 아닌 경우는?

① 도로에서 청소나 보수 등의 작업을 하고 있을 때
② 말·소 등의 큰 동물을 몰고 갈 때
③ 유모차를 끌고 가는 사람
④ 장의(葬儀) 행렬일 때

> **해설** 유모차는 이륜차가 아니므로, 보행자 전용 보도로 다녀야 한다.

188 운전자가 진행방향 신호등이 적색일 때 정지선을 초과하여 정지한 경우 처벌 기준은?

① 교차로 통행방법 위반
② 일시정지 위반
③ 신호위반
④ 서행위반

> **해설** 운전자 신호등이 적색일 때 정지선을 초과하여 정지한 경우 신호위반 처벌을 받으며 과태료 6만 원이 부과된다.

189 다음 중 앞을 보지 못하는 사람이 장애인보조견을 동반하고 도로를 횡단하는 모습을 발견하였을 때의 올바른 운전 방법은?

① 주·정차 금지 장소인 경우 그대로 진행한다.
② 일시 정지한다.
③ 즉시 정차하여 앞을 보지 못하는 사람이 되돌아가도록 안내한다.
④ 경음기를 울리며 보호한다.

> **해설** 앞을 보지 못하는 사람이 흰색 지팡이를 가지거나, 장애인 보조견을 동반하여 도로를 횡단하고 있는 경우 운전자는 일시 정지하여야 한다.

190 신호기가 없는 횡단보도에 보행자가 횡단하고 있을 때 차량 통행 방법으로 가장 옳은 것은?

① 경음기를 울리며 서행한다.
② 일시 정지한다.
③ 전조등을 점멸하여 보행자에게 주의를 주며 그냥 지나간다.
④ 경음기를 울리고 전조등을 점멸하면서 서행한다.

> **해설** 횡단보도에서 보행자가 횡단하고 있을 때엔 신호기 유무와 상관없이 운전자는 보행자가 다 건널 때까지 일시정지 해야 한다.

191 무단 횡단하는 보행자 보호에 관한 설명이다. 맞는 것은?

① 교차로 이외의 도로에서는 보행자 보호 의무가 없다.
② 신호를 위반하는 무단횡단 보행자는 보호할 의무가 없다.
③ 무단횡단 보행자도 보호하여야 한다.
④ 일방통행 도로에서는 무단횡단 보행자를 보호할 의무가 없다.

> **해설** 모든 운전자는 보행자를 보호할 의무가 있다. 보행자가 무단횡단을 하더라도 운전자는 보행자를 보호하여야 한다.

192 다음 보행자 중 차도의 통행이 허용되지 않는 사람은?

① 보행보조용 의자차를 타고 가는 사람
② 사회적으로 중요한 행사에 따라 시가를 행진하는 사람
③ 도로에서 청소나 보수 등의 작업을 하고 있는 사람
④ 사다리 등 보행자의 통행에 지장을 줄 우려가 있는 물건을 운반 중인 사람

> **해설** 보행보조용 의자차(휠체어 등)은 도로가 아닌 보행자 전용 도로를 이용해야 한다.

| 정답 | 187 ③ | 188 ③ | 189 ② | 190 ② | 191 ③ | 192 ① |

193 다음 중 보행등의 녹색등화가 점멸할 때 보행자의 가장 올바른 통행방법은?

① 횡단보도에 진입하지 않은 보행자는 다음 신호 때까지 기다렸다가 보행등의 녹색등화 때 통행하여야 한다.
② 횡단보도 중간에 그냥 서 있는다.
③ 다음 신호를 기다리지 않고 횡단보도를 건넌다.
④ 적색등화로 바뀌기 전에는 언제나 횡단을 시작할 수 있다.

해설 보행자 신호가 녹색등화일 때 횡단보도에 진입하지 않았다면 무리하게 횡단하지 말고, 안전하게 다음 신호 때까지 기다렸다가 녹색등화 때 통행해야 한다.

194 다음 중 도로교통법상 보도를 통행하는 보행자에 대한 설명으로 맞는 것은?

① 이륜차를 타고 보도를 통행하는 사람은 보행자로 볼 수 있다.
② 자전거를 타고 가는 사람은 보행자로 볼 수 있다.
③ 보행보조용 의자차를 타고 가는 사람은 보행자로 볼 수 있다.
④ 원동기장치자전거를 타고 가는 사람은 보행자로 볼 수 있다.

해설 이륜차, 자전거, 원동기장치자전거는 도로나 자전거전용도로를 이용해야 하고, 보행보조용 의자차(휠체어 등)은 유모차와 마찬가지로 보행자 보도를 이용해야 하기 때문에 보행자로 볼 수 있다.

195 다음 중 도로교통법상 보행자전용도로에 대한 설명으로 맞는 2가지는?

① 통행이 허용된 차마의 운전자는 통행 속도를 보행자의 걸음 속도로 운행하여야 한다.
② 차마의 운전자는 원칙적으로 보행자전용도로를 통행할 수 있다.
③ 경찰서장이 특히 필요하다고 인정하는 경우는 차마의 통행을 허용할 수 없다.
④ 통행이 허용된 차마의 운전자는 보행자를 위험하게 할 때는 일시정지하여야 한다.

해설 차량 통행이 허용된 보행자 전용도로에 진입 시 일시정지하여 좌우를 살피고 보행자의 걸음 속도와 비슷하게 서행하여야 한다.

196 노인보호구역에서 자동차에 싣고 가던 화물이 떨어져 노인을 다치게 하여 2주 진단의 상해를 발생시킨 경우 교통사고처리 특례법상 처벌로 맞는 2가지는?

① 피해자의 처벌의사에 관계없이 형사처벌 된다.
② 피해자와 합의하면 처벌되지 않는다.
③ 손해를 전액 보상받을 수 있는 보험에 가입되어 있으면 처벌되지 않는다.
④ 손해를 전액 보상받을 수 있는 보험가입 여부와 관계없이 형사처벌 된다.

해설 적재물 추락방지 의무위반 사고 시 중대법규 위반사고로 규정해 5년 이하의 금고나 2천만 원 이하 벌금이 부과된다. 노인보호구역(실버존)에서 낙하물로 노인을 다치게 하면, 교통사고처리특례법 중과실에 해당되어 보험가입이나 합의 여부와 관계없이 입건되어 형사처벌 된다.

| 정답 | 193 ① 194 ③ 195 ①,④ 196 ①,④

197 다음 중 도로교통법상 횡단보도가 없는 도로에서 보행자의 가장 올바른 횡단방법은?

① 통과차량 바로 뒤로 횡단한다.
② 차량통행이 없을 때 빠르게 횡단한다.
③ 횡단보도가 없는 곳이므로 아무 곳이나 횡단한다.
④ 도로에서 가장 짧은 거리로 횡단한다.

> **해설** 횡단보도가 없는 도로에서 보행자는 도로에서 가장 짧은 거리로 횡단하여야 한다.

198 다음 중 도로교통법상 횡단보도를 횡단하는 방법에 대한 설명으로 옳지 않은 것은?

① 개인형 이동장치를 끌고 횡단할 수 있다.
② 보행보조용 의자차를 타고 횡단할 수 있다.
③ 자전거를 타고 횡단할 수 있다.
④ 유모차를 끌고 횡단할 수 있다.

> **해설** 보행보조용 의자차(휠체어 등), 유모차는 보행자에 해당하여 타고 횡단할 수 있다. 개인형 이동장치나 자전거는 타고 횡단하여서는 아니 되며, 내려서 끌고 횡단해야 한다.

199 다음 중 도로교통법상 차마의 통행방법에 대한 설명이다. 잘못된 것은?

① 보도와 차도가 구분된 도로에서는 차도로 통행하여야 한다.
② 보도를 횡단하기 직전에 서행하여 좌·우를 살핀 후 보행자의 통행을 방해하지 않도록 횡단하여야 한다.
③ 도로의 중앙의 우측 부분으로 통행하여야 한다.
④ 도로가 일방통행인 경우 도로의 중앙이나 좌측 부분을 통행하여야 한다.

> **해설** 차량으로 보도를 횡단하기 직전에 일시정지하여 좌우를 살핀 후 보행자의 통행을 방해하지 않도록 횡단하여야 한다.

200 다음 중 도로교통법상 보행자의 보호에 대한 설명이다. 옳지 않은 것은?

① 횡단보도가 있을 때 그 직전에 일시정지하여야 한다.
② 경찰공무원의 신호나 지시에 따라 도로를 횡단하는 보행자의 통행을 방해하여서는 아니 된다.
③ 교차로에서 도로를 횡단하는 보행자의 통행을 방해하여서는 아니 된다.
④ 보행자가 도로를 횡단하고 있을 때에는 안전거리를 두고 서행하여야 한다.

> **해설** 모든 차의 운전자는 보행자가 횡단보도가 설치되어 있지 아니한 도로를 횡단하고 있을 때에는 안전거리를 두고 일시정지하여 보행자가 안전하게 횡단할 수 있도록 하여야 한다.

201 차량 운전 중 차량 신호등과 횡단보도 보행자 신호등이 모두 고장 난 경우 횡단보도 통과 방법으로 옳은 것은?

① 횡단하는 사람이 있는 경우 서행으로 통과한다.
② 횡단보도에 사람이 없으면 서행하지 않고 빠르게 통과한다.
③ 신호등 고장으로 횡단보도 기능이 상실되었으므로 서행할 필요가 없다.
④ 횡단하는 사람이 있는 경우 횡단보도 직전에 일시정지한다.

> **해설** 신호지시기가 고장났으므로 횡단보도에 사람이 없더라도 보행자의 안전을 생각하여 횡단보도 직전에 일시정지하여야 한다.

| 정답 | 197 ④ 198 ③ 199 ② 200 ④ 201 ④

202 도로교통법상 보도와 차도가 구분이 되지 않는 도로에서 보행자의 통행방법으로 가장 적절한 것은?

① 차도 중앙으로 보행한다.
② 차도 우측으로 보행한다.
③ 길가장자리구역으로 보행한다.
④ 차마와 마주보지 않는 방향으로 보행한다.

해설 보도와 차로가 구분되지 않는 도로에서는 길 가장자리 구역으로 보행해야 한다. 다만 일방통행인 길의 경우에는 차마를 마주보지 아니하고 통행할 수 있다.

203 도로교통법상 보행자전용도로 통행이 허용된 차마의 운전자가 통행하는 방법으로 맞는 것은?

① 보행자가 있는 경우 서행으로 진행한다.
② 경음기를 울리면서 진행한다.
③ 보행자의 걸음 속도로 운행하거나 일시정지하여야 한다.
④ 보행자가 없는 경우 신속히 진행한다.

해설 차량 통행이 허용된 보행자 전용도로 진입 시 일시정지하여 좌우를 확인한 후, 보행자 걸음 속도로 천천히 서행해야 한다.

204 도로교통법상 연석선, 안전표지나 그와 비슷한 인공구조물로 경계를 표시하여 보행자가 통행할 수 있도록 한 도로의 부분은?

① 보도
② 길가장자리구역
③ 횡단보도
④ 자전거횡단도

해설 보도란 연석선, 안전표지나 그와 비슷한 인공구조물로 경계를 표시하여 보행자가 통행할 수 있도록 한 도로의 부분을 말한다.

205 도로교통법령상 보행신호등이 점멸할 때 올바른 횡단방법이 아닌 것은?

① 보행자는 횡단을 시작하여서는 안 된다.
② 횡단하고 있는 보행자는 신속하게 횡단을 완료하여야 한다.
③ 횡단을 중지하고 보도로 되돌아와야 한다.
④ 횡단을 중지하고 그 자리에서 다음 신호를 기다린다.

해설 보행신호등이 깜빡깜빡 점멸할 때 횡단을 시작하지 않았으면 다음 신호를 기다렸다가 보행신호에 맞추어 횡단해야 하고, 이미 횡단하고 있는 중이라면 신속하게 횡단을 완료해야 한다.

206 도로교통법상 차의 운전자가 다음과 같은 상황에서 서행하여야 할 경우는?

① 자전거를 끌고 횡단보도를 횡단하는 사람을 발견하였을 때
② 이면도로에서 보행자의 옆을 지나갈 때
③ 보행자가 횡단보도를 횡단하는 것을 봤을 때
④ 보행자가 횡단보도가 없는 도로를 횡단하는 것을 봤을 때

해설 이면도로에서 보행자의 옆을 지나가는 경우에는 안전거리를 두고 서행하여야 한다. 보행자가 횡단하는 것을 보았을때는 일시정지해야 한다.

정답 202 ③ 203 ③ 204 ① 205 ④ 206 ②

207 도로교통법령상 고원식 횡단보도는 제한속도를 매시 ( )킬로미터 이하로 제한할 필요가 있는 도로에 설치한다. ( )안에 맞는 것은?

① 10 ② 20
③ 30 ④ 50

해설 고원식 횡단보도는 제한속도를 30km/h 이하로 제한할 필요가 있는 도로에서 횡단보도를 노면보다 높게 하여 운전자의 주의를 환기시킬 필요가 있는 지점에 설치한다.

208 도로교통법상 차량운전 중 주의하면서 진행해야 경우는?

① 어린이가 보호자 없이 도로를 횡단하는 것을 봤을 때
② 차량 신호등이 적색등화의 점멸 신호일 때
③ 어린이가 도로에서 노는 것을 봤을 때
④ 차량 신호등이 황색등화의 점멸 신호일 때

해설 차량 신호등이 황색등화의 점멸 신호일 때는 주의하면서 진행해야 한다. 어린이가 보호자 없이 도로를 횡단하거나, 어린이가 도로에 있거나, 차량 신호등이 적색등화의 점멸 신호일 때는 일시정지해야 한다.

209 다음 중 도로교통법령상 대각선 횡단보도의 보행 신호가 녹색등화일 때 차마의 통행방법으로 옳은 것은?

① 정지하여야 한다.
② 보행자의 횡단에 방해하지 않고 우회전할 수 있다.
③ 보행자가 없을 경우 서행으로 진행할 수 있다.
④ 보행자가 횡단하지 않는 방향으로는 진행할 수 있다.

해설 보행신호가 녹색등화일 때 차량은 일시정지해야 한다.

210 도로교통법상 차의 운전자가 그 차의 바퀴를 일시적으로 완전히 정지시키는 것은?

① 서행 ② 정차
③ 주차 ④ 일시정지

해설 운전자가 차 바퀴를 일시적으로 완전히 정차시키는 것은 일시정지이다. 서행은 천천히 운행하는 것이고, 정차는 5분을 초과하지 않는 짧은 주차, 주차는 5분 이상의 긴 주차를 의미한다.

211 다음 중 도로교통법상 의료용 전동휠체어가 통행할 수 없는 곳은?

① 자전거전용도로
② 길가장자리구역
③ 보도
④ 도로의 가장자리

해설 의료용 전동휠체어는 이륜차로 분류되지 않기 때문에 자전거 전용도로로 다니면 아니 되고, 보도로 통행하여야 한다.

212 교통정리가 없는 교차로에서 좌회전하는 방법 중 가장 옳은 것은?

① 일반도로에서는 좌회전하려는 교차로 직전에서 방향지시등을 켜고 좌회전 한다.
② 미리 도로의 중앙선을 따라 서행하면서 교차로의 중심 바깥쪽으로 좌회전한다.
③ 시·도경찰청장이 지정하더라도 교차로의 중심 바깥쪽을 이용하여 좌회전할 수 없다.
④ 반드시 서행하여야 하고, 일시정지는 상황에 따라 운전자가 판단하여 실시한다.

해설 교통정리가 없는 교차로에서의 좌회전은 비보호 좌회전이라고 불리며, 신호와 도로 흐름을 보며 서행하여야 하며, 일시정지는 상황에 따라 운전자가 판단하여 실시한다.

| 정답 | 207 ③ 208 ④ 209 ① 210 ④ 211 ① 212 ④

213 도로교통법상 설치되는 차로의 너비는 ( )미터 이상으로 하여야 한다. 이 경우 좌회전 전용차로의 설치 등 부득이하다고 인정되는 때에는 ( )센티미터 이상으로 할 수 있다. ( ) 안에 기준으로 각각 맞는 것은?

① 5, 300 ② 4, 285
③ 3, 275 ④ 2, 265

해설 차로의 너비는 3미터 이상으로 하여야 하되, 좌회전 전용차로의 설치 등 부득이하다고 인정되는 때에는 275센티미터 이상으로 할 수 있다.

214 도로 우측 부분의 폭이 6미터가 되지 아니하는 도로에서 다른 차를 앞지르기할 수 있는 경우로 맞는 것은?

① 도로의 좌측 부분을 확인할 수 없는 경우
② 반대 방향의 교통을 방해할 우려가 있는 경우
③ 앞차가 저속으로 진행하고, 다른 차와 안전거리가 확보된 경우
④ 안전표지 등으로 앞지르기를 금지하거나 제한하고 있는 경우

해설 주변 차량과 안전거리가 확보된 상황에서 앞차가 저속으로 진행하는 경우 앞지르기를 할 수 있다.

215 도로교통법상 시간대에 따라 양방향의 통행량이 뚜렷하게 다른 도로에는 교통량이 많은 쪽으로 차로의 수가 확대될 수 있도록 신호기에 의하여 차로의 진행방향을 지시하는 차로는?

① 가변차로
② 버스전용차로
③ 가속차로
④ 앞지르기 차로

해설 가변차로는 양방향의 통행량이 비례하지 않는 경우 교통량이 많은 쪽으로 차로의 수가 확대될 수 있도록 신호기가 차로의 진행방향을 지시하는 차로이다.

216 앞차를 앞지르기할 때 위반에 해당하는 것은?

① 편도 2차로 오르막길에서 백색점선을 넘어 앞지르기하였다.
② 반대 방향의 안전을 살피고 황색실선의 중앙선을 넘어 앞지르기하였다.
③ 비포장도로에서 앞차의 좌측으로 앞지르기하였다.
④ 황색점선의 중앙선이 설치된 도로에서 안전을 살피고 앞지르기하였다.

해설 황색실선의 중앙선은 절대 넘어서는 아니 된다. 이를 어길 경우 12대 중과실에 해당되며 경찰에 의해 단속 시 승용차6만 원, 승합차 7만 원의 과태료가 부과되며, 카메라 단속 시 현장단속보다 3만 원이 더해진 금액이 부과된다.

217 다음 중 도로교통법상 차로변경에 대한 설명으로 맞는 것은?

① 다리 위는 위험한 장소이기 때문에 백색실선으로 차로변경을 제한하는 경우가 많다.
② 차로변경을 제한하고자 하는 장소는 백색점선의 차선으로 표시되어 있다.
③ 차로변경 금지장소에서는 도로공사 등으로 장애물이 있어 통행이 불가능한 경우라도 차로변경을 해서는 안 된다.
④ 차로변경 금지장소이지만 안전하게 차로를 변경하면 법규위반이 아니다.

> **해설** 차로변경이 가능한 구간은 백색 점선이다. 백색 실선은 다리 위나 터널 안, 급경사 커브 등 위험한 구간에 적용되고, 차선 변경을 제한하고 있다.

218 다음 중 교차로에 진입하여 신호가 바뀐 후에도 지나가지 못해 다른 차량 통행을 방해하는 행위인 "꼬리 물기"를 하였을 때의 위반 행위로 맞는 것은?

① 교차로 통행방법 위반
② 일시정지 위반
③ 진로 변경 방법 위반
④ 혼잡 완화 조치 위반

> **해설** 교통체증이 심한 교차로에서는 나의 신호가 맞더라도 도로상황을 보면서 주의하여 진입해야 한다. 만약 교차로에서 다른 차량의 통행을 방해하는 꼬리물기를 하였을 때는 교차로 통행방법 위반으로 과태료 5만 원이 부과된다.

219 고속도로의 가속차로에 대한 설명 중 옳은 것은?

① 고속도로 주행 차량이 진출로로 진출하기 위해 차로 변경할 수 있도록 유도하는 차로
② 고속도로로 진입하는 차량이 충분한 속도를 낼 수 있도록 유도하는 차로
③ 고속도로에서 앞지르기하고자 하는 차량이 속도를 낼 수 있도록 유도하는 차로
④ 오르막에서 대형 차량들의 속도 감소로 인한 영향을 줄이기 위해 설치한 차로

> **해설** 고속도로의 가속차로는 다른 차량에게 방해되지 않도록 충분한 속도를 올리고 주행 차로로 진입할 수 있게 오른쪽 끝차로에 만들어진 구간을 말한다.

220 고속도로에 진입한 후 잘못 진입한 사실을 알았을 때 가장 적절한 행동은?

① 갓길에 정차한 후 비상점멸등을 켜고 고속도로 순찰대에 도움을 요청한다.
② 이미 진입하였으므로 다음 출구까지 주행한 후 빠져나온다.
③ 비상점멸등을 켜고 진입했던 길로 서서히 후진하여 빠져나온다.
④ 진입 차로가 2개 이상일 경우에는 유턴하여 돌아 나온다.

> **해설** 고속도로에서 주정차, 후진, 유턴은 절대금지이다. 진입을 잘못했다면 다음 출구까지 주행한 후 빠져나오는 것이 바람직하다.

| 정답 | 217 ① 218 ① 219 ② 220 ②

221 도로교통법상 도로에 설치하는 노면표시의 색이 잘못 연결된 것은?

① 안전지대 중 양방향 교통을 분리하는 표시는 노란색
② 버스전용차로표시는 파란색
③ 노면색깔유도선표시는 분홍색, 연한녹색 또는 녹색
④ 어린이보호구역 안에 설치하는 속도제한표시의 테두리선은 흰색

해설 어린이보호구역 안에 설치하는 속도제한표시의 테두리선은 빨간색이다.

222 도로교통법령상 고속도로 외의 도로에서 왼쪽 차로를 통행할 수 있는 차종으로 맞는 것은?

① 승용자동차 및 경형·소형·중형 승합자동차
② 대형승합자동차
③ 화물자동차
④ 특수자동차 및 이륜자동차

해설 고속도로 외의 도로에서 왼쪽 차로는 승용자동차 및 경형·소형·중형 승합자동차가 통행할 수 있는 차종이다. 대형승합차나 화물차 및 특수자동차, 이륜차는 우측차선으로 통행해야 한다.

223 자동차 운행 시 유턴이 허용되는 구간은?

① 황색 실선으로 설치된 구간
② 백색 실선으로 설치된 구간
③ 백색 점선으로 설치된 구간
④ 청색 실선으로 설치된 구간

해설 차선 변경과 유턴은 백색 점선으로 설치된 구간에서 허용된다.

224 도로교통법령상 차로에 따른 통행구분 설명이다. 잘못된 것은?

① 차로의 순위는 도로의 중앙선쪽에 있는 차로부터 1차로로 한다.
② 느린 속도로 진행하여 다른 차의 정상적인 통행을 방해할 우려가 있는 때에는 그 통행하던 차로의 오른쪽 차로로 통행하여야 한다.
③ 일방통행 도로에서는 도로의 오른쪽부터 1차로 한다.
④ 편도 2차로 고속도로에서 모든 자동차는 2차로로 통행하는 것이 원칙이다.

해설 일방통행 도로는 한 개의 차선을 한 방향으로만 사용하는 도로이므로, 오른쪽 왼쪽 구분이 없다.

225 자동차 운전자는 폭우로 가시거리가 50미터 이내인 경우 도로교통법령상 최고속도의 ( )을 줄인 속도로 운행하여야 한다. ( )에 기준으로 맞는 것은?

① 100분의 50
② 100분의 40
③ 100분의 30
④ 100분의 20

해설 폭우·폭설·안개 등으로 가시거리가 50미터 이내인 경우 최고속도의 100분의 50을 줄인 속도로 운행해야 한다. 기상악화 상황에선 평소 속도보다 감속하며 운전하는 것이 안전하다.

정답 | 221 ④ 222 ① 223 ③ 224 ③ 225 ①

226 도로교통법상 다인승전용차로를 통행할 수 있는 차의 기준으로 맞는 2가지는?

① 3명 이상 승차한 승용자동차
② 3명 이상 승차한 화물자동차
③ 3명 이상 승차한 승합자동차
④ 2명 이상 승차한 이륜자동차

> **해설** 다인승전용차로는 3인 이상 탑승한 승용, 승합자동차가 통행할수 있는 차로이다. 버스전용차로와는 다른 차로이다.

227 도로교통법상 보도와 차도의 구분이 없는 도로에 차로를 설치하는 때 보행자가 안전하게 통행할 수 있도록 그 도로의 양쪽에 설치하는 것은?

① 안전지대
② 진로변경제한선 표시
③ 갓길
④ 길가장자리구역

> **해설** 보도와 차도의 구분이 없는 도로에서 보행자의 안전을 확보하기 위해 안전표지 등으로 길 가장자리 구역을 표시한다.

228 1·2차로가 좌회전 차로인 교차로의 통행 방법으로 맞는 것은?

① 승용자동차는 1차로만을 이용하여 좌회전하여야 한다.
② 승용자동차는 2차로만을 이용하여 좌회전하여야 한다.
③ 대형승합자동차는 1차로만을 이용하여 좌회전하여야 한다.
④ 대형승합자동차는 2차로만을 이용하여 좌회전하여야 한다.

> **해설** 좌회전 차로가 2개 이상인 경우, 승용자동차는 구분없이 모두 통행가능하고, 대형승합차는 2차로를 이용하여 좌회전해야 한다.

229 도로교통법상 차마의 통행방법 및 속도에 대한 설명으로 옳지 않은 것은?

① 신호등이 없는 교차로에서 좌회전할 때 직진하려는 다른 차가 있는 경우 직진 차에게 차로를 양보하여야 한다.
② 차도와 보도의 구별이 없는 도로에서 차량을 정차할 때 도로의 오른쪽 가장자리로부터 중앙으로 50센티미터 이상의 거리를 두어야 한다.
③ 교차로에서 앞차가 우회전을 하려고 신호를 하는 경우 뒤따르는 차는 앞차의 진행을 방해해서는 안 된다.
④ 자동차전용도로에서의 최저속도는 매시 40킬로미터이다.

> **해설** 자동차 전용도로의 최고속도는 90킬로미터 이내, 최저속도는 30킬로미터 이내로 제한한다. 고속도로는 도로 크기에 따라 조금씩 다르다.

230 고속도 매시 100킬로미터인 편도4차로 고속도로를 주행하는 적재중량 3톤의 화물자동차 최고속도는?

① 매시 60킬로미터
② 매시 70킬로미터
③ 매시 80킬로미터
④ 매시 90킬로미터

> **해설** 편도 2차로 이상 고속도로에서 적재중량 1.5톤을 초과하는 화물자동차의 최고속도는 매시 80킬로미터이다.

| 정답 | 226 ①,③ 227 ④ 228 ④ 229 ④ 230 ③

231 차마의 운전자가 도로의 좌측으로 통행할 수 없는 경우로 맞는 것은?

① 안전표지 등으로 앞지르기를 제한하고 있는 경우
② 도로가 일방통행인 경우
③ 도로 공사 등으로 도로의 우측 부분을 통행할 수 없는 경우
④ 도로의 우측 부분의 폭이 차마의 통행에 충분하지 아니한 경우

해설 앞지르기할 땐 앞차의 좌측으로 통행해야 한다. 그런데 안전표지 등으로 앞지르기를 제한하고 있는 경우엔 좌측으로 통행할 수 없다.

232 교차로와 딜레마 존(Dilemma Zone) 통과 방법 중 가장 거리가 먼 것은?

① 교차로 진입 전 교통 상황을 미리 확인하고 안전거리 유지와 감속운전으로 모든 상황을 예측하며 방어운전을 한다.
② 적색신호에서 교차로에 진입하면 신호위반에 해당된다.
③ 신호등이 녹색에서 황색으로 바뀔 때 앞바퀴가 정지선을 진입했다면 교차로 교통상황을 주시하며 신속하게 교차로 밖으로 진행한다.
④ 교차로에서 과속하는 상황일수록 딜레마 존(Dilemma Zone)은 더욱 짧아지게 되며 운전자의 결정도 그 만큼 빨라지게 된다.

해설 교차로에서의 딜레마존은 정지하기도 애매하고, 빠르게 통과하기도 애매한 구간이다. 교차로에서 과속은 금물이다.

233 다음은 차간거리에 대한 설명이다. 올바르게 표현된 것은?

① 공주거리는 위험을 발견하고 브레이크 페달을 밟아 브레이크가 듣기 시작할 때까지의 거리를 말한다.
② 정지거리는 앞차가 급정지할 때 추돌하지 않을 정도의 거리를 말한다.
③ 안전거리는 브레이크를 작동시켜 완전히 정지할 때까지의 거리를 말한다.
④ 제동거리는 위험을 발견한 후 차량이 완전히 정지할 때까지의 거리를 말한다.

해설 차간거리는 앞차의 후미와 내 차 선두까지의 거리다.
① 공주거리는 위험을 발견하고 브레이크 페달을 밟아 브레이크가 듣기 시작할 때까지의 거리를 말한다.
② 정지거리는 운전자가 정지할 상황을 인식한 순간부터 차가 완전히 멈출 때까지 차가 진행한 거리이다.
③ 안전거리는 다른 차량과 내 차의 일정한 간격 거리를 말한다.
④ 제동거리는 브레이크 작동 순간부터 자동차가 완전히 멈출 때까지의 거리이다.

234 다음 중 앞지르기가 가능한 장소는?

① 교차로
② 황색실선의 국도
③ 터널 안
④ 황색점선의 지방도

해설 앞지르기는 점선 구간일 때 가능하다. 즉 황색점선의 지방도에서는 앞지르기가 가능하다.

235 다음 중 도로교통법상 교차로에서의 서행에 대한 설명으로 가장 적절한 것은?

① 차가 즉시 정지시킬 수 있는 정도의 느린 속도로 진행하는 것
② 매시 30킬로미터의 속도를 유지하여 진행하는 것
③ 사고를 유발하지 않을 만큼의 속도로 느리게 진행하는 것
④ 앞차의 급정지를 피할 만큼의 속도로 진행하는 것

해설 서행의 기준은 차를 즉시 멈출 수 있는 정도의 느린 속도로 진행하는 것을 말한다.

236 다음은 도로에서 최고속도를 위반하여 자동차 등(개인형 이동장치 제외)을 운전한 경우 처벌기준은?

① 시속 100킬로미터를 초과한 속도로 3회 이상 운전한 사람은 500만 원 이하의 벌금 또는 구류
② 시속 100킬로미터를 초과한 속도로 3회 이상 운전한 사람은 1년 이하의 징역이나 500만 원 이하의 벌금
③ 시속 100킬로미터를 초과한 속도로 2회 운전한 사람은 300만 원 이하의 벌금
④ 시속 80킬로미터를 초과한 속도로 운전한 사람은 50만 원 이하의 벌금 또는 구류

해설 최고속도보다 시속 100킬로미터를 초과한 속도로 3회 이상 자동차 등을 운전한 사람은 1년 이하의 징역이나 500만 원 이하의 벌금에 처한다. 최고속도보다 시속 80킬로미터를 초과한 속도로 자동차 등을 운전한 사람은 30만 원 이하의 벌금 또는 구류에 처한다.

237 신호등이 없는 교차로에서 우회전하려 할 때 옳은 것은?

① 가급적 빠른 속도로 신속하게 우회전한다.
② 교차로에 선진입한 차량이 통과한 뒤 우회전한다.
③ 반대편에서 앞서 좌회전하고 있는 차량이 있으면 안전에 유의하며 함께 우회전한다.
④ 폭이 넓은 도로에서 좁은 도로로 우회전할 때는 다른 차량에 주의할 필요가 없다.

해설 교차로에서 우회전할 때 서행하고, 반대편 차선 좌회전 등 다른 차량에 주의해야 하며, 선진입한 차량이 다 통과한 뒤에 우회전해야 한다.

238 신호기의 신호가 있고 차량보조신호가 없는 교차로에서 우회전하려고 한다. 도로교통법령상 잘못된 것은?

① 차량신호가 적색등화인 경우, 횡단보도에서 보행자신호와 관계없이 정지선 직전에 일시정지 한다.
② 차량신호가 녹색등화인 경우, 정지선 직전에 일시정지하지 않고 우회전 한다.
③ 차량신호가 녹색화살표 등화인 경우, 횡단보도에서 보행자신호와 관계없이 정지선 직전에 일시정지 한다.
④ 차량신호에 관계없이 다른 차량의 교통을 방해하지 않은 때 일시정지하지 않고 우회전 한다.

해설 교차로에서의 우회전은 차량신호에 맞게 움직여야 하고, 횡단보도의 보행자 신호와 관계없이 정지선 직전에 일시정지 후 주변을 살피고 천천히 진입하는 것이 좋다.

239 교차로에서 좌·우회전하는 방법을 가장 바르게 설명한 것은?

① 우회전을 하고자 하는 때에는 신호에 따라 정지 또는 진행하는 보행자와 자전거에 주의하면서 신속히 통과한다.
② 좌회전을 하고자 하는 때에는 항상 교차로 중심 바깥쪽으로 통과해야 한다.
③ 우회전을 하고자 하는 때에는 미리 우측 가장자리를 따라 서행하여야 한다.
④ 신호기 없는 교차로에서 좌회전을 하고자 할 경우 보행자가 횡단 중이면 그 앞을 신속히 통과한다.

해설 교차로에서의 우회전은 신호에 따라 진행해야 하며, 미리 우측 가장자리를 따라 서행해야 한다. 정지선 앞에서 일시정지 후 주변을 살핀 후 통과해야 한다.

240 정지거리에 대한 설명으로 맞는 것은?

① 운전자가 브레이크 페달을 밟은 후 최종적으로 정지한 거리
② 앞차가 급정지 시 앞차와의 추돌을 피할 수 있는 거리
③ 운전자가 위험을 발견하고 브레이크 페달을 밟아 실제로 차량이 정지하기까지 진행한 거리
④ 운전자가 위험을 감지하고 브레이크 페달을 밟아 브레이크가 실제로 작동하기 전까지의 거리

해설 정지거리란 운전자가 브레이크를 밟은 후 차량이 정지하기까지 진행된 거리를 뜻한다. ①번은 제동거리, ②번은 안전거리, ④번은 공주거리를 뜻하는 설명이다.

241 교차로 통행 방법으로 맞는 것은?

① 신호등이 적색 점멸인 경우 서행한다.
② 신호등이 황색 점멸인 경우 빠르게 통행한다.
③ 교차로에서는 앞지르기를 하지 않는다.
④ 교차로 접근 시 전조등을 항상 상향으로 켜고 진행한다.

해설 교차로에서는 황색 점멸인 경우 서행, 적색 점멸인 경우 일시정지한다. 교차로 접근 시 전조등을 상향으로 켜는 것은 상대방의 안전운전에 위협이 되므로 켜지 않는다. 또한 교차로에서 앞지르기는 금지다.

242 고속도로 하이패스 차로를 이용하는 방법으로 잘못된 것은?

① 미리 일반차로에서 하이패스 차로로 변경하여 안전하게 통과한다.
② 제한속도를 초과하여 주행하던 속도를 감속하지 않고 그대로 통과한다.
③ 운행하기 전 하이패스 단말기의 카드 잔액과 배터리 잔량 등을 점검한 후 정상 작동여부를 확인한다.
④ 하이패스 단말기 고장 등으로 정보를 인식하지 못하는 경우 목적지 요금소에서 정산하면 된다.

해설 고속도로 하이패스 제한속도는 30km이다. 속도를 미리 감속하여 통과하는 것이 좋다.

243 편도 3차로 자동차전용도로의 구간에 최고속도 매시 60킬로미터의 안전표지가 설치되어 있다. 다음 중 운전자의 속도 준수방법으로 맞는 것은?

① 매시 90킬로미터로 주행한다.
② 매시 80킬로미터로 주행한다.
③ 매시 70킬로미터로 주행한다.
④ 매시 60킬로미터로 주행한다.

> 해설 자동차등은 법정속도보다 안전표지가 지정하고 있는 규제속도를 우선 준수해야 한다. 그러므로 최고속도 60킬로미터 이하로 주행해야 한다.

244 도로교통법상 주거지역·상업지역 및 공업지역의 일반도로에서 제한할 수 있는 속도로 맞는 것은?

① 시속 20킬로미터 이내
② 시속 30킬로미터 이내
③ 시속 40킬로미터 이내
④ 시속 50킬로미터 이내

> 해설 속도 저감을 통해 도로교통 참가자의 안전을 위한 5030정책의 일환으로 2021.4.17일 도로교통법 시행규칙이 시행되어 주거, 상업, 공업지역의 일반도로는 매시 50킬로미터 이내로 주행해야 한다. 단, 시·도경찰청장이 특히 필요하다고 인정하여 지정한 노선 또는 구간에서는 매시 60킬로미터 이내로 자동차등과 노면전차의 통행속도를 정한다.

245 교통사고 감소를 위해 도심부 최고속도를 시속 50킬로미터로 제한하고, 주거지역 등 이면도로는 시속 30킬로미터 이하로 하향 조정하는 교통안전 정책으로 맞는 것은?

① 뉴딜 정책
② 안전속도 5030
③ 교통사고 줄이기 한마음 대회
④ 지능형 교통체계(ITS)

> 해설 도심부 최고속도를 시속 50킬로미터로 제한하고 주거지역 등 이면도로는 시속 30킬로미터 이하로 하향 조정하는 교통안전 정책은 '안전속도 5030'이다. 2021.4.17일부터 시행중이다.

246 비보호좌회전 교차로에서 좌회전하고자 할 때 설명으로 맞는 2가지는?

① 마주 오는 차량이 없을 때 반드시 녹색등화에서 좌회전하여야 한다.
② 마주 오는 차량이 모두 정지선 직전에 정지하는 적색등화에서 좌회전하여야 한다.
③ 녹색등화에서 비보호 좌회전할 때 사고가 나면 안전운전의무 위반으로 처벌받는다.
④ 적색등화에서 비보호 좌회전할 때 사고가 나면 안전운전의무 위반으로 처벌받는다.

> 해설 비보호 좌회전은 녹색등화에서 마주 오는 차량이 없을 때 진행할 수 있다. 또한 녹색등화에서 비보호 좌회전 때 사고가 발생하면 2010.8.24. 이후 안전운전의무 위반으로 처벌된다.

| 정답 | 243 ④ 244 ④ 245 ② 246 ①, ③

247 교차로에서 우회전하고자 할 때 가장 큰 위험 요인 2가지는?

① 반대편 도로의 직진 차
② 반대편 도로의 우회전 차
③ 우측 도로에서 무단 횡단 중인 보행자
④ 내 차 우측에서 나란히 주행하는 이륜차

해설 교차로에서 우회전할 때 가장 위험한 요인은 사각지대 안에 들어올 수 있는 우측 도로에서 무단 횡단 중인 보행자와, 내 차 우측에서 나란히 주행하는 이륜차.

248 다음 중 도로교통법상 차로를 변경할 때 안전한 운전방법으로 맞는 2가지는?

① 차로를 변경할 때 최대한 빠르게 해야 한다.
② 백색실선 구간에서만 할 수 있다.
③ 진행하는 차의 통행에 지장을 주지 않을 때 해야 한다.
④ 백색점선 구간에서만 할 수 있다.

해설 차로 변경은 점선구간에서만 가능하다. 그리고 다른 차량의 통행에 지장을 주지 않을 때 해야 한다.

249 교차로에서 우회전할 때 가장 안전한 운전 행동으로 맞는 2가지는?

① 방향지시등은 우회전하는 지점의 30미터 이상 후방에서 작동한다.
② 백색 실선이 그려져 있으면 주의하며 우측으로 진로 변경한다.
③ 진행 방향의 좌측에서 진행해 오는 차량에 방해가 없도록 우회전한다.
④ 다른 교통에 주의하며 신속하게 우회전한다.

해설 교차로에서 우회전할 때는 우측으로 미리 붙어서 진행하고, 방향지시등은 우회전하는 30미터 이상 지점에서 미리 점등해야 한다. 그리고 진행방향의 좌측에서 오는 차량에 방해가 없도록 해야 한다.

250 승용자동차 운전자가 앞지르기할 때의 운전 방법으로 옳은 2가지는?

① 앞지르기를 시작할 때에는 좌측 공간을 충분히 확보하여야 한다.
② 고속도로에서 앞지르기할 때에는 그 도로의 제한속도 내에 한다.
③ 안전이 확인된 경우에는 우측으로 앞지르기 할 수 있다.
④ 앞차의 좌측으로 통과한 후 후사경에 우측 차량이 보이지 않을 때 빠르게 진입한다.

해설 앞지르기를 할 때에는 앞차의 좌측으로 통행하여야 한다. 주변차량의 통행 흐름을 방해해서는 안 되며 안전한 속도와 방법으로 앞지르기를 해야 한다. 고속도로에서는 제한속도 내에서 앞지르기를 해야 한다.

251 도로를 주행할 때 안전 운전 방법으로 맞는 2가지는?

① 주차를 위해서는 되도록 안전지대에 주차를 하는 것이 안전하다.
② 황색 신호가 켜지면 신호를 준수하기 위하여 교차로 내에 정지한다.
③ 앞 차량이 급제동할 때를 대비하여 추돌을 피할 수 있는 거리를 확보한다.
④ 앞지르기할 경우 앞 차량의 좌측으로 통행한다.

해설 도로 주행 중엔 앞 차량의 급제동을 대비하여 추돌을 피할 수 있는 안전거리를 확보해야 한다. 그리고 앞지르기를 할 때엔 앞 차량의 좌측으로 통행해야 한다.

252 고속도로 진입 시 뒤에서 긴급자동차가 오고 있을 때의 적절한 조치로 맞는 것은?

① 가속 차로의 갓길로 진입하여 가속한다.
② 속도를 높여 고속도로 진입 즉시 차로를 변경하여 긴급자동차를 통과 시킨다.
③ 갓길에 잠시 정차하여 긴급자동차가 먼저 진입한 후에 진입한다.
④ 고속도로에서는 정차나 서행은 위험하므로 현재 속도로 계속 주행한다.

> 해설 고속도로 진입 시 긴급자동차의 진입을 방해하여서는 안 된다. 뒤에서 긴급자동차가 오고 있을 때엔 갓길에 잠시 정차하여 긴급자동차가 먼저 진입할 수 있도록 기다린 후 간다.

253 도로교통법상 긴급한 용도로 운행 중인 긴급자동차가 다가올 때 운전자의 준수사항으로 맞는 것은?

① 교차로에 긴급자동차가 접근할 때에는 교차로 내 좌측 가장자리에 일시정지하여야 한다.
② 교차로 외의 곳에서는 긴급자동차가 우선 통행할 수 있도록 진로를 양보하여야 한다.
③ 긴급자동차보다 속도를 높여 신속히 통과한다.
④ 그 자리에 일시정지하여 긴급자동차가 지나갈 때까지 기다린다.

> 해설 긴급자동차가 다가올 때 교차로 외의 곳에서는 긴급자동차가 우선통행할 수 있도록 진로를 양보해야 한다. 교차로나 그 부근에서 접근하는 경우에는 교차로를 피하여 일시정지해야 한다.

254 교차로에서 우회전 중 소방차가 경광등을 켜고 사이렌을 울리며 접근할 경우에 가장 안전한 운전방법은?

① 교차로를 피하여 일시정지하여야 한다.
② 즉시 현 위치에서 정지한다.
③ 서행하면서 우회전한다.
④ 교차로를 신속하게 통과한 후 계속 진행한다.

> 해설 긴급자동차가 통행할 수 있도록 교차로를 최대한 피하여 일시정지하여야 한다.

255 도로교통법상 긴급자동차 특례 적용대상이 아닌 것은?

① 자동차등의 속도 제한
② 앞지르기의 금지
③ 끼어들기의 금지
④ 보행자 보호

> 해설 제30조(긴급자동차에 대한 특례) 긴급자동차에 대하여는 다음 각호의 사항을 적용하지 아니한다. 다만, 제4호부터 제12호까지의 사항은 긴급자동차 중 제2조제22호가목부터 다목까지의 자동차와 대통령령으로 정하는 경찰용 자동차에 대해서만 적용하지 아니한다. 〈개정 2021.1.12.〉
> 제17조에 따른 자동차등의 속도 제한. 다만, 제17조에 따라 긴급자동차에 대하여 속도를 제한한 경우에는 같은 조의 규정을 적용한다.
> 제22조에 따른 앞지르기의 금지
> 제23조에 따른 끼어들기의 금지
> 제5조에 따른 신호위반
> 제13조제1항에 따른 보도침범
> 제13조제3항에 따른 중앙선 침범
> 제18조에 따른 횡단 등의 금지
> 제19조에 따른 안전거리 확보 등
> 제21조제1항에 따른 앞지르기 방법 등
> 제32조에 따른 정차 및 주차의 금지
> 제33조에 따른 주차금지
> 제66조에 따른 고장 등의 조치

| 정답 | 252 ③ 253 ② 254 ① 255 ④

256 긴급자동차는 긴급자동차의 구조를 갖추고, 사이렌을 울리거나 경광등을 켜서 긴급한 용무를 수행 중임을 알려야 한다. 이러한 조치를 취하지 않아도 되는 긴급자동차는?

① 불법 주차 단속용 자동차
② 소방차
③ 구급차
④ 속도위반 단속용 경찰 자동차

해설 구급차, 소방차, 불법주차 단속용 자동차 등은 긴급자동차의 구조를 갖추며, 사이렌이나 경광등을 켜서 용무 수행 중 임을 알려야 한다. 다만 속도위반 단속차나 경호 업무 수행 공무로 사용되는 자동차는 예외이다.

257 소방차와 구급차 등이 앞지르기 금지 구역에서 앞지르기를 시도하거나 속도를 초과하여 운행하는 등 특례를 적용 받으려면 어떤 조치를 하여야 하는가?

① 경음기를 울리면서 운행하여야 한다.
② 자동차관리법에 따른 자동차의 안전 운행에 필요한 구조를 갖추고 사이렌을 울리거나 경광등을 켜야 한다.
③ 전조등을 켜고 운행하여야 한다.
④ 특별한 조치가 없다 하더라도 특례를 적용 받을 수 있다.

해설 긴급자동차가 특례를 적용 받으려면 자동차관리법에 따른 자동차의 안전 운행에 필요한 구조를 갖추고 사이렌을 울리거나 경광등을 켜야 한다.

258 일반자동차가 생명이 위독한 환자를 이송 중인 경우 긴급자동차로 인정받기 위한 조치는?

① 관할 경찰서장의 허가를 받아야 한다.
② 전조등 또는 비상등을 켜고 운행한다.
③ 생명이 위독한 환자를 이송 중이기 때문에 특별한 조치가 필요 없다.
④ 반드시 다른 자동차의 호송을 받으면서 운행하여야 한다.

해설 긴급자동차를 부를 수 없는 상황에서 일반자동차로 생명이 위독한 환자를 이송할 경우 전조등 또는 비상등을 키거나 그 밖의 적당한 방법으로 긴급한 목적으로 운행되고 있음을 표시하여야 긴급자동차 특례가 적용된다.

259 다음 중 도로교통법상 긴급자동차로 볼 수 있는 것 2가지는?

① 고장 수리를 위해 자동차 정비 공장으로 가고 있는 소방차
② 생명이 위급한 환자 또는 부상자나 수혈을 위한 혈액을 운송 중인 자동차
③ 퇴원하는 환자를 싣고 가는 구급차
④ 시·도경찰청장으로부터 지정을 받고 긴급한 우편물의 운송에 사용되는 자동차

해설 긴급자동차란 소방차, 구급차, 혈액 공급차량, 공무로 사용되는 자동차, 그밖에 긴급한 용도로 사용되고 있는 자동차를 말한다.

| 정답 | 256 ④ 257 ② 258 ② 259 ②, ④

260 도로교통법상 긴급한 용도로 운행되고 있는 구급차 운전자가 할 수 있는 2가지는?

① 교통사고를 일으킨 때 사상자 구호 조치 없이 계속 운행할 수 있다.
② 횡단하는 보행자의 통행을 방해하면서 계속 운행할 수 있다.
③ 도로의 중앙이나 좌측으로 통행할 수 있다.
④ 정체된 도로에서 끼어들기를 할 수 있다.

> 해설 긴급자동차 운전자는 도로의 중앙이나 좌측으로 통행할 수 있으며 정체된 도로에서 끼어들기를 할 수 있다. 다만 보행자 통행을 방해하거나 인사사고를 일으켜서는 아니 된다.

261 본래의 용도로 운행되고 있는 소방차 운전자가 할 수 없는 것은?

① 좌석안전띠 미착용
② 음주 운전
③ 중앙선 침범
④ 신호위반

> 해설 긴급자동차는 앞지르기, 끼어들기, 신호위반, 보도침범, 중앙선침범, 좌석안전띠 미착용 등이 허용되지만 음주운전은 허용되지 않는다.

262 긴급자동차를 운전하는 사람을 대상으로 실시하는 정기 교통안전교육은 ( )년마다 받아야 한다. ( )안에 맞는 것은?

① 1   ② 2
③ 3   ④ 5

> 해설 정기 교통안전교육이란 긴급자동차를 운전하는 사람을 대상으로 3년마다 정기적으로 실시하는 교육이다. 이 경우 직전에 긴급자동차 교통안전교육을 받은 날부터 기산하여 3년이 되는 날이 속하는 해의 1월 1일부터 12월 31일 사이에 교육을 받아야 한다.

263 다음 중 긴급자동차에 대한 특례에 대한 설명이다. 잘못된 것은?

① 앞지르기 금지장소에서 앞지르기 할 수 있다.
② 끼어들기 금지장소에서 끼어들기 할 수 있다.
③ 횡단보도를 횡단하는 보행자가 있어도 보호하지 않고 통행할 수 있다.
④ 도로 통행속도의 최고속도보다 빠르게 운전할 수 있다.

> 해설 긴급자동차는 앞지르기, 끼어들기, 신호위반, 보도침범, 속도규정, 중앙선침범 금지장소에서 해당사항을 할 수 있다. 하지만 횡단보도를 횡단하는 보행자의 통행을 위협해서는 아니 된다.

264 수혈을 위해 긴급운행 중인 혈액공급 차량에게 허용되지 않는 것은?

① 사이렌을 울릴 수 있다.
② 도로의 좌측 부분을 통행할 수 있다.
③ 법정속도를 초과하여 운행할 수 있다.
④ 사고 시 현장조치를 이행하지 않고 운행할 수 있다.

> 해설 혈액공급차량은 긴급자동차에 해당한다. 앞지르기, 끼어들기, 신호위반, 보도침범, 속도규정, 중앙선 침범 금지 장소에서 해당사항을 할 수 있다. 하지만 사고를 발생시켰다면 동승자로 하여금 현장조치 또는 신고 등을 하게 하고 운전을 계속 할 수 있다.

정답 | 260 ③,④ 261 ② 262 ③ 263 ③ 264 ④

265 다음 중 사용하는 사람 또는 기관등의 신청에 의하여 시·도경찰청장이 지정할 수 있는 긴급자동차로 맞는 것은?

① 소방차
② 가스누출 복구를 위한 응급작업에 사용되는 가스 사업용 자동차
③ 구급차
④ 혈액공급 차량

해설 소방차, 구급차, 혈액공급 차량은 긴급자동차에 해당한다. 여기서 시·도경찰청장이 지정할 수 있는 긴급자동차는
1. 전기사업, 가스사업, 그 밖의 공익사업 기관에서 위험방지를 위한 응급작업에 사용되는 자동차, 2. 민방위업무 수행기관에서 긴급예방 또는 복구를 위한 출동에 사용되는 자동차, 3. 도로 응급작업차 또는 운행제한 차를 단속하기 위하여 사용되는 자동차, 4. 전신·전화의 수리공사 등 응급작업과, 긴급 우편물 운송에 사용되는 자동차가 있다.

266 다음 중 사용하는 사람 또는 기관등의 신청에 의하여 시·도경찰청장이 지정할 수 있는 긴급자동차가 아닌 것은?

① 교통단속에 사용되는 경찰용 자동차
② 긴급한 우편물의 운송에 사용되는 자동차
③ 전화의 수리공사 등 응급작업에 사용되는 자동차
④ 긴급복구를 위한 출동에 사용되는 민방위업무를 수행하는 기관용 자동차

해설 교통단속에 사용되는 경찰차는 "대통령령으로 정하는 긴급자동차"에 해당한다. 긴급 우편물 운송, 전화의 수리공사 등 응급작업, 긴급복구를 위한 출동에 사용되는 민방위업무를 수행하는 기관용 자동차는 시·도경찰청장이 긴급 자동차로 지정할 수 있다.

267 도로교통법상 긴급자동차가 긴급한 용도 외에도 경광등 등을 사용할 수 있는 경우가 아닌 것은?

① 소방차가 화재 예방 및 구조·구급 활동을 위하여 순찰을 하는 경우
② 소방차가 정비를 위해 긴급히 이동하는 경우
③ 민방위업무용 자동차가 그 본래의 긴급한 용도와 관련된 훈련에 참여하는 경우
④ 경찰용 자동차가 범죄 예방 및 단속을 위하여 순찰을 하는 경우

해설 소방차가 정비를 위해 이동하는 경우는 긴급한 용도가 아니므로 경광등 등을 사용할 수 없다.

268 도로교통법상 긴급출동 중인 긴급자동차의 법규위반으로 맞는 것은?

① 편도 2차로 일반도로에서 매시 100킬로미터로 주행하였다.
② 백색 실선으로 차선이 설치된 터널 안에서 앞지르기하였다.
③ 우회전하기 위해 교차로에서 끼어들기를 하였다.
④ 인명 피해 교통사고가 발생하여도 긴급출동 중이므로 필요한 신고나 조치 없이 계속 운전하였다.

해설 긴급자동차가 인명피해 교통사고를 발생시켰을 경우, 동승자로 하여금 현장조치 또는 신고 등을 해야 한다. 그렇지 않으면 법규위반이 된다.

정답 | 265 ② 266 ① 267 ② 268 ④

269 긴급자동차가 긴급한 용도 외에 경광등을 사용할 수 있는 경우가 아닌 것은?

① 소방차가 화재예방을 위하여 순찰하는 경우
② 도로관리용 자동차가 도로상의 위험을 방지하기 위하여 도로 순찰하는 경우
③ 구급차가 긴급한 용도와 관련된 훈련에 참여하는 경우
④ 경찰용 자동차가 범죄예방을 위하여 순찰하는 경우

> 해설 긴급자동차가 경광등을 사용할 수 있는 경우는 긴급한 상황을 말한다. 도로관리용 자동차가 순찰하는 경우는 긴급한 상황이 아니기 때문에 경광등을 사용할 수 없다.

271 다음 중 긴급자동차에 해당하는 2가지는?

① 경찰용 긴급자동차에 의하여 유도되고 있는 자동차
② 수사기관의 자동차이지만 수사와 관련 없는 기능으로 사용되는 자동차
③ 사고차량을 견인하기 위해 출동하는 구난차
④ 생명이 위급한 환자 또는 부상자나 수혈을 위한 혈액을 운송 중인 자동차

> 해설 긴급자동차는 경찰용 자동차 중 범죄수사, 교통단속, 그 밖의 긴급한 경찰업무 수행에 사용되는 자동차와 구급차, 소방차 등이 있다. 구난차, 수사관련 없는 기능으로 사용 중인 자동차는 긴급자동차로 볼 수 없다.

270 긴급한 용도로 운행 중인 긴급자동차에게 양보하는 운전방법으로 맞는 2가지는?

① 모든 자동차는 좌측 가장자리로 피하는 것이 원칙이다.
② 비탈진 좁은 도로에서 서로 마주보고 진행하는 경우 올라가는 긴급자동차는 도로의 우측 가장자리로 피하여 차로를 양보하여야 한다.
③ 교차로 부근에서는 교차로를 피하여 일시정지하여야 한다.
④ 교차로나 그 부근 외의 곳에서 긴급자동차가 접근한 경우에는 긴급자동차가 우선통행할 수 있도록 진로를 양보하여야 한다.

> 해설 긴급자동차가 다가오는 경우 긴급자동차의 통행을 우선으로 양보해야 한다. 교차로나 교차로 부근일 때는 교차로를 피하여 일시정지해야 한다.

272 편도 2차로 도로에서 어린이 통학버스가 도로에 정차하여 어린이나 영유아가 타고 내리고 있을 경우 운전자의 행동으로 옳은 것은?

① 어린이 통학버스에 이르기 전에 일시정지하여 안전을 확인한 후 서행하여 지나간다.
② 정차되어 있는 어린이 통학버스 좌측 옆으로 지나간다.
③ 어린이 통학버스 운전자에게 차량을 안전한 곳으로 이동하도록 경고한다.
④ 어린이나 영유아가 타고 내리는 데 방해가 되지 않도록 중앙선을 넘어 서행으로 지나간다.

> 해설 어린이의 안전을 위하여 운전자는 어린이 통학버스를 무리하게 앞지르거나 중앙선을 넘어가서는 아니 된다. 어린이 통학버스에 이르기 전에 일시정지하여 안전을 확인한 후 서행하여 지나가야 한다.

| 정답 | 269 ② 270 ③,④ 271 ①,④ 272 ①

273 중앙선이 설치되지 아니한 도로에서 어린이 통학버스를 마주 보고 운행할 때 올바른 운행 방법은?

① 어린이가 타고 내리는 중임을 표시하는 점멸등이 작동 중인 경우 그냥 지나친다.
② 어린이가 타고 내리는 중임을 표시하는 점멸등이 작동 중인 경우 서행한다.
③ 어린이가 타고 내리는 중임을 표시하는 점멸등이 작동 중인 경우 일시정지하여 안전을 확인한 후 서행한다.
④ 어린이가 타고 내리는 중임을 표시하는 점멸등이 작동 중인 경우 가속하여 지나친다.

해설 어린이 통학버스에 어린이가 타고 내리는 중임을 표시하는 점멸등이 작동 중인 경우, 통학버스에 이르기 전에 일시정지한 후 안전을 확인한 후 서행해야 한다.

274 편도 2차로 도로에서 1차로로 어린이 통학버스가 어린이나 영유아를 태우고 있음을 알리는 표시를 한 상태로 주행 중이다. 가장 안전한 운전 방법은?

① 2차로가 비어 있어도 앞지르기를 하지 않는다.
② 2차로로 앞지르기하여 주행한다.
③ 경음기를 울려 전방 차로를 비켜 달라는 표시를 한다.
④ 반대 차로의 상황을 주시한 후 중앙선을 넘어 앞지르기한다.

해설 어린이의 안전을 위하여 어린이 통학버스가 정차한 차로 옆 차로가 비어있어도 안전을 확인한 후 서행해야 한다. 무리한 앞지르기와 중앙선 침범은 아니 된다.

275 어린이 보호구역에 관한 설명 중 맞는 것은?

① 유치원이나 중학교 앞에 설치할 수 있다.
② 시장 등은 차의 통행을 금지할 수 있다.
③ 어린이 보호구역에서의 어린이는 12세 미만인 자를 말한다.
④ 자동차등의 통행속도를 시속 30킬로미터 이내로 제한할 수 있다.

해설 어린이 보호구역은 유치원, 초등학교 등의 주변 도로에 어린이를 보호하기 위한 구역이다. 자동차의 주행속도를 시속 30킬로미터 이내로 제한하며, 유형에 따라 자동차의 통행을 제한하거나, 주정차가 금지되어 있다.

276 다음 중 교통사고처리특례법상 어린이 보호구역 내에서 매시 40킬로미터로 주행 중 어린이를 다치게 한 경우의 처벌로 맞는 것은?

① 피해자가 형사처벌을 요구할 경우에만 형사 처벌된다.
② 피해자의 처벌 의사에 관계없이 형사 처벌된다.
③ 종합보험에 가입되어 있는 경우에는 형사 처벌되지 않는다.
④ 피해자와 합의하면 형사 처벌되지 않는다.

해설 어린이 보호구역 내에서 주행 중 어린이를 다치게 할 경우 피해자의 처벌의사에 관계없이 형사 처벌된다. 2020.3.25.부터 민식이법이 적용되며, 어린이를 상해에 이르게 한 경우 1년 이상 15년 이하의 징역 또는 500만 원 이상 3천만 원 이하의 벌금에 처한다.

| 정답 | 273 ③ 274 ① 275 ④ 276 ②

277 어린이통학버스로 신고할 수 있는 자동차의 승차정원 기준으로 맞는 것은?(어린이 1명을 승차정원 1명으로 본다)

① 11인승 이상
② 16인승 이상
③ 17인승 이상
④ 9인승 이상

해설 어린이통학버스로 사용할 수 있는 자동차는 승차정원 9인승(어린이 1명을 승차정원 1명으로 본다) 이상의 자동차로 한다.

278 승용차 운전자가 08:30경 어린이 보호구역에서 제한속도를 매시 25킬로미터 초과하여 위반한 경우 벌점으로 맞는 것은?

① 10점　② 15점
③ 30점　④ 60점

해설 어린이 보호구역 안에서 오전 8시부터 오후 8시 사이에 속도위반을 하게 되면 2배의 벌점이 부과된다. 일반도로에서 20킬로 이상 40킬로 이하 과속했을 경우 벌점이 15점이지만, 어린이보호구역 내에서는 2배에 해당하는 벌점 30점이 부과된다.

279 승용차 운전자가 어린이나 영유아를 태우고 있다는 표시를 하고 도로를 통행하는 어린이통학버스를 앞지르기한 경우 몇 점의 벌점이 부과되는가?

① 10점　② 15점
③ 30점　④ 40점

해설 어린이통학버스는 특별 보호법에 의해 어린이가 승하차 중임을 알리는 표시를 한 상태에서 운전자는 통학버스 앞지르기가 금지되어 있다. 이를 어길 시 벌점 30점이 부과된다.

280 도로교통법상 어린이 통학버스 안전교육 대상자의 교육시간 기준으로 맞는 것은?

① 1시간 이상
② 3시간 이상
③ 5시간 이상
④ 6시간 이상

해설 어린이통학버스의 안전교육은 교통안전을 위한 어린이 행동특성, 어린이통학버스의 운영 등과 관련된 법령, 어린이 통학버스의 주요 사고 사례 분석, 그 밖에 운전 및 승차하차 중 어린이 보호를 위하여 필요한 사항 등에 대하여 강의 시청각교육 등의 방법으로 3시간 이상 실시한다.

281 '움직이는 빨간 신호등'이라는 어린이의 행동특성 중 가장 적절하지 않은 것은?

① 어린이는 생각나는 대로 곧바로 행동하는 경향이 있다.
② 건너편 도로에서 어머니가 부르면 좌·우를 확인하지 않고 뛰어가는 경향이 있다.
③ 횡단보도에 보행신호가 들어오자마자 앞만 보고 뛰는 경향이 있다.
④ 어린이는 행동이 매우 느리고 망설이는 경향이 있다.

해설 어린이는 생각나는 대로 곧바로 행동하는 경향이 있으며 건너편 도로에서 어머니가 부르면 좌·우를 확인하지 않고 뛰어가는 경향이 있다. 그리고 횡단보도에 보행신호가 들어오자마자 앞만 보고 뛰는 경향이 있다. 행동이 매우 느리고 망설이는 경향은 노인에게 해당된다.

| 정답 | 277 ④　278 ③　279 ③　280 ②　281 ④

282 승용차 운전자가 13:00경 어린이 보호구역에서 신호위반을 한 경우 범칙금은?

① 5만 원   ② 7만 원
③ 12만 원 ④ 15만 원

해설 어린이 보호구역 안에서 오전 8시부터 오후 8시까지 사이에 신호위반을 한 승용차 운전자에 대해서는 2배의 과태료인 12만 원의 범칙금을 부과한다.

283 어린이가 보호자 없이 도로에서 놀고 있는 경우 가장 올바른 운전방법은?

① 어린이 잘못이므로 무시하고 지나간다.
② 경음기를 울려 겁을 주며 진행한다.
③ 일시정지하여야 한다.
④ 어린이에 조심하며 급히 지나간다.

해설 어린이가 보호자 없이 횡단하거나 도로에 있을 경우 운전자는 일시정지 하여 어린이를 보호해야 한다.

284 어린이가 신호등 없는 횡단보도를 통과하고 있을 때 올바른 운전방법은?

① 횡단보도 앞에서 일시정지하여야 한다.
② 횡단보도 부근을 횡단하고 있는 보행자는 보호할 필요가 없다.
③ 횡단보도 정지선을 지나쳐도 횡단보도 내에만 진입하지 않으면 된다.
④ 어린이를 피해 횡단보도를 신속하게 통과한다.

해설 어린이가 신호등 없는 횡단보도를 통과하고 있을 때에는 횡단보도 앞에서 일시정지하여 어린이가 통행이 완료될 때까지 기다려야 한다.

285 어린이 통학버스가 편도 1차로 도로에서 정차하여 영유아가 타고 내리는 중임을 표시하는 점멸등이 작동하고 있을 때 반대 방향에서 진행하는 차의 운전자는 어떻게 하여야 하는가?

① 일시정지하여 안전을 확인한 후 서행하여야 한다.
② 서행하면서 안전 확인한 후 통과한다.
③ 그대로 통과해도 된다.
④ 경음기를 울리면서 통과하면 된다.

해설 어린이의 안전을 위하여 통학버스가 정차된 차로와 반대차로에서도 일시정지하여 안전을 확인한 후 서행해야 한다.

286 교통사고로 어린이를 다치게 한 운전자의 조치 요령으로 틀린 것은?

① 바로 정차하여 어린이를 구호해야 한다.
② 어린이에 대한 구호조치만 정확하게 마치면 경찰관서에 신고할 필요는 없다.
③ 경찰공무원이 현장에서 대기할 것을 명한 경우에는 그에 따라야 한다.
④ 교통사고 사실을 다른 운전자들이 알 수 있도록 신호하는 등 후속 사고를 방지해야 한다.

해설 신속하게 어린이를 구호해야 하며, 2차 사고 방지를 위해 다른 운전자들에게 교통사고 사실을 알 수 있도록 신호 등을 하여야 한다. 그리고 경찰관서에 신고해야 한다.

정답 282 ③ 283 ③ 284 ① 285 ① 286 ②

287 골목길에서 갑자기 뛰어나오는 어린이를 자동차가 충격하였다. 어린이는 외견상 다친 곳이 없어 보였고, "괜찮다"고 말하고 있다. 이런 경우 운전자의 올바른 조치로 맞는 것은?

① 어떤 경우에도 운전자는 교통사고처리특례법으로 처벌된다.
② 어린이가 괜찮다고 하더라도 부모에게 연락하는 등 필요한 조치를 다하여야 한다.
③ 어린이가 괜찮다고 하므로 별도의 조치는 필요 없다.
④ 어린이가 갑자기 뛰어나온 경우이므로 운전자에게 아무런 책임이 없다.

해설 어린이는 어른에 비해 상황 판단이 미숙하기 때문에, 괜찮다고 하더라도 부모에게 연락하는 등의 조치를 다 하여야 한다.

288 도로교통법상 어린이보호구역 지정 및 관리 주체는?

① 경찰서장
② 시장 등
③ 시·도경찰청장
④ 교육감

해설 어린이 보호구역은 지정 신청서에 따라 특별시장, 광역시장, 특별자치도지사, 시장, 군수 등에게 신청할 수 있다.

289 어린이 보호구역에 대한 설명으로 맞는 2가지는?

① 어린이 보호구역은 초등학교 주출입문 100미터 이내의 도로 중 일정 구간을 말한다.
② 어린이 보호구역 안에서 오전 8시부터 오후 8시까지 주·정차 위반한 경우 범칙금이 가중된다.
③ 어린이 보호구역 내 설치된 신호기의 보행 시간은 어린이 최고 보행 속도를 기준으로 한다.
④ 어린이 보호구역 안에서 오전 8시부터 오후 8시까지 보행자보호 불이행하면 벌점이 2배 된다.

해설 어린이 보호구역 안에서 오전 8시부터 오후 8시까지 주정차 위반이나 신호위반을 할 경우 범칙금이 2배 가중된다. 어린이 보호구역은 초등학교 주출입문 300미터 이내의 도로 중 일정 구간을 말하고, 어린이 보호구역 내 설치된 신호기의 보행 시간은 어린이 평균 보행 속도를 기준으로 한다.

| 정답 | 287 ② 288 ② 289 ②, ④

290 어린이통학버스의 특별 보호에 관한 설명으로 맞는 2가지는?

① 어린이 통학버스를 앞지르기하고자 할 때는 다른 차의 앞지르기 방법과 같다.
② 어린이들이 승하차 시, 중앙선이 없는 도로에서는 반대편에서 오는 차량도 안전을 확인한 후, 서행하여야 한다.
③ 어린이들이 승하차 시, 편도 1차로 도로에서는 반대편에서 오는 차량도 일시정지하여 안전을 확인한 후, 서행하여야 한다.
④ 어린이들이 승하차 시, 동일 차로와 그 차로의 바로 옆 차량은 일시정지하여 안전을 확인한 후, 서행하여야 한다.

해설 어린이 통학버스에서 어린이의 승하차 시 동일차로와 그 차로의 옆 차로, 중앙선이 없는 도로에서는 반대차로 차량까지 포함하여 일시정지한 후 안전을 확인 후 서행해야 한다.

291 도로교통법상 자전거 통행방법에 대한 설명이다. 틀린 것은?

① 자전거도로가 따로 있는 곳에서는 그 자전거도로로 통행하여야 한다.
② 자전거도로가 설치되지 아니한 곳에서는 도로 우측 가장자리에 붙어서 통행하여야 한다.
③ 자전거의 운전자는 길가장자리구역(안전표지로 자전거 통행을 금지한 구간은 제외)을 통행할 수 있다.
④ 자전거의 운전자가 횡단보도를 이용하여 도로를 횡단할 때에는 자전거를 타고 통행할 수 있다.

해설 자전거의 운전자는 횡단보도를 이용하여 도로를 횡단할 때에는 자전거에서 내려서 끌고 통행해야 한다.

292 도로교통법상 어린이보호구역으로 지정하여 자동차 등의 통행속도를 시속 (   )킬로미터 이내로 제한할 수 있다. (   ) 알맞은 것은?

① 30 ② 40
③ 50 ④ 60

해설 어린이 보호구역으로 지정된 구간은 자동차 등의 통행속도를 시속 30킬로미터 이내로 제한할 수 있다.

293 어린이통학버스 특별보호를 위한 운전자의 올바른 운행방법은?

① 편도 1차로인 도로에서는 반대방향에서 진행하는 차의 운전자도 어린이통학버스에 이르기 전에 일시정지하여 안전을 확인한 후 서행하여야 한다.
② 어린이통학버스가 어린이가 하차하고자 점멸등을 표시할 때는 어린이통학버스가 정차한 차로 외의 차로로 신속히 통행한다.
③ 중앙선이 설치되지 아니한 도로인 경우 반대방향에서 진행하는 차는 기존 속도로 진행한다.
④ 모든 차의 운전자는 어린이나 영유아를 태우고 있다는 표시를 한 경우라도 도로를 통행하는 어린이통학버스를 앞지를 수 있다.

해설 어린이통학버스에서 어린이 승하차를 알리는 점멸등을 표시하고 있는 경우, 통학버스가 정차한 해당차로와 옆 차로, 편도 1차로의 도로인 경우에는 반대방향에서 진행하는 차의 운전자도 어린이통학버스에 이르기 전에 일시정지하여 안전을 확인한 후 서행해야 한다.

정답 290 ③,④ 291 ④ 292 ① 293 ①

294 어린이통학버스 신고에 관한 설명이다. 맞는 것 2가지는?

① 어린이통학버스를 운영하려면 미리 도로교통공단에 신고하고 신고증명서를 발급받아야 한다.
② 어린이통학버스는 원칙적으로 승차정원 9인승(어린이 1명을 승차정원 1인으로 본다) 이상의 자동차로 한다.
③ 어린이통학버스 신고증명서가 헐어 못쓰게 되어 다시 신청하는 때에는 어린이통학버스 신고증명서 재교부신청서에 헐어 못쓰게 된 신고증명서를 첨부하여 제출하여야 한다.
④ 어린이통학버스 신고증명서는 그 자동차의 앞면 차유리 좌측상단의 보기 쉬운 곳에 부착하여야 한다.

해설 어린이 통학버스를 운영하려면 관할 경찰서장에게 신고하고 신고 증명서를 발급받아야 한다. 증명서는 자동차의 옆면 창유리 우측상단의 보기 쉬운 곳에 부착하여야 한다.

295 어린이통학버스 운전자가 영유아를 승하차하는 방법으로 바른 것은?

① 영유아가 승차하고 있는 경우에는 점멸등 장치를 작동하여 안전을 확보하여야 한다.
② 교통이 혼잡한 경우 점멸등을 잠시 끄고 영유아를 승차시킨다.
③ 영유아를 어린이통학버스 주변에 내려주고 바로 출발한다.
④ 어린이보호구역에서는 좌석안전띠를 매지 않아도 된다.

해설 어린이통학버스 운전자는 영유아가 승차하고 있는 중에는 점멸등을 작동하여 안전을 확보하여야 한다. 어린이통학버스를 탈 때에는 승차한 모든 사람이 좌석안전띠를 매고 출발해야 하며, 내릴 때는 자동차로부터 안전한 장소에 도착한 것을 확인한 후 출발해야 한다.

296 어린이보호구역의 설명으로 바르지 않은 것은?

① 범칙금은 노인보호구역과 같다.
② 어린이보호구역 내에는 서행표시를 설치할 수 있다.
③ 어린이보호구역 내에는 주정차를 금지할 수 있다.
④ 어린이를 다치게 한 교통사고가 발생하면 합의여부와 관계없이 형사처벌을 받는다.

해설 어린이보호구역과 노인보호구역은 교통약자 보호구역이지만, 사고 발생 시 범칙금과 과태료는 어린이보호구역이 더 중하게 처벌받는다.

297 어린이보호구역에서 어린이가 횡단하고 있다. 운전자의 올바른 주행방법은?

① 어린이보호를 위해 일시정지한다.
② 보호자가 동행한 경우 서행한다.
③ 아직 반대편 차로 쪽에 있는 상태라면 신속히 주행한다.
④ 어린이와 안전거리를 두고 옆으로 피하여 주행한다.

해설 어린이보호구역에서 어린이가 횡단하는 경우 보호자 유무와 관계없이 어린이 보호를 위해 운전자는 일시정지한다.

정답 | 294 ②,③ 295 ① 296 ① 297 ①

298 어린이보호구역에서 주행 방법으로 바르지 않은 것은?

① 매시 30킬로미터 이내로 서행한다.
② 돌발 상황에 주의하며 서행한다.
③ 차도로 갑자기 뛰어드는 어린이를 보면 일시정지한다.
④ 어린이가 횡단보도가 아닌 곳을 횡단하는 경우 경음기를 울리며 주행한다.

> 해설 어린이는 언제 어디서 뛰어나올지 모르는 특성을 가지고 있기 때문에 횡단보도가 아닌 곳에서 횡단을 하더라도 운전자는 일시정지해야 하며, 어린이의 안전 확보가 우선이다.

299 어린이보호구역의 주행 방법이다. 맞는 것 2가지는?

① 항상 제한속도 이내로 서행한다.
② 어린이가 횡단하는 경우 일시정지한다.
③ 횡단보도가 아닌 곳에서 보호자와 어린이가 횡단하는 경우 경음기를 연속으로 울리며 주행한다.
④ 횡단하던 어린이가 중앙선 부근에 서 있는 경우 서행한다.

> 해설 어린이보호구역에는 항상 제한속도 이내로 서행해야 하며, 어린이가 횡단 중이라면 운전자는 일시정지하여 어린이의 안전을 확보해야 한다.

300 승용차 운전자가 어린이통학버스 특별보호 위반행위를 한 경우 범칙금액으로 맞는 것은?

① 13만 원 ② 9만 원
③ 7만 원   ④ 5만 원

> 해설 승용차 운전자가 어린이통학버스 특별보호 위반행위를 한 경우 범칙금 9만 원이다. 승합차는 범칙금 10만 원, 이륜차는 범칙금 6만 원이다.

301 어린이통학버스를 운전하는 사람의 행동으로 바르지 않은 것은?

① 어린이나 영유아가 타고 내리는 경우에 점멸등 장치를 작동해야 한다.
② 출발하기 전 모든 어린이나 영유아가 좌석안전띠를 매도록 한 후 출발하여야 한다.
③ 어린이나 영유아가 내릴 때에는 보도나 길가장자리구역 등 자동차로부터 안전한 장소에 도착한 것을 확인한 후에 출발하여야 한다.
④ 어린이나 영유아가 타고 내리는 것을 후사경만으로 확인하고 출발한다.

> 해설 어린이통학버스 운전자는 어린이가 승하차 할 때, 전후좌우 주변 확인을 잘 해야 하며, 동승자가 있을 경우엔 내려서 아이들의 승하차를 도와주는 것이 좋다.

302 다음 중 어린이보호를 위하여 어린이통학버스에 장착된 황색 및 적색표시등의 작동방법에 대한 설명으로 맞는 것은?

① 정차할 때는 적색표시등을 점멸 작동하여야 한다.
② 제동할 때는 적색표시등을 점멸 작동하여야 한다.
③ 도로에 정지하려는 때에는 황색표시등을 점멸 작동하여야 한다.
④ 주차할 때는 황색표시등과 적색표시등을 동시에 점멸 작동하여야 한다.

> 해설 어린이 통학버스가 도로에서 정차하거나 제동할 때, 정지하려는 때에는 황색 표시등을 점멸 작동하여야 한다.

| 정답 | 298 ④ 299 ①, ② 300 ② 301 ④ 302 ③

303 어린이보호구역을 통행하고 있다. 다음 중 위반에 해당하는 차는?

① 매시 20킬로미터로 주행하는 승용자동차
② 서행으로 운행하고 있는 화물자동차
③ 도로에 정차 중일 때 타고 내리는 중임을 표시하는 점멸등을 작동하고 있는 어린이통학버스
④ 정차 중인 어린이통학버스에 이르기 전 일시정지하지 않고 통과하는 이륜자동차

> **해설** 어린이통학버스가 정차 중에 운전자가 일시정지하지 않고 통과하게 되면 어린이통학버스 특별보호법에 위반되는 행위이다. 이륜차는 범칙금 6만 원, 승용차는 범칙금 9만 원, 승합차는 범칙금 10만 원이 부과된다.

304 다음 중 어린이보호구역에 대한 설명이다. 옳지 않은 것은?

① 교통사고처리특례법상 12개 항목에 해당될 수 있다.
② 자동차등의 통행속도를 시속 30킬로미터 이내로 제한할 수 있다.
③ 범칙금과 벌점은 일반도로의 3배이다.
④ 주·정차 금지로 지정되지 않은 어린이보호구역의 경우 주 정차가 가능하다.

> **해설** 어린이보호구역에서 오전 8시부터 오후 8시 사이에 신호위반, 속도위반 등을 하게 될 경우, 범칙금과 벌점은 일반도로의 2배이다.

305 도로교통법상 안전한 보행을 하고 있지 않은 어린이는?

① 보도와 차도가 구분된 도로에서 차도 가장자리를 걸어가고 있는 어린이
② 일방통행도로의 가장자리에서 차가 오는 방향을 바라보며 걸어가고 있는 어린이
③ 보도와 차도가 구분되지 않은 도로의 가장자리구역에서 차가 오는 방향을 마주보고 걸어가는 어린이
④ 보도 내에서 우측으로 걸어가고 있는 어린이

> **해설** 보도와 차도가 구분된 도로에서 보행자는 언제나 보도로 통행하여야 한다. 일방통행도로이거나 보도와 차도가 구분되지 않는 도로에서 보행자는 가장자리 구역으로 통행해야 하며, 우측통행을 원칙으로 한다.

306 도로교통법상 어린이 보호에 대한 설명이다. 옳지 않은 것은?

① 횡단보도가 없는 도로에서 어린이가 횡단하고 있는 경우 서행하여야 한다.
② 안전지대에 어린이가 서 있는 경우 안전거리를 두고 서행하여야 한다.
③ 좁은 골목길에서 어린이가 걸어가고 있는 경우 안전한 거리를 두고 서행하여야 한다.
④ 횡단보도에 어린이가 통행하고 있는 경우 횡단보도 앞에 일시정지하여야 한다.

> **해설** 횡단보도 유무와 상관없이 어린이가 횡단하고 있는 경우 운전자는 일시정지하여야 한다.

| 정답 | 303 ④ 304 ③ 305 ① 306 ①

307 도로교통법상 어린이통학버스를 특별보호해야 하는 운전자 의무를 맞게 설명한 것은?

① 적색 점멸장치를 작동 중인 어린이통학버스가 정차한 차로의 바로 옆 차로로 통행하는 경우 일시정지하여야 한다.
② 도로를 통행 중인 모든 어린이통학버스를 앞지르기할 수 없다.
③ 이 의무를 위반하면 운전면허 벌점 15점을 부과 받는다.
④ 편도 1차로의 도로에서 적색 점멸장치를 작동 중인 어린이통학버스가 정차한 경우는 이 의무가 제외된다.

> **해설** 적색 점멸장치를 작동한 어린이통학버스가 정차한 차로의 바로 옆 차로로 통행하는 경우 운전자는 일시정지하여야 한다. 어린이를 태우고 있다는 표시를 한 상태로 도로를 통행하는 어린이 통학버스는 앞지를 수 없다. 이 의무를 위반하면 벌점 30점이 부과된다.

308 다음은 어린이통학버스 운전자·운영자 및 모든 운전자 등의 의무에 대한 설명이다. 틀린 것은?

① 운영자는 어린이통학버스에 어린이나 영유아를 태울 때에는 성년인 사람 중 어린이통학버스를 운영하는 자가 지명한 보호자를 함께 태우고 운행하도록 하여야 한다.
② 동승한 보호자는 어린이나 영유아가 승차 또는 하차하는 때에는 자동차에서 내려서 어린이나 영유아가 안전하게 승하차하는 것을 확인하여야 한다.
③ 운전자는 운행 중 어린이나 영유아가 좌석에 앉아 좌석안전띠를 매고 있도록 하는 등 어린이 보호에 필요한 조치를 하여야 한다.
④ 운전자는 어린이통학버스에서 어린이나 영유아가 타고 내리는 경우가 아니라면 어린이나 영유아가 타고 있는 차량을 앞지르기할 수 있다.

> **해설** 어린이가 승하차 하는 경우가 아니더라도, 어린이가 타고 있다는 표시를 한 상태의 어린이통학버스가 도로를 통행하는 경우 모든 차의 운전자는 앞지르기할 수 없다.

309 어린이보호구역에서 교통사고로 어린이를 사상에 이르게 한 경우 형사처벌에 대한 설명으로 틀린 것은?

① 처벌 대상은 자동차등의 운전자이다.
② 어린이의 안전에 유의하면서 운전하여야 할 의무를 위반하면 특정범죄 가중처벌등에 관한 법률로 처벌받을 수 있다.
③ 사망한 경우의 처벌은 무기 또는 3년 이상의 징역이다.
④ 상해를 입은 경우의 처벌은 5년 이하의 금고 또는 2천만 원 이하의 벌금이다.

> **해설** 어린이보호구역에서 어린이를 사상에 이르게 한 경우 특정범죄가중처벌이 되며, 1년 이상 15년 이하의 징역 또는 5백만 원 이상 3천만 원 이하의 벌금이다.

310 다음 중 어린이통학버스 운영자의 의무를 설명한 것으로 틀린 것은?

① 어린이통학버스에 어린이를 태울 때에는 성년인 사람 중 보호자를 지정해야 한다.
② 어린이통학버스에 어린이를 태울 때에는 성년인 사람 중 보호자를 함께 태우고 어린이보호 표지만 부착해야 한다.
③ 좌석안전띠 착용 및 보호자 동승 확인 기록을 작성 보관해야 한다.
④ 좌석안전띠 착용 및 보호자 동승 확인 기록을 매 분기 어린이통학버스를 운영하는 시설의 감독 기관에 제출해야 한다.

해설 어린이통학버스를 운영하는 자는 어린이통학버스에 어린이나 영유아를 태울 때에는 성년인 사람 중 어린이통학버스를 운영하는 자가 지명한 보호자를 함께 태우고 운행하여야 하며, 동승 보호자는 어린이나 영유아가 승차 또는 하차하는 때에는 자동차에서 내려서 어린이나 영유아가 안전하게 승하차하는 것을 확인하고 운행 중에는 어린이나 영유아가 좌석에 앉아 좌석안전띠를 매고 있도록 하는 등 어린이 보호에 필요한 조치를 하여야 한다. 또한 보호자를 함께 태우지 아니하고 운행하는 경우에는 보호자 동승표지를 부착하여서는 아니 된다.

311 다음 중, 어린이통학버스에 성년 보호자가 없을 때 '보호자 동승표지'를 부착한 경우의 처벌로 맞는 것은?

① 20만 원 이하의 벌금이나 구류
② 30만 원 이하의 벌금이나 구류
③ 40만 원 이하의 벌금이나 구류
④ 50만 원 이하의 벌금이나 구류

해설 어린이통학버스에 보호자를 태우지 아니하고 운행하는 어린이통학버스에 보호자 동승표지를 부착한 사람은 30만 원 이하의 벌금이나 구류에 처한다.

312 도로교통법상 교통사고의 위험으로부터 노인의 안전과 보호를 위하여 지정하는 구역은?

① 고령자 보호구역
② 노인 복지구역
③ 노인 보호구역
④ 노인 안전구역

해설 교통사고의 위험으로부터 노인의 안전과 보호를 위하여 지정하는 구역은 노인 보호구역, 또는 실버존이라고 부른다.

313 「노인 보호구역」에서 노인을 위해 시·도경찰청장이나 경찰서장이 할 수 있는 조치가 아닌 것은?

① 차마의 통행을 금지하거나 제한할 수 있다.
② 이면도로를 일방통행로로 지정·운영할 수 있다.
③ 차마의 운행속도를 시속 30킬로미터 이내로 제한할 수 있다.
④ 주출입문 연결도로에 노인을 위한 노상주차장을 설치할 수 있다.

해설 시·도경찰청이나 경찰서장에서 노인의 안전을 위해 할 수 있는 조치는 차량통행과 속도제한 등이 있고, 노상주차장은 해당되지 않는다.

314 보행자 신호등이 설치되지 않은 횡단보도를 걸어가는 노인을 발견한 운전자의 올바른 운전방법은?

① 노인이 걸어가는 뒤쪽으로 진행한다.
② 일시정지하여 노인이 횡단한 후 통과한다.
③ 경음기로 노인에게 주의를 주면서 진행한다.
④ 노인보다 빨리 통과하여 진행한다.

해설 보행자 신호등이 없는 횡단보도에서 노인이 횡단 중일 때엔 운전자는 일시정지하여 노인이 안전하게 횡단할 수 있도록 기다린 후 통과한다.

| 정답 | 310 ② 311 ② 312 ③ 313 ④ 314 ②

315 주택가 이면도로에서 노인 옆을 지나가는 경우 올바른 운전방법은?

① 안전한 거리를 두고 서행
② 경음기를 울려 주의를 주며 신속히 진행
③ 무조건 경음기를 울리면서 정지
④ 노인 옆으로 신속히 진행

해설 주택가 이면도로는 차도와 보도가 따로 정해져 있지 않은 경우가 많기 때문에 보행자와 안전한 거리를 두고 서행해야 한다.

316 시장 등이 노인 보호구역으로 지정할 수 있는 곳이 아닌 곳은?

① 고등학교
② 노인복지시설
③ 도시공원
④ 생활체육시설

해설 시장 등이 노인보호구역으로 지정할 수 있는 곳은 노인복지시설, 자연공원, 도시공원, 생활체육시설, 노인이 자주 왕래하는 곳이며, 고등학교 생활 체육 시설은 해당되지 않는다.

317 다음 중 노인보호구역을 지정할 수 없는 자는?

① 특별시장
② 광역시장
③ 특별자치도지사
④ 시·도경찰청장

해설 시·도경찰청이나 경찰서장에서는 노인의 안전을 위한 차량통행과 속도제한 등을 조치할 수 있고, 노인보호구역은 특별시장, 광역시장, 특별자치도시사가 지정할 수 있다.

318 교통약자 중 노인의 특징으로 적당하지 않은 것은?

① 반사 신경이 둔하다.
② 경험에 의한 신속한 판단이 가능하다.
③ 돌발 사태에 대응력이 미흡하다.
④ 시력 및 청력 약화로 인지능력이 떨어진다.

해설 경험에 의한 신속한 판단이 가능한 것은 주로 젊은층이다. 노인은 신속한 판단력이 둔한 편이다.

319 길가장자리에서 횡단을 시작한 노인을 발견했을 때 운전자의 판단으로 맞는 것은?

① 노인은 신중하여 자동차를 보고 함부로 도로를 횡단하지 않을 것이라고 생각하였다.
② 행동이 느린 노인보다 자동차가 빨리 통과할 수 있다고 생각하였다.
③ 노인은 두려움이 많으므로 경음기를 울려 주의를 주면서 통과해야겠다고 생각하였다.
④ 노인이 안전하게 횡단할 수 있도록 안전한 거리를 두고 일시정지해야 한다고 생각하였다.

해설 운전자는 노인이 안전하게 횡단할 수 있도록 안전한 거리를 두고 일시정지한 후, 노인이 횡단이 끝나면 통행한다.

320 보행자 신호등이 없는 횡단보도로 횡단하는 노인을 뒤늦게 발견한 승용차 운전자가 급제동을 하였으나 노인을 충격(2주 진단)하는 교통사고가 발생하였다. 올바른 설명 2가지는?

① 보행자 신호등이 없으므로 자동차 운전자는 과실이 전혀 없다.
② 자동차 운전자에게 민사책임이 있다.
③ 횡단한 노인만 형사처벌 된다.
④ 자동차 운전자에게 형사 책임이 있다.

해설 보행자 신호등이 없어도 횡단보도 교통사고에 해당하기 때문에 운전자에게 민사 및 형사 책임이 있다.

정답 315 ① 316 ① 317 ④ 318 ② 319 ④ 320 ②, ④

321 관할 경찰서장이 노인 보호구역 안에서 할 수 있는 조치로 맞는 2가지는?

① 자동차의 통행을 금지하거나 제한하는 것
② 자동차의 정차나 주차를 금지하는 것
③ 노상주차장을 설치하는 것
④ 보행자의 통행을 금지하거나 제한하는 것

> 해설 시·도경찰청이나 경찰서장에서는 노인의 안전을 위한 차량통행과 속도제한, 주정차 금지 등을 조치할 수 있고, 보행자 통행이나 노상주차장 설치는 해당되지 않는다.

322 노인보호구역에서 노인의 옆을 지나갈 때 운전자의 운전방법 중 맞는 것은?

① 주행 속도를 유지하여 신속히 통과한다.
② 노인과의 간격을 충분히 확보하며 서행으로 통과한다.
③ 경음기를 울리며 신속히 통과한다.
④ 전조등을 점멸하며 통과한다.

> 해설 차도와 보도가 나뉘어져 있지 않은 노인보호구역 도로에서 운전자는 노인과의 간격을 충분히 확보하며 서행으로 통과해야 한다.

323 노인보호구역에서 노인의 안전을 위하여 설치할 수 있는 도로시설물과 가장 거리가 먼 것은?

① 도로반사경
② 과속방지시설
③ 가속차로
④ 방호울타리

> 해설 노인의 안전을 위하여 설치할 수 있는 도로시설물은 보호구역 도로표지, 도로반사경, 과속방지시설, 미끄럼방지시설, 방호울타리 등이 있다.

324 야간에 노인보호구역을 통과할 때 운전자가 주의해야 할 사항으로 아닌 것은?

① 증발현상이 발생할 수 있으므로 주의한다.
② 야간에는 노인이 없으므로 속도를 높여 통과한다.
③ 무단 횡단하는 노인에 주의하며 통과한다.
④ 검은색 옷을 입은 노인은 잘 보이지 않으므로 유의한다.

> 해설 야간에도 노인의 통행이 있을 수 있고, 주간에 비해 시야 확보가 어려우므로 주위를 살피며 서행으로 통과해야 한다.

325 노인보호구역 내에 신호등 있는 횡단보도에서 정지 후 출발할 때 가장 안전한 운전습관은?

① 주변을 살피고 천천히 출발한다.
② 신호가 바뀌면 즉시 출발한다.
③ 아직 횡단하지 못한 노인이 있는 경우 빨리 횡단하도록 경음기를 울린다.
④ 신호가 바뀌지 않을 경우에도 보행자가 없으면 출발한다.

> 해설 노인보호구역 내에 신호등 있는 횡단보도에서 정지 후 출발할 때 운전자는 주변을 살피고 천천히 출발한다. 노인은 신속한 판단력이 둔한 편이기 때문에 여유를 가지고 움직여야 한다.

| 정답 | 321 ①, ② | 322 ② | 323 ③ | 324 ② | 325 ① |

326 노인보호구역에 대한 설명이다. 틀린 것은?

① 오전 8시부터 오후 8시까지 제한속도를 위반한 경우 범칙금액이 가중된다.
② 보행신호의 시간이 더 길다.
③ 노상주차장 설치를 할 수 없다.
④ 노인들이 잘 보일 수 있도록 규정보다 신호등을 크게 설치할 수 있다.

해설 노인의 신체 상태를 고려하여 보행신호의 길이는 장애인의 평균 보행속도를 기준으로 설정되어 다른 곳보다 더 길다. 하지만 신호등은 규정보다 신호등을 크게 설치할 수 없다.

327 승용차 운전자가 오전 11시경 노인보호구역에서 제한속도를 25km/h 초과한 경우 벌점은?

① 60점 ② 40점
③ 30점 ④ 15점

해설 노인보호구역에서 오전 8시부터 오후 8시까지 제한속도를 위반한 경우 벌점은 2배 부과한다. 그러므로 제한속도 25킬로미터 초과한 경우 벌점이 15점이지만 2배의 30점이 부과된다.

328 노인보호구역 내의 신호등이 있는 횡단보도에 접근하고 있을 때 운전방법으로 바르지 않은 것은?

① 보행신호가 바뀐 후 노인이 보행하는 경우 지속적으로 대기하고 있다가 횡단을 마친 후 주행한다.
② 신호의 변경을 예상하여 예비 출발할 수 있도록 한다.
③ 안전하게 정지할 속도로 서행하고 정지신호에 맞춰 정지하여야 한다.
④ 노인의 경우 보행속도가 느리다는 것을 감안하여 주의하여야 한다.

해설 노인보호구역 내의 신호등이 있는 횡단보도에 접근하고 있는 경우, 신호의 변경을 예상하여 미리 일시정지할 수 있도록 한다.

329 노인보호구역으로 지정된 경우 할 수 있는 조치사항이다. 바르지 않은 것은?

① 노인보호구역의 경우 시속 30킬로미터 이내로 제한할 수 있다.
② 보행신호의 신호시간이 일반 보행신호기와 같기 때문에 주의표지를 설치할 수 있다.
③ 과속방지턱 등 교통안전시설을 보강하여 설치할 수 있다.
④ 보호구역으로 지정한 시설의 주출입문과 가장 가까운 거리에 위치한 간선도로의 횡단보도에는 신호기를 우선적으로 설치·관리할 수 있다.

해설 노인보호구역에 설치되는 보행 신호등의 녹색 신호시간은 어린이, 노인 또는 장애인의 평균 보행속도를 기준으로 하여 설정되고 있다. 그래서 노인보호구역에 설치되는 보행 신호등의 녹색 신호시간은 다른 곳에 비해 신호시간이 긴 편이다.

330 오전 8시부터 오후 8시까지 사이에 노인보호구역에서 교통법규 위반 시 범칙금이 가중되는 행위가 아닌 것은?

① 신호위반
② 주차금지 위반
③ 횡단보도 보행자 횡단 방해
④ 중앙선 침범

해설 노인보호구역에서 오전 8시부터 오후 8시까지 사이에 신호위반, 주차금지위반, 횡단보도 보행자 횡단 방해 등을 하였을 경우 2배에 해당하는 범칙금이 부여된다. 중앙선 침범은 12대 중과실 행위이다.

| 정답 | 326 ④ 327 ③ 328 ② 329 ② 330 ④

331 노인보호구역 표지판이 설치되어 있는 것을 보았다. 운전자의 운전방법 중 가장 맞는 것은?

① 속도를 줄이고 위험상황 발생을 대비해 주의하면서 주행한다.
② 차량의 진입을 알리기 위해 계속해서 경음기를 울리며 주행한다.
③ 전방만 주시하고 신속히 주행한다.
④ 시야에 노인이 없는 경우는 가속해서 신속히 주행한다.

> 해설 운전자가 노인보호구역에 진입하면, 속도를 줄이고 위험상황을 대비해 주의하면서 주행해야 한다.

332 다음은 도로교통법상 노인보호구역에 대한 설명이다. 옳지 않은 것은?

① 노인보호구역의 지정 및 관리권은 시장 등에게 있다.
② 노인을 보호하기 위하여 일정 구간 노인보호구역으로 지정할 수 있다.
③ 노인보호구역 내에서 차마의 통행을 제한할 수 있다.
④ 노인보호구역 내에서 차마의 통행을 금지할 수 없다.

> 해설 노인보호구역 내에서는 차마의 통행을 제한할 수 있지만 금지할 수는 없다.

333 다음 중 도로교통법을 준수하고 있는 보행자는?

① 횡단보도가 없는 도로를 가장 짧은 거리로 횡단하였다.
② 통행차량이 없어 횡단보도로 통행하지 않고 도로를 가로질러 횡단하였다.
③ 정차하고 있는 화물자동차 바로 뒤쪽으로 도로를 횡단하였다.
④ 보도에서 좌측으로 통행하였다.

> 해설 보행자는 횡단보도가 없는 도로를 보행할 때, 가장 짧은 거리로 횡단하여야 한다. 횡단보도가 있는 도로에서 보행자는 횡단보도를 이용하여 보행해야 하고, 차량 앞뒤로 횡단하지 않는다. 보도에서는 우측통행이 원칙이다.

334 도로교통법상 노인운전자가 다음과 같은 운전행위를 하는 경우 벌점기준이 가장 높은 위반행위는?

① 횡단보도 내에 정차하여 보행자 통행을 방해하였다.
② 보행자를 뒤늦게 발견 급제동하여 보행자가 넘어질 뻔하였다.
③ 무단 횡단하는 보행자를 발견하고 경음기를 울리며 보행자 앞으로 재빨리 통과하였다.
④ 황색실선의 중앙선을 넘어 유턴하였다.

> 해설 ① 도로교통법 제27조 제1항 승용차기준 범칙금 6만 원, 벌점 10점, ② 도로교통법 제27조 제3항 범칙금 6만 원 벌점 10점, ③ 도로교통법 제27조 제5항 범칙금 4만 원 벌점 10점 ④ 도로교통법 제13조 제3항 범칙금 6만 원 벌점 30점 (도로교통법 시행규칙 별표 28) 황색실선의 중앙선 침범 위반의 벌점이 가장 높다.

| 정답 | 331 ① 332 ④ 333 ① 334 ④

335 다음 중 교통약자의 이동편의 증진법상 교통약자에 해당되지 않은 사람은?

① 어린이 ② 노인
③ 청소년 ④ 임산부

해설 교통약자란 장애인, 노인(고령자), 임산부, 영유아를 동반한 사람, 어린이 등 일상생활에서 이동에 불편을 느끼는 사람을 말한다.

336 노인의 일반적인 신체적 특성에 대한 설명으로 적당하지 않은 것은?

① 행동이 느려진다.
② 시력은 저하되나 청력은 향상된다.
③ 반사 신경이 둔화된다.
④ 근력이 약화된다.

해설 노인의 일반적인 신체적 특성은 행동이 느려지며, 시력과 청력이 저하되고, 반사신경이 둔화되면서 근력이 약화된다.

337 다음 중 가장 바람직한 운전을 하고 있는 노인 운전자는?

① 장거리를 이동할 때는 대중교통을 이용하지 않고 주로 직접 운전한다.
② 운전을 하는 경우 시간절약을 위해 무조건 목적지까지 쉬지 않고 운행한다.
③ 도로 상황을 주시하면서 규정 속도를 준수하고 운행한다.
④ 통행차량이 적은 야간에 주로 운전을 한다.

해설 노인의 신체적 특성을 고려하여, 장거리운전, 야간운전은 지양하는 것이 좋고, 도로 상황을 주시하면서 규정 속도를 준수하고 안전운행하는 것이 좋다.

338 노인운전자의 안전운전과 가장 거리가 먼 것은?

① 운전하기 전 충분한 휴식
② 주기적인 건강상태 확인
③ 운전하기 전에 목적지 경로확인
④ 심야운전

해설 노인운전자는 운전하기 전 충분한 휴식과 주기적인 건강상태를 확인하는 것이 바람직하다. 운전하기 전에 목적지 경로를 확인하여, 도로상황을 미리 인지하고, 가급적 심야운전은 하지 않는 것이 좋다.

339 승용자동차 운전자가 노인보호구역에서 교통사고로 노인에게 3주간의 상해를 입힌 경우 형사처벌에 대한 설명으로 틀린 것은?

① 노인은 만 65세 이상을 말한다.
② 노인보호구역을 알리는 안전표지가 있어야 한다.
③ 피해자가 처벌을 원하지 않아도 형사처벌된다.
④ 종합보험에 가입되어 있는 그 자체만으로 형사처벌되지 않는다.

해설 어린이보호구역에서 교통사고는 피해자가 처벌을 원하지 않아도 무조건 형사처벌 되지만 노인보호구역 교통사고는 어린이보호구역과 달리 종합보험에 가입되어 있으면 형사처벌이 되지 않는다.

정답 335 ③ 336 ② 337 ③ 338 ④ 339 ③

340 승용자동차 운전자가 노인보호구역에서 15:00경 규정속도 보다 시속 60킬로미터를 초과하여 운전한 경우 범칙금과 벌점은(가산금은 제외)?

① 6만 원, 60점
② 9만 원, 60점
③ 12만 원, 120점
④ 15만 원, 120점

해설 오전 8시부터 오후 8시 사이에 노인보호구역에서 규정 위반 시 2배의 벌점이 부과된다. 승용자동차 기준으로 범칙금 15만 원, 벌점 120점에 해당한다.

341 장애인주차구역에 대한 설명이다. 잘못된 것은?

① 장애인전용주차구역 주차표지가 붙어 있는 자동차에 장애가 있는 사람이 탑승하지 않아도 주차가 가능하다.
② 장애인전용주차구역 주차표지를 발급받은 자가 그 표지를 양도·대여하는 등 부당한 목적으로 사용한 경우 표지를 회수하거나 재발급을 제한할 수 있다.
③ 장애인전용주차구역에 물건을 쌓거나 통행로를 막는 등 주차를 방해하는 행위를 하여서는 안 된다.
④ 장애인전용주차구역 주차표지를 붙이지 않은 자동차를 장애인전용주차 구역에 주차한 경우 10만 원의 과태료가 부과된다.

해설 장애인 전용 주차구역은 해당 차량에 장애가 있는 사람이 탑승했으며, 장애인 전용 주차구역 주차표지를 발급받은 차만 주차 가능하다. 주차표지가 있어도 장애가 있는 사람이 탑승하지 않았을 시엔 주차가 불가능하며 과태료 10만원이 부과된다.

342 장애인 전용 주차구역 주차표지 발급 기관이 아닌 것은?

① 국가보훈처장
② 특별자치시장·특별자치도지사
③ 시장·군수·구청장
④ 보건복지부장관

해설 장애인 전용 주차구역 주차표지 발급 기관은 시·구청 등에서 발급 가능하다.

343 밤에 자동차(이륜자동차 제외)의 운전자가 고장 그 밖의 부득이한 사유로 도로에 정차할 경우 켜야 하는 등화로 맞는 것은?

① 전조등 및 미등
② 실내 조명등 및 차폭등
③ 번호등 및 전조등
④ 미등 및 차폭등

해설 차량 고장 등으로 야간에 부득이하게 도로에 정차해야 할 경우, 다른 차량과의 2차 사고를 방지하기 위하여 미등 및 차폭등을 반드시 점등해야 한다.

344 다음은 도로의 가장자리에 설치한 황색 점선에 대한 설명이다. 가장 알맞은 것은?

① 주차와 정차를 동시에 할 수 있다.
② 주차는 금지되고 정차는 할 수 있다.
③ 주차는 할 수 있으나 정차는 할 수 없다.
④ 주차와 정차를 동시에 금지한다.

해설 점선으로 되어있는 가장자리 구역선에서는 한시적으로 주정차가 가능하지만, 황색일 경우 주차는 금지되고, 정차는 가능하다.

| 정답 | 340 ④ 341 ① 342 ④ 343 ④ 344 ②

345 도로교통법상 개인형 이동장치의 주차·정차가 금지되는 기준으로 틀린 것은?

① 횡단보도로부터 10미터 이내인 곳
② 교차로의 가장자리로부터 10미터 이내인 곳
③ 안전지대의 사방으로부터 각각 10미터 이내인 곳
④ 비상소화장치가 설치된 곳으로부터 5미터 이내인 곳

해설 개인형 이동장치의 주정차 금지 구역은 교차로의 가장자리로부터 5미터 이내인 곳이다.

346 전기자동차가 아닌 자동차를 환경친화적 자동차 충전시설의 충전구역에 주차했을 때 과태료는 얼마인가?

① 3만 원 ② 5만 원
③ 7만 원 ④ 10만 원

해설 전기차 충전구역에 전기차가 아닌 자동차를 주차했을 경우 과태료 10만 원에 해당한다.

347 고속도로에서 주·정차가 허용되는 경우와 방법으로 맞는 것은?

① 교통정체일 때 갓길에 주차
② 고장일 때 갓길에 주차
③ 휴식할 때 갓길에 정차
④ 고속도로 전 구간에서는 무조건 주·정차 금지

해설 고속도로에서의 갓길 주정차는 금지이다. 하지만 차량고장이나 그 밖의 부득이한 사유가 있는 경우 갓길에 주정차 할 수 있다.

348 다음 중 도로교통법상 정차금지 장소로 맞는 것은?

① 다리 가장자리로부터 10미터 이내인 곳
② 고개 정상으로부터 10미터 이내인 곳
③ 안전지대 사방으로부터 10미터 이내인 곳
④ 택시정류지임을 표시하는 시설물이 설치된 곳으로부터 10미터 이내인 곳

해설 보행자나 차마의 안전을 위해 안전표지나 인공구조물로 표시한 도로의 사방으로부터 10미터 이내인 곳은 주차 및 정차금지 장소이다.

349 경사진 곳에 차량을 정차 또는 주차하는 방법에 대한 설명이다. 바르지 못한 것은?

① 경사의 내리막 방향으로 바퀴에 고임목, 고임돌 등 자동차의 미끄럼 사고를 방지할 수 있는 것을 설치해야 한다.
② 조향장치를 자동차에서 멀리 있는 쪽 도로의 가장자리 방향으로 돌려놓아야 한다.
③ 운전자가 운전석을 떠나지 아니하고 직접 제동장치를 작동하고 있는 경우는 제외한다.
④ 도로 외의 경사진 곳에서 정차하는 경우에는 조향장치를 자동차에서 가까운 쪽 도로의 가장자리 방향으로 돌려놓는다.

해설 경사로에서 차량을 주정차할 때엔, 경사의 내리막 방향으로 바퀴에 고임목 등을 받쳐 놓아야 하며, 조향장치는 자동차에서 가까운 쪽 도로의 가장자리 방향으로 돌려놓아야 한다.

정답 | 345 ② 346 ④ 347 ② 348 ③ 349 ②

350 장애인전용주차구역에 물건 등을 쌓거나 그 통행로를 가로막는 등 주차를 방해하는 행위를 한 경우 과태료 부과 금액으로 맞는 것은?

① 4만 원 ② 20만 원
③ 50만 원 ④ 100만 원

해설 누구든지 장애인전용주차구역에서 주차를 방해하는 행위를 하면 과태료 50만 원이 부과된다.

351 운전자의 준수 사항에 대한 설명으로 맞는 2가지는?

① 승객이 문을 열고 내릴 때에는 승객에게 안전 책임이 있다.
② 물건 등을 사기 위해 일시 정차하는 경우에도 시동을 끈다.
③ 운전자는 차의 시동을 끄고 안전을 확인한 후 차의 문을 열고 내려야 한다.
④ 주차 구역이 아닌 경우에는 누구라도 즉시 이동이 가능하도록 조치해 둔다.

해설 운전자가 차에서 내릴 때에는 차의 시동을 끄고 제동장치를 철저하게 한 후, 주변을 살펴 안전이 확인된 후 차의 문을 열고 내려야 한다. 승객이 있는 경우에는 운전자에게 안전 책임이 있다.

352 급경사로에 주차할 경우 가장 안전한 방법 2가지는?

① 자동차의 주차제동장치만 작동시킨다.
② 조향장치를 도로의 가장자리(자동차에서 가까운 쪽을 말한다) 방향으로 돌려놓는다.
③ 경사의 내리막 방향으로 바퀴에 고임목 등 자동차의 미끄럼 사고를 방지할 수 있는 것을 설치한다.
④ 수동변속기 자동차는 기어를 중립에 둔다.

해설 급경사로에 주차할 땐 경사의 내리막 방향으로 바퀴에 고임목 등을 놓아 미끄럼 사고를 방지할 수 있는 것을 설치하고, 조향장치는 자동차에서 가까운 쪽 도로의 가장자리 방향으로 돌려놓아야 한다. 수동변속기는 기어를 중립에 놓을 경우 차가 밀릴 수 있기 때문에 1단으로 놓아야 한다.

353 다음은 주·정차 방법에 대한 설명이다. 맞는 2가지는?

① 도로에서 정차를 하고자 하는 때에는 차도의 우측 가장자리에 세워야 한다.
② 안전표지로 주·정차 방법이 지정되어 있는 곳에서는 그 방법에 따를 필요는 없다.
③ 평지에서는 수동변속기 차량의 경우 기어를 1단 또는 후진에 넣어두기만 하면 된다.
④ 경사진 도로에서는 고임목을 받쳐두어야 한다.

해설 도로에서 정차하고자 할 때에는 차도의 우측 가장자리에 세워야 한다. 경사진 도로에서는 내리막 방향으로 바퀴에 고임목을 받쳐 두어야 한다. 도로의 안전표지는 준수해야 하고, 평지에서 수동변속기 차량을 주차하게 될 경우 기어를 중립에 놓아야 한다.

| 정답 | 350 ③ 351 ②, ③ 352 ②, ③ 353 ①, ④

354 다음 중 주차에 해당하는 2가지는?

① 차량이 고장 나서 계속 정지하고 있는 경우
② 위험 방지를 위한 일시정지
③ 5분을 초과하지 않았지만 운전자가 차를 떠나 즉시 운전할 수 없는 상태
④ 지하철역에 친구를 내려 주기 위해 일시정지

해설 신호 대기를 위한 정지, 위험 방지를 위한 일시정지는 5분을 초과하여도 주차에 해당하지 않는다. 그러나 5분을 초과하지 않았지만 운전자가 차를 떠나 즉시 운전할 수 없는 상태는 주차에 해당한다.

355 다음 중 정차에 해당하는 2가지는?

① 택시 정류장에서 손님을 태우기 위해 계속 정지 상태에서 승객을 기다리는 경우
② 화물을 싣기 위해 운전자가 차를 떠나 즉시 운전할 수 없는 경우
③ 신호 대기를 위해 정지한 경우
④ 차를 정지하고 지나가는 행인에게 길을 묻는 경우

해설 정차는 운전자가 5분을 초과하지 아니하고 차를 정지시키는 것으로서 주차 외의 정지 상태를 말한다. 신호대기 중이나 행인에게 길을 묻는 경우가 정차에 해당한다.

356 도로교통법상 정차 또는 주차를 금지하는 장소의 특례를 적용하지 않는 2가지는?

① 어린이보호구역 내 주출입문으로부터 50미터 이내
② 횡단보도로부터 10미터 이내
③ 비상소화장치가 설치된 곳으로부터 5미터 이내
④ 안전지대의 사방으로부터 각각 10미터 이내

해설 정차 및 주차 금지 장소 모든 차의 운전자는 다음 각 호의 어느 하나에 해당하는 곳에서는 차를 정차하거나 주차하여서는 아니 된다. 다만, 이 법이나 이 법에 따른 명령 또는 경찰공무원의 지시를 따르는 경우와 위험방지를 위하여 일시정지하는 경우에는 그러하지 아니하다.

- 교차로·횡단보도·건널목이나 보도와 차도가 구분된 도로의 보도(「주차장법」에 따라 차도와 보도에 걸쳐서 설치된 노상주차장은 제외한다)
- 교차로의 가장자리나 도로의 모퉁이로부터 5미터 이내인 곳
- 안전지대가 설치된 도로에서는 그 안전지대의 사방으로부터 각각 10미터 이내인 곳
- 버스여객자동차의 정류지(停留地)임을 표시하는 기둥이나 표지판 또는 선이 설치된 곳으로부터 10미터 이내인 곳. 다만, 버스여객자동차의 운전자가 그 버스여객자동차의 운행 시간 중에 운행노선에 따르는 정류장에서 승객을 태우거나 내리기 위하여 차를 정차하거나 주차하는 경우에는 그러하지 아니하다.
- 건널목의 가장자리 또는 횡단보도로부터 10미터 이내인 곳
- 다음 각 목의 곳으로부터 5미터 이내인 곳
  가.「소방기본법」제10조에 따른 소방용수시설 또는 비상소화장치가 설치된 곳
  나.「화재예방, 소방시설 설치·유지 및 안전관리에 관한 법률」제2조제1항제1호에 따른 소방시설로서 대통령령으로 정하는 시설이 설치된 곳

| 정답 | 354 ①, ③   355 ③, ④   356 ③, ④

- 시·도경찰청장이 도로에서의 위험을 방지하고 교통의 안전과 원활한 소통을 확보하기 위하여 필요하다고 인정하여 지정한 곳
- 시장등이 제12조제1항에 따라 지정한 어린이 보호구역

제34조의2(정차 또는 주차를 금지하는 장소의 특례)
① 다음 각 호의 어느 하나에 해당하는 경우에는 제32조제1호·제4호·제5호·제7호·제8호 또는 제33조제3호에도 불구하고 정차하거나 주차할 수 있다.
• 「자전거 이용 활성화에 관한 법률」 제2조제2호에 따른 자전거이용시설 중 전기자전거 충전소 및 자전거주차장치에 자전거를 정차 또는 주차하는 경우
• 시장등의 요청에 따라 시·도경찰청장이 안전표지로 자전거등의 정차 또는 주차를 허용한 경우
② 시·도경찰청장이 안전표지로 구역·시간·방법 및 차의 종류를 정하여 정차나 주차를 허용한 곳에서는 제32조제7호 또는 제33조제3호에도 불구하고 정차하거나 주차할 수 있다. (2021.7.13., 2021.10.21.)

357 다음 중 도로교통법상 주차가 가능한 장소로 맞는 2가지는?
① 도로의 모퉁이로부터 5미터 지점
② 소방용수시설이 설치된 곳으로부터 7미터 지점
③ 비상소화장치가 설치된 곳으로부터 7미터 지점
④ 안전지대로부터 5미터 지점

> **해설** 소방용수시설과 비상소화장치가 설치된 곳으로부터 5미터 이내는 차량의 주정차를 금지한다. 안전지대로부터 10미터 이내의 곳과, 도로 모퉁이 5미터 이내의 곳도 주정차가 금지된다.

358 교통정리를 하고 있지 아니하는 교차로를 좌회전하려고 할 때 가장 안전한 운전 방법은?
① 먼저 진입한 다른 차량이 있어도 서행하며 조심스럽게 좌회전한다.
② 폭이 넓은 도로의 차에 진로를 양보한다.
③ 직진 차에는 차로를 양보하나 우회전 차보다는 우선권이 있다.
④ 미리 도로의 중앙선을 따라 서행하다 교차로 중심 바깥쪽을 이용하여 좌회전한다.

> **해설** 교통정리를 하고 있지 아니하는 교차로에서의 좌회전은 폭이 넓은 도로의 차에 진로를 양보해야 한다. 또한 먼저 진입한 차량에 양보해야 하고, 좌회전 차량은 직진 및 우회전 차량에 양보해야 하며, 교차로 중심 안쪽을 이용하여 좌회전해야 한다.

359 다음 중 회전교차로 통행방법에 대한 설명으로 잘못된 것은?

① 진입할 때는 속도를 줄여 서행한다.
② 양보선에 대기하여 일시정지한 후 서행으로 진입한다.
③ 진입차량에 우선권이 있어 회전 중인 차량이 양보한다.
④ 반시계방향으로 회전한다.

해설 회전교차로 내에서는 회전 중인 차량에게 우선권이 있기 때문에 진입차량이 회전차량에게 양보해야 한다.

360 신호등이 없는 교차로에 선진입하여 좌회전하는 차량이 있는 경우에 옳은 것은?

① 직진 차량은 주의하며 진행한다.
② 우회전 차량은 서행으로 우회전한다.
③ 직진 차량과 우회전 차량 모두 좌회전 차량에 차로를 양보한다.
④ 폭이 좁은 도로에서 진행하는 차량은 서행하며 통과한다.

해설 교통정리가 행하여지고 있지 않은 교차로에서는 비록 좌회전 차량이라 할지라도 교차로에 이미 선진입한 경우에는 직진 차량과 우회전 차량보다 좌회전 차량에 통행 우선권이 있다.

361 교차로에서 좌회전 시 가장 적절한 통행 방법은?

① 중앙선을 따라 서행하면서 교차로 중심 안쪽으로 좌회전한다.
② 중앙선을 따라 빠르게 진행하면서 교차로 중심 안쪽으로 좌회전한다.
③ 중앙선을 따라 빠르게 진행하면서 교차로 중심 바깥쪽으로 좌회전한다.
④ 중앙선을 따라 서행하면서 운전자가 편리한 대로 좌회전한다.

해설 교차로에서 좌회전 시 중앙선을 따라 서행하면서 교차로 중심 안쪽으로 좌회전하여야 한다.

362 교통정리가 없는 교차로 통행 방법으로 알맞은 것은?

① 좌우를 확인할 수 없는 경우에는 서행하여야 한다.
② 좌회전하려는 차는 직진차량보다 우선 통행해야 한다.
③ 우회전하려는 차는 직진차량보다 우선 통행해야 한다.
④ 통행하고 있는 도로의 폭보다 교차하는 도로의 폭이 넓은 경우 서행하여야 한다.

해설 좌우를 확인할 수 없는 경우에는 일시정지하여야 하며, 해당 차가 통행하고 있는 도로의 폭보다 교차하는 도로의 폭이 넓은 경우에는 서행하여야 한다. 그리고 교차로에서의 통행 우선순위는 직진 차량이다.

363 도로의 원활한 소통과 안전을 위하여 회전교차로의 설치가 필요한 곳은?

① 교차로에서 직진하거나 회전하는 자동차에 의한 사고가 빈번한 곳
② 교차로에서 하나 이상의 접근로가 편도 3차로 이상인 곳
③ 회전교차로의 교통량 수준이 처리용량을 초과하는 곳
④ 신호연동에 필요한 구간 중 회전교차로이면 연동효과가 감소되는 곳

> **해설** 회전교차로 설치가 권장되는 경우는 이러하다.
> ① 불필요한 신호대기 시간이 길어 교차로 지체가 약화된 경우
> ② 교통량 수준이 높지 않으나, 교차로 교통사고가 많이 발생하는 경우
> ③ 교통량 수준이 비신호교차로로 운영하기에는 부적합하거나 신호교차로로 운영하면 효율이 떨어지는 경우
> ④ 교차로에서 직진하거나 회전하는 자동차에 의한 사고가 빈번한 경우
> ⑤ 각 접근로별 통행우선권 부여가 어렵거나 바람직하지 않은 경우
> ⑥ T자형, Y자형 교차로, 교차로 형태가 특이한 경우
> ⑦ 교통정온화 사업 구간 내의 교차로

364 회전교차로에 대한 설명으로 맞는 것은?

① 회전교차로는 신호교차로에 비해 상충지점 수가 많다.
② 회전교차로 내에 여유 공간이 있을 때까지 양보선에서 대기하여야 한다.
③ 신호등 설치로 진입차량을 유도하여 교차로 내의 교통량을 처리한다.
④ 회전 중에 있는 차는 진입하는 차량에게 양보해야 한다.

> **해설** 회전교차로의 교통량이 혼잡할 경우, 진입하기 전 양보선에서 대기하여야 한다. 회전교차로는 신호교차로에 비해 상충지점 수가 적고, 별도의 신호등이 없다. 또한 회전교차로에서는 회전 중인 차량에게 양보해야 한다.

365 운전자가 좌회전 시 정확하게 진행할 수 있도록 교차로 내에 백색점선으로 한 노면표시는 무엇인가?

① 유도선
② 연장선
③ 지시선
④ 규제선

> **해설** 차량이 정확하게 진행할 수 있도록 교차로 내에 백색 점선으로 표시한 것은 유도선이다. 유도선을 지키지 않고 주행할 경우 옆면 추돌사고 발생 확률이 높아진다.

| 정답 | 363 ① 364 ② 365 ①

366 교차로에서 좌회전하는 차량 운전자의 가장 안전한 운전 방법 2가지는?

① 반대 방향에 정지하는 차량을 주의해야 한다.
② 반대 방향에서 우회전하는 차량을 주의하면 된다.
③ 같은 방향에서 우회전하는 차량을 주의해야 한다.
④ 함께 좌회전하는 측면 차량도 주의해야 한다.

> 해설 교차로에서 좌회전할 때 주의해야 할 방향의 차량은 반대 방향에서 우회전하는 차량과, 함께 좌회전하는 측면 차량이다.

367 교차로에서 좌·우회전을 할 때 가장 안전한 운전 방법 2가지는?

① 우회전 시에는 미리 도로의 우측 가장자리로 서행하면서 우회전해야 한다.
② 혼잡한 도로에서 좌회전할 때에는 좌측 유도선과 상관없이 신속히 통과해야 한다.
③ 좌회전할 때에는 미리 도로의 중앙선을 따라 서행하면서 교차로의 중심 안쪽을 이용하여 좌회전해야 한다.
④ 유도선이 있는 교차로에서 좌회전할 때에는 좌측 바퀴가 유도선 안쪽을 통과해야 한다.

> 해설 모든 차의 운전자는 교차로에서 우회전을 하고자 하는 때에는 미리 도로의 우측 가장자리를 따라 서행하면서 우회전하여야 하며, 좌회전 시에는 미리 도로의 중앙선을 따라 서행하면서 교차로의 중심 안쪽을 이용하여 좌회전하며 이때 좌측 바퀴가 유도선 안쪽을 통과하지 않도록 주의한다.

368 다음 중 회전교차로의 통행방법으로 맞는 것은?

① 회전하고 있는 차가 우선이다.
② 진입하려는 차가 우선이다.
③ 진출한 차가 우선이다.
④ 차량의 우선순위는 없다.

> 해설 회전교차로에서의 우선 순위는 회전하고 있는 차량이다. 진입하려는 차는 회전하고 있는 차량에게 양보해야 한다.

369 다음 중 회전교차로에서의 금지 행위가 아닌 것은?

① 정차
② 주차
③ 서행 및 일시정지
④ 앞지르기

> 해설 회전교차로에서의 주정차는 금지되어 있고, 앞지르기 또한 금지이다. 회전교차로 진입 전 교통혼잡도가 높을 때엔 양보선에서 일시정지 후 서행하며 진입한다.

370 다음 중 회전교차로에서 통행 우선권이 보장된 회전차량을 나타내는 것은?

① 회전교차로 내 회전차로에서 주행 중인 차량
② 회전교차로 진입 전 좌회전하려는 차량
③ 회전교차로 진입 전 우회전하려는 차량
④ 회전교차로 진입 전 좌회전 및 우회전하려는 차량

> 해설 회전 교차로 내에서 통행 우선권이 보장된 차량은 회전 중인 차량이다.

371 회전교차로에 대한 설명으로 옳지 않은 것은?

① 차량이 서행으로 교차로에 접근하도록 되어 있다.
② 회전하고 있는 차량이 우선이다.
③ 신호가 없기 때문에 연속적으로 차량 진입이 가능하다.
④ 회전교차로는 시계방향으로 회전한다.

> 해설 회전교차로 내에서는 서행해야 하며, 회전 중인 차량이 우선이다. 신호가 없기 때문에 연속적 차량 진입이 가능하고, 회전방향은 반시계방향이다.

372 회전교차로 통행방법으로 맞는 것 2가지는?

① 교차로 진입 전 일시정지 후 교차로 내 왼쪽에서 다가오는 차량이 없으면 진입한다.
② 회전교차로에서의 회전은 시계방향으로 회전해야 한다.
③ 회전교차로를 진·출입 할 때에는 방향지시등을 작동할 필요가 없다.
④ 회전교차로 내에 진입한 후에는 가급적 멈추지 않고 진행해야 한다.

> 해설 회전교차로 진입 전 양보선에서 일시정지 후 교차로 내 왼쪽에서 다가오는 차량이 없을 경우 진입한다. 진입한 후에는 가급적 멈추지 않고 진행해야 한다. 회전 방향은 반시계 방향이며, 진·출입할 때는 방향지시등을 작동해야 한다.

373 도로교통법상 일시정지하여야 할 장소로 맞는 것은?

① 도로의 구부러진 부근
② 가파른 비탈길의 내리막
③ 비탈길의 고갯마루 부근
④ 교통정리가 없는 교통이 빈번한 교차로

> 해설 교통정리가 없는 교통이 빈번한 교차로에서는 일시정지 후 안전을 살피며 서행한다. 도로의 구부러진 부근, 가파른 비탈길의 내리막, 비탈길의 고갯마루 부근에서는 서행해야 한다.

374 도로교통법상 반드시 일시정지하여야 할 장소로 맞는 것은?

① 교통정리를 하고 있지 아니하고 좌우를 확인할 수 없는 교차로
② 녹색등화가 켜져 있는 교차로
③ 교통이 빈번한 다리 위 또는 터널 내
④ 도로의 구부러진 부근 또는 비탈길의 고갯마루 부근

> 해설 교통정리를 하고 있지 아니하고 좌우를 확인할 수 없거나 교통이 빈번한 교차로에서는 일시정지하여야 한다.

375 도로교통법에서 규정한 일시정지를 해야 하는 장소는?

① 터널 안 및 다리 위
② 신호등이 없는 교통이 빈번한 교차로
③ 가파른 비탈길의 내리막
④ 도로가 구부러진 부근

> 해설 앞지르기 금지구역과 일시정지해야 하는 곳은 다르게 규정하고 있다. 터널 안 및 다리 위, 가파른 비탈길의 내리막 도로가 구부러진 부근은 앞지르기 금지구역이다. 교통정리를 하고 있지 아니하고 좌우를 확인할 수 없거나 교통이 빈번한 교차로에서는 일시정지해야 할 장소이다.

| 정답 | 371 ④ 372 ①,④ 373 ④ 374 ① 375 ②

376 가변형 속도제한 구간에 대한 설명으로 옳지 않은 것은?

① 상황에 따라 규정 속도를 변화시키는 능동적인 시스템이다.
② 규정 속도 숫자를 바꿔서 표현할 수 있는 전광표지판을 사용한다.
③ 가변형 속도제한 표지로 최고속도를 정한 경우에는 이에 따라야 한다.
④ 가변형 속도제한 표지로 정한 최고속도와 안전표지 최고속도가 다를 때는 안전표지 최고속도를 따라야 한다.

해설 가변형 속도제한 표지로 최고속도를 정한 경우에는 이에 따라야 하며 가변형 속도제한 표지로 정한 최고속도와 그 밖의 안전표지로 정한 최고속도가 다를 때에는 가변형 속도제한 표지에 따라야 한다.

377 차량이 철길 건널목 안으로 들어갈 수 있는 경우는?

① 건널목의 차단기가 내려져 있는 경우
② 건널목의 차단기가 내려지려고 하는 경우
③ 건널목의 경보기가 울리고 있는 경우
④ 신호기 등이 표시하는 신호에 따르는 경우

해설 차량이 철길 건널목 안으로 들어갈 수 있는 경우는 신호기 등이 표시하는 신호에 따르는 경우이다. 건널목의 차단기가 내려져 있거나 내려지려고 하는 경우 또는 건널목의 경보기가 울리고 있는 경우에는 진입하여서는 아니 된다.

378 다음 중 고속도로 나들목에서 가장 안전한 운전 방법은?

① 나들목에서는 차량이 정체되므로 사고 예방을 위해서 뒤차가 접근하지 못하도록 급제동한다.
② 나들목에서는 속도에 대한 감각이 둔해지므로 일시정지한 후 출발한다.
③ 진출하고자 하는 나들목을 지나친 경우 다음 나들목을 이용한다.
④ 급가속하여 나들목으로 진출한다.

해설 고속도로에서 진출하고자 하는 나들목을 지나친 경우, 다음 나들목을 이용한다. 급가속 급제동은 사고위험을 증가시키며 속도에 대한 감각이 둔해짐에 따라 서행 후 규정 속도에 맞춰 주행해야 한다.

379 앞차의 운전자가 왼팔을 수평으로 펴서 차체의 좌측 밖으로 내밀었을 때 취해야 할 조치로 가장 올바른 것은?

① 앞차가 후진할 것이 예상되므로 일시정지한다.
② 앞차가 정지할 것이 예상되므로 일시정지한다.
③ 도로의 흐름을 잘 살핀 후 앞차를 앞지르기 한다.
④ 앞차의 차로 변경이 예상되므로 서행한다.

해설 좌회전, 횡단, 유턴 또는 차선 변경 등의 행위를 하고자 할 때에는 방향지시기를 이용하거나, 팔을 이용할 때에는 좌회전 시 왼팔을 수평으로 펴서 차체의 좌측 밖으로 내밀고, 우회전 시 팔꿈치를 굽혀 수직으로 올리는 동작을 한다.

380 운전자가 우회전하고자 할 때 사용하는 수신호는?

① 왼팔을 좌측 밖으로 내어 팔꿈치를 굽혀 수직으로 올린다.
② 왼팔은 수평으로 펴서 차체의 좌측 밖으로 내민다.
③ 오른팔을 차체의 우측 밖으로 수평으로 펴서 손을 앞뒤로 흔든다.
④ 왼팔을 차체 밖으로 내어 45° 밑으로 편다.

> 해설 운전자가 우회전하고자 할 때의 수신호는 왼팔을 좌측 밖으로 내어 팔꿈치를 굽혀 수직으로 올리는 동작이다.

381 신호기의 신호에 따라 교차로에 진입하려는데, 경찰공무원이 정지하라는 수신호를 보냈다. 다음 중 가장 안전한 운전 방법은?

① 정지선 직전에 일시정지 한다.
② 급제동하여 정지한다.
③ 신호기의 신호에 따라 진행한다.
④ 교차로에 서서히 진입한다.

> 해설 교통안전시설이 표시하는 신호 지시와 교통정리를 위한 경찰공무원의 신호 지시가 다른 경우에는 경찰공무원의 신호 지시에 따라야 한다.

382 중앙선이 황색 점선과 황색 실선의 복선으로 설치된 때의 앞지르기에 대한 설명으로 맞는 것은?

① 황색 실선과 황색 점선 어느 쪽에서도 중앙선을 넘어 앞지르기할 수 없다.
② 황색 점선이 있는 측에서는 중앙선을 넘어 앞지르기할 수 있다.
③ 안전이 확인되면 황색 실선과 황색 점선 상관없이 앞지르기할 수 있다.
④ 황색 실선이 있는 측에서는 중앙선을 넘어 앞지르기할 수 있다.

> 해설 점선은 앞지르기 가능 구간이고, 실선은 앞지르기 금지 구간이다. 황색 점선은 앞지르기 가능한 구간이다.

383 운전 중 철길건널목에서 가장 바람직한 통행방법은?

① 기차가 오지 않으면 그냥 통과한다.
② 일시정지하여 안전을 확인하고 통과한다.
③ 제한속도 이상으로 통과한다.
④ 차단기가 내려지려고 하는 경우는 빨리 통과한다.

> 해설 철길건널목에서는 일시정지하여, 차단기 또는 경보기가 울리는지 등의 안전을 확인하고 통과한다.

384 차로를 왼쪽으로 바꾸고자 할 때의 방법으로 맞는 것은?

① 그 행위를 하고자 하는 지점에 이르기 전 30미터(고속도로에서는 100미터) 이상의 지점에 이르렀을 때 좌측 방향지시기를 조작한다.
② 그 행위를 하고자 하는 지점에 이르기 전 10미터(고속도로에서는 100미터) 이상의 지점에 이르렀을 때 좌측 방향지시기를 조작한다.
③ 그 행위를 하고자 하는 지점에 이르기 전 20미터(고속도로에서는 80미터) 이상의 지점에 이르렀을 때 좌측 방향지시기를 조작한다.
④ 그 행위를 하고자 하는 지점에서 좌측 방향지시기를 조작한다.

해설 방향을 변경하고자 하는 경우는 그 지점에 이르기 전 30미터 이상의 지점에 이르렀을 때 방향지시기를 조작하고, 고속도로인 경우에는 100미터 이상의 지점에 이르렀을 때 방향지시기를 조작한다.

385 도로교통법상 자동차등의 속도와 관련하여 옳지 않은 것은?

① 일반도로, 자동차전용도로, 고속도로와 총 차로 수에 따라 별도로 법정속도를 규정하고 있다.
② 일반도로에는 최저속도 제한이 없다.
③ 이상기후 시에는 감속운행을 하여야 한다.
④ 가변형 속도제한표지로 정한 최고속도와 그 밖의 안전표지로 정한 최고속도가 다를 경우 그 밖의 안전표지에 따라야 한다.

해설 가변형 속도제한표지는 눈, 비 등 기후조건에 따라 안전한 주행을 할 수 있도록 적정한 속도를 제한하기 위한 장치이다. 그 밖의 안전표시로 정한 최고속도와 다를 경우 가변형 속도제한 표지를 따라야 한다.

386 도로교통법상 자동차등의 속도와 관련하여 옳지 않은 것은?

① 자동차등의 속도가 높아질수록 교통사고의 위험성이 커짐에 따라 차량의 과속을 억제하려는 것이다.
② 자동차전용도로 및 고속도로에서 도로의 효율성을 제고하기 위해 최저속도를 제한하고 있다.
③ 경찰청장 또는 시·도경찰청장은 교통의 안전과 원활한 소통을 위해 별도로 속도를 제한할 수 있다.
④ 고속도로는 시·도경찰청장이, 고속도로를 제외한 도로는 경찰청장이 속도 규제권자이다.

해설 고속도로의 속도 규제권은 경찰청장, 고속도로를 제외한 도로의 속도 규제권은 시·도경찰청장에 있다.

387 다음 중 신호위반이 되는 경우 2가지는?

① 적색신호 시 정지선을 초과하여 정지
② 교차로 이르기 전 황색신호 시 교차로에 진입
③ 황색 점멸 시 주의하면서 진행
④ 적색 점멸 시 정지선 직전에 일시정지한 후 다른 교통에 주의하면서 진행

해설 적색신호 시 정지선 안쪽으로 정지해야 하고, 교차로에 이르기 전 황색신호 시에도 정지선 안쪽으로 정지해야 한다. 이를 위반할 경우 신호위반에 해당된다.

정답 384 ① 385 ④ 386 ④ 387 ①, ②

388 편도 3차로인 도로의 교차로에서 우회전할 때 올바른 통행 방법 2가지는?

① 우회전할 때에는 교차로 직전에서 방향 지시등을 켜서 진행방향을 알려 주어야 한다.
② 우측 도로의 횡단보도 보행 신호등이 녹색이라도 횡단보도 상에 보행자가 없으면 통과할 수 있다.
③ 횡단보도 차량 보조 신호등이 적색일 경우에는 보행자가 없어도 통과할 수 없다.
④ 편도 3차로인 도로에서는 2차로에서 우회전하는 것이 안전하다.

> **해설** 우회전 시 교차로에 이르기 전 30미터 이상의 지점에 이르렀을 때 방향지시등을 조작해야 하며, 편도 3차로인 도로에서는 3차로에서 우회전해야 한다. 우측도로의 횡단보도 보행 신호등이 녹색일 때 횡단보도에 보행자가 없거나 통행에 방해를 주지 아니하는 범위 내에서 통과할 수 있다.

389 좌회전하고자 할 때 교차로 진입 전 가장 안전한 운전 방법 2가지는?

① 미리 속도를 줄인 후, 1차로 또는 좌회전 차로를 따라 서행한다.
② 방향지시기를 30미터 이상의 지점에서부터 켜고 진행한다.
③ 차량 신호를 주시하며 빠르게 진행한다.
④ 무조건 좌회전하는 앞차를 따라 진행한다.

> **해설** 좌회전 시 방향지시기를 30미터 이상의 지점에 이르렀을 때 조작해야 하고, 미리 속도를 줄인 후 1차로 또는 좌회전 차로를 따라 서행해야 한다.

390 차로를 변경할 때 안전한 운전방법 2가지는?

① 변경하고자 하는 차로의 뒤따르는 차와 거리가 있을 때 속도를 유지한 채 차로를 변경한다.
② 변경하고자 하는 차로의 뒤따르는 차와 거리가 있을 때 감속하면서 차로를 변경한다.
③ 변경하고자 하는 차로의 뒤따르는 차가 접근하고 있을 때 속도를 늦추어 뒤차를 먼저 통과시킨다.
④ 변경하고자 하는 차로의 뒤따르는 차가 접근하고 있을 때 급하게 차로를 변경한다.

> **해설** 차로를 변경할 때 변경하고자 하는 차로의 뒤따르는 차와 거리가 있을 때 속도를 유지하면서 차로를 변경하고, 만약 변경하고자 하는 차로의 뒤따르는 차가 접근하고 있을 경우 속도를 늦추어 뒤차를 먼저 통과시킨 후 진행한다.

391 차로를 구분하는 차선에 대한 설명으로 맞는 것 2가지는?

① 차로가 실선과 점선이 병행하는 경우 실선에서 점선방향으로 차로 변경이 불가능하다.
② 차로가 실선과 점선이 병행하는 경우 실선에서 점선방향으로 차로 변경이 가능하다.
③ 차로가 실선과 점선이 병행하는 경우 점선에서 실선방향으로 차로 변경이 불가능하다.
④ 차로가 실선과 점선이 병행하는 경우 점선에서 실선방향으로 차로 변경이 가능하다.

> **해설** 차로를 구분하는 차선 중 실선은 차로를 변경할 수 없고, 점선은 차로를 변경할 수 있다. 실선과 점선이 병행하는 경우 점선에서 실선 방향으로 차로 변경이 가능하다.

| 정답 | 388 ②,③　389 ①,②　390 ①,③　391 ①,④

392 도로교통법상 적색등화 점멸일 때 의미는?

① 차마는 다른 교통에 주의하면서 서행하여야 한다.
② 차마는 다른 교통에 주의하면서 진행할 수 있다.
③ 차마는 안전표지에 주의하면서 후진할 수 있다.
④ 차마는 정지선 직전에 일시정지한 후 다른 교통에 주의하면서 진행할 수 있다.

해설 적생등화 점멸일 때 차마는 정지선 직전에 일시정지한 후 다른 교통에 주의하면서 진행할 수 있다.

393 비보호 좌회전 표지가 있는 교차로에 대한 설명이다. 맞는 것은?

① 신호와 관계없이 다른 교통에 주의하면서 좌회전할 수 있다.
② 적색신호에 다른 교통에 주의하면서 좌회전할 수 있다.
③ 녹색신호에 다른 교통에 주의하면서 좌회전할 수 있다.
④ 황색신호에 다른 교통에 주의하면서 좌회전할 수 있다.

해설 비보호 좌회전 표지가 있는 곳에서 좌회전 시 녹색신호에 다른 교통에 주의하면서 진행할 수 있다.

394 도로교통법상 자동차의 속도와 관련하여 맞는 것은?

① 고속도로의 최저속도는 매시 50킬로미터로 규정되어 있다.
② 자동차전용도로에서는 최고속도는 제한하지만 최저속도는 제한하지 않는다.
③ 일반도로에서는 최저속도와 최고속도를 제한하고 있다.
④ 편도 2차로 이상 고속도로의 최고속도는 차종에 관계없이 동일하게 규정되어 있다.

해설 고속도로를 포함한 자동차 전용 도로에서 최저속도는 50킬로로 제한되어 있다. 단, 일반도로는 최저속도 제한이 없다. 편도 2차로 이상 고속도로의 최고속도는 차종에 따라 다르게 규정되어 있다.

395 앞지르기에 대한 설명으로 맞는 것은?

① 앞차가 다른 차를 앞지르고 있는 경우에는 앞지르기할 수 있다.
② 터널 안에서 앞지르고자 할 경우에는 반드시 우측으로 해야 한다.
③ 편도 1차로 도로에서 앞지르기는 황색실선 구간에서만 가능하다.
④ 교차로 내에서는 앞지르기가 금지되어 있다.

해설 앞지르기가 금지된 곳은 터널 안이나 다리 위, 교차로 등이 있다. 앞지르기는 점선 구간에서 가능하고, 앞차가 다른 차를 앞지르고 있는 경우 앞지를 수 없다.

396 도로의 중앙선과 관련된 설명이다. 맞는 것은?

① 황색실선이 단선인 경우는 앞지르기가 가능하다.
② 가변차로에서는 신호기가 지시하는 진행방향의 가장 왼쪽에 있는 황색 점선을 말한다.
③ 편도 1차로의 지방도에서 버스가 승하차를 위해 정차한 경우에는 황색실선의 중앙선을 넘어 앞지르기할 수 있다.
④ 중앙선은 도로의 폭이 최소 4.75미터 이상일 때부터 설치가 가능하다.

> 해설 황색 실선의 중앙선은 어떠한 경우라도 앞지를 수 없다. 가변차로에서는 중앙선의 위치가 바뀌는데, 신호기가 지시하는 진행 방향의 가장 왼쪽에 있는 황색 점선을 중앙선으로 보면 된다. 중앙선은 도로의 폭이 최소 6미터 이상인 곳에 설치할 수 있다.

397 다음 중 도로교통법상 편도 3차로 고속도로에서 2차로를 이용하여 주행할 수 있는 자동차는?

① 화물자동차
② 특수자동차
③ 건설기계
④ 소·중형 승합자동차

> 해설 화물차, 특수차, 건설기계는 우측차로로 통행해야 한다. 경형·소형·중형 승합자동차는 2차로로 통행할 수 있다.

398 편도 3차로 고속도로에서 1차로가 차량 통행량 증가 등으로 인하여 부득이하게 시속 ( ) 킬로미터 미만으로 통행할 수밖에 없는 경우에는 앞지르기를 하는 경우가 아니더라도 통행할 수 있다. ( ) 안에 기준으로 맞는 것은?

① 80
② 90
③ 100
④ 110

> 해설 편도 3차로 고속도로에서 1차로는 추월 차선이다. 그러나 통행량 증가 등으로 인하여 시속 80킬로미터 미만으로 통행할 수밖에 없는 경우에는 앞지르기를 하는 경우가 아니더라도 통행할 수 있다.

399 다음 중 편도 4차로 일반도로에서 1차로로 통행할 수 있는 차종으로 맞는 것은?

① 중형 승합자동차
② 적재중량 4.5톤 화물자동차
③ 이륜자동차
④ 건설기계

> 해설 고속도로 이외의 일반도로에서 1차로는 왼쪽 차로에 해당하므로 통행할 수 있는 차종은 승용자동차 및 경형·소형·중형 승합자동차이다.

400 편도 5차로 고속도로에서 차로에 따른 통행차의 기준에 따르면 몇 차로까지 왼쪽 차로인가?(단, 전용차로와 가감속 차로 없음)

① 1~2차로
② 2~3차로
③ 1~3차로
④ 2차로만

> 해설 1차로를 제외한 차로를 반으로 나누어 그 중 1차로에 가까운 부분의 차로. 다만, 1차로를 제외한 차로의 수가 홀수인 경우 가운데 차로는 제외한다.

| 정답 | 396 ② 397 ④ 398 ① 399 ① 400 ②

401 다음 중 편도 4차로 고속도로 외의 도로에서 차로에 따른 통행차의 기준을 설명한 것으로 잘못된 것은?

① 중형 승합자동차가 1차로를 주행하였다.
② 승용자동차가 2차로를 주행하였다.
③ 대형승합자동차가 1차로를 주행하였다.
④ 건설기계가 4차로를 주행하였다.

해설 편도 3차로 이상 고속도로 외의 일반도로에서 1차로는 승용자동차 및 경형·소형·중형 승합자동차 주행차로이다. 그러므로 대형승합자동차는 1차로 주행을 할 수 없다.

402 소통이 원활한 편도 3차로 고속도로에서 승용자동차의 앞지르기 방법에 대한 설명으로 잘못된 것은?

① 승용자동차가 앞지르기하려고 1차로로 차로를 변경한 후 계속해서 1차로로 주행한다.
② 3차로로 주행 중인 대형승합자동차가 2차로로 앞지르기한다.
③ 소형승합자동차는 1차로를 이용하여 앞지르기한다.
④ 5톤 화물차는 2차로를 이용하여 앞지르기한다.

해설 고속도로에서의 1차선은 추월 차선이기 때문에 승용자동차가 앞지르기할 때에는 1차로를 이용하고, 앞지르기를 마친 후에는 지정된 주행 차로에서 주행해야 한다.

403 다음은 차로에 따른 통행차의 기준에 대한 설명이다. 잘못된 것은?

① 모든 차는 지정된 차로의 오른쪽 차로로 통행할 수 있다.
② 승용자동차가 앞지르기를 할 때에는 통행기준에 지정된 차로의 바로 옆 오른쪽 차로로 통행해야 한다.
③ 편도 4차로 일반도로에서 승용자동차의 주행차로는 모든 차로이다.
④ 편도 4차로 고속도로에서 대형화물자동차의 주행차로는 오른쪽 차로이다.

해설 승용 자동차가 앞지르기를 할 때에는 통행기준에 지정된 차로의 바로 옆 왼쪽 차로로 통행할 수 있다.

404 일반도로의 버스전용차로로 통행할 수 있는 경우로 맞는 것은?

① 12인승 승합자동차가 6인의 동승자를 싣고 가는 경우
② 내국인 관광객 수송용 승합자동차가 25명의 관광객을 싣고 가는 경우
③ 노선을 운행하는 12인승 통근용 승합자동차가 직원들을 싣고 가는 경우
④ 택시가 승객을 태우거나 내려주기 위하여 일시 통행하는 경우

해설 전용차로 통행차의 통행에 장애를 주지 아니하는 범위에서 택시가 승객을 태우거나 내려주기 위하여 일시 통행하는 경우. 이 경우 택시 운전자는 승객이 타거나 내린 즉시 전용차로를 벗어나야 한다.

정답 | 401 ③   402 ①   403 ②   404 ④

405 고속도로 버스전용차로를 통행할 수 있는 9인승 승용자동차는 (   )명 이상 승차한 경우로 한정한다. (   )안에 맞는 것은?

① 3 ② 4
③ 5 ④ 6

> **해설** 9인승 이상의 승용자동차는 고속도로 버스전용차로를 통행할 수 있으며, 6명 이상 탑승해야 된다.

406 편도 3차로 고속도로에서 통행차의 기준으로 맞는 것은?(버스전용차로 없음)

① 승용자동차의 주행차로는 1차로이므로 1차로로 주행하여야 한다.
② 주행차로가 2차로인 소형승합자동차가 앞지르기할 때에는 1차로를 이용하여야 한다.
③ 대형승합자동차는 1차로로 주행하여야 한다.
④ 적재중량 1.5톤 이하인 화물자동차는 1차로로 주행하여야 한다.

> **해설** 편도 3차로 고속도로에서 승용자동차 및 경형·소형·중형 승합차의 주행차로는 2차로이며, 2차로에서 앞지르기할 때는 1차로를 이용하여 앞지르기를 해야 한다.

407 편도 3차로 고속도로에서 승용자동차가 2차로로 주행 중이다. 앞지르기할 수 있는 차로로 맞는 것은?(버스전용차로 없음)

① 1차로
② 2차로
③ 3차로
④ 1, 2, 3차로 모두

> **해설** 편도 3차로 고속도로에서 2차로 주행 중인 승용자동차는 1차로를 이용하여 앞지르기 할 수 있다.

408 다음 중 편도 4차로 고속도로에서 앞지르기하는 방법에 대한 설명으로 잘못된 것은?

① 앞지르기를 할 때에는 차로에 따른 통행차의 기준에 지정된 차로의 바로 옆 왼쪽 차로로 통행할 수 있다.
② 앞지르기를 한 후에는 주행 차로로 되돌아와야 한다.
③ 앞지르기를 할 때에는 최고속도를 초과하여 주행할 수 있다.
④ 앞지르기를 할 때에는 방향지시등을 사용하여야 한다.

> **해설** 편도 4차로 고속도로에서 앞지르기를 할 때에는 방향지시등을 사용하여 주행 중인 차로 왼쪽 차로로 최고속도를 초과하지 않는 범위에서 앞지르기를 한다. 그 차선이 1차선인 경우 추월차선이기 때문에 앞지르기가 끝난 후 해당 주행차로로 돌아와야 한다.

409 도로교통법령상 차로에 따른 통행차의 기준에 대한 설명이다. 잘못된 것은? (버스전용차로 없음)

① 느린 속도로 진행할 때에는 그 통행하던 차로의 오른쪽 차로로 통행할 수 있다.
② 편도 2차로 고속도로의 1차로는 앞지르기를 하려는 모든 자동차가 통행할 수 있다.
③ 일방통행도로에서는 도로의 오른쪽부터 1차로로 한다.
④ 편도 3차로 고속도로의 오른쪽 차로는 화물자동차가 통행할 수 있는 차로이다.

> **해설** 차로의 순위는 도로의 중앙선 쪽에 있는 차로부터 1차로로 한다. 다만, 일방통행도로에서는 도로의 왼쪽부터 1차로로 한다.

| 정답 | 405 ④ 406 ② 407 ① 408 ③ 409 ③

410 편도 3차로 고속도로에서 통행차의 기준에 대한 설명으로 맞는 것은?

① 1차로는 2차로가 주행차로인 승용자동차의 앞지르기 차로이다.
② 1차로는 승합자동차의 주행차로이다.
③ 갓길은 긴급자동차 및 견인자동차의 주행차로이다.
④ 버스전용차로가 운용되고 있는 경우, 1차로가 화물자동차의 주행차로이다.

해설 편도 3차로 고속도로에서 1차로는 앞지르기하려는 승용자동차 및 경형·소형·중형 승합자동차가 통행할 수 있다. 단, 차량통행량 증가 등으로 시속 80킬로미터 미만으로 통행할 수밖에 없는 경우에는 앞지르기를 하는 경우가 아니더라도 통행 가능하다. 대형 승합자동차, 화물자동차, 특수자동차, 건설기계는 오른쪽 차로를 이용할 수 있다.

411 도로교통법령상 전용차로의 종류가 아닌 것은?

① 버스 전용차로
② 다인승 전용차로
③ 자동차 전용차로
④ 자전거 전용차로

해설 전용차로의 종류는 버스 전용차로, 다인승 전용차로, 자전거 전용차로 3가지로 구분된다.

412 수막현상의 원인과 예방 대책에 관한 설명으로 가장 적절한 것은?

① 수막현상이 발생하더라도 핸들 조작의 결과는 평소와 별 차이를 보이지 않는다.
② 새 타이어일수록 수막현상이 발생할 가능성이 높다.
③ 타이어와 노면 사이의 접촉면이 좁을수록 수막현상의 가능성이 높아진다.
④ 수막현상을 예방하기 위해서 가장 중요한 것은 빗길에서 평소보다 감속하는 것이다.

해설 수막현상이 발생하면 핸들 조작이 어렵고 새 타이어일수록 마모가 되지 않았기 때문에 타이어와 노면 사이의 접촉면이 좁고, 수막현상이 발생할 가능성이 낮다. 노면이 젖은 구간이나 빗길에서는 평소보다 감속해서 안전운전해야 한다.

413 빙판길에서 차가 미끄러질 때 안전 운전방법 중 옳은 것은?

① 핸들을 미끄러지는 방향으로 조작한다.
② 수동 변속기 차량의 경우 기어를 고단으로 변속한다.
③ 핸들을 반대 방향으로 조작한다.
④ 주차 브레이크를 이용하여 정차한다.

해설 빙판길에서 차가 미끄러질 때는 핸들을 미끄러지는 방향으로 조작해야 차가 헛돌지 않는다. 수동변속기 차량은 저단 기어를 사용해야 한다.

| 정답 | 410 ① 411 ③ 412 ④ 413 ①

414 안개 낀 도로에서 자동차를 운행할 때 가장 안전한 운전 방법은?

① 커브 길이나 교차로 등에서는 경음기를 울려서 다른 차를 비키도록 하고 빨리 운행한다.
② 안개가 심한 경우에는 시야 확보를 위해 전조등을 상향으로 한다.
③ 안개가 낀 도로에서는 안개등만 켜는 것이 안전 운전에 도움이 된다.
④ 어느 정도 시야가 확보되는 경우엔 가드레일, 중앙선, 차선 등 자동차의 위치를 파악할 수 있는 지형지물을 이용하여 서행한다.

> **해설** 안개 낀 도로에서 자동차를 운행 시 커브길이나 교차로 등에서는 주변의 안전을 살피며 서행해야 하고, 전조등과 안개등 둘 다 키는 것이 좋다. 어느 정도 시야가 확보되는 경우에는 가드레일, 중앙선, 차선 등 자동차의 위치를 파악할 수 있는 지형지물을 이용하여 서행한다.

415 눈길이나 빙판길 주행 중에 정지하려고 할 때 가장 안전한 제동 방법은?

① 브레이크 페달을 힘껏 밟는다.
② 풋 브레이크와 주차브레이크를 동시에 작동하여 신속하게 차량을 정지시킨다.
③ 차가 완전히 정지할 때까지 엔진브레이크로만 감속한다.
④ 엔진브레이크로 감속한 후 브레이크 페달을 가볍게 여러 번 나누어 밟는다.

> **해설** 눈길이나 빙판길은 미끄럽기 때문에 정지할 때에는 엔진 브레이크로 감속 후 풋 브레이크로 여러 번 나누어 밟는 것이 안전하다.

416 폭우가 내리는 도로의 지하차도를 주행하는 운전자의 마음가짐으로 가장 바람직한 것은?

① 모든 도로의 지하차도는 배수시설이 잘 되어 있어 위험요소는 발생하지 않는다.
② 재난방송, 안내판 등 재난 정보를 청취하면서 위험요소에 대응한다.
③ 폭우가 지나갈 때까지 지하차도 갓길에 정차하여 휴식을 취한다.
④ 신속히 지나가야하기 때문에 지정속도보다 빠르게 주행한다.

> **해설** 폭우가 내리는 도로의 지하차도는 위험요소가 많아, 본인의 판단으로 행동하지 말고, 재난정보를 확인하는 것이 안전운전에 도움이 된다.

417 겨울철 블랙 아이스(black ice)에 대한 설명이다. 가장 바르게 설명한 것은?

① 겨울철 쌓인 눈이 오염되어 검게 변한 현상을 말한다.
② 도로의 파인 부분이 검게 변하여 잘 보이지 않는 것을 말한다.
③ 오염된 눈이 쌓여 있어 쉽게 알아 볼 수 있다.
④ 눈에 잘 보이지 않는 얇은 얼음막이 생기는 현상이다.

> **해설** 블랙 아이스는 눈에 잘 보이지 않는 얇은 얼음막이 생기는 현상으로, 온도변화가 심한 다리 위, 터널 출입구, 그늘진 도로에서 자주 발생하는 현상이다.

정답 | 414 ④ 415 ④ 416 ② 417 ④

418 짙은 안개로 인해 가시거리가 짧을 때 가장 안전한 운전 방법은?

① 전조등이나 안개등을 켜고 자신의 위치를 알리며 운전한다.
② 앞차와의 거리를 좁혀 앞차를 따라 운전한다.
③ 전방이 잘 보이지 않을 때에는 중앙선을 넘어가도 된다.
④ 안개 구간은 속도를 내서 빨리 빠져나간다.

해설 안개 구간에서는 전조등을 켜서 자신의 위치를 알리고, 속도를 줄이며 앞차와의 거리를 충분히 확보하고 운전한다.

419 내리막길 주행 중 브레이크가 제동되지 않을 때 가장 적절한 조치 방법은?

① 즉시 시동을 끈다.
② 저단 기어로 변속한 후 차에서 뛰어내린다.
③ 핸들을 지그재그로 조작하며 속도를 줄인다.
④ 저단 기어로 변속하여 감속한 후 차체를 가드레일이나 벽에 부딪친다.

해설 브레이크가 파열되어 제동되지 않을 때에는 추돌 사고나 반대편 차량과의 충돌로 대형 사고가 발생할 가능성이 높다. 브레이크가 파열되었을 때는 당황하지 말고 저단 기어로 변속하여 감속을 한 후 차체를 가드레일이나 벽 등에 부딪히며 정지하는 것이 2차 사고를 예방하는 길이다.

420 터널 안 주행 중 자동차 사고로 인한 화재 목격 시 가장 바람직한 대응 방법은?

① 차량 통행이 가능하더라도 차를 세우는 것이 안전하다.
② 차량 통행이 불가능할 경우 차를 세운 후 자동차 안에서 화재 진압을 기다린다.
③ 차량 통행이 불가능할 경우 차를 세운 후 자동차 열쇠를 챙겨 대피한다.
④ 연기가 많이 나면 최대한 몸을 낮춰 연기가 나는 반대 방향으로 유도 표시등을 따라 이동한다.

해설 ① 차량 통행이 가능하면 신속하게 터널 밖으로 빠져나온다. ② 화재 발생에도 시야가 확보되고 소통이 가능하면 그대로 밖으로 차량을 이동시킨다. ③ 시야가 확보되지 않고 차량이 정체되거나 통행 불가능할 시 비상 주차대나 갓길에 차를 정차한다. 엔진 시동은 끄고, 열쇠는 그대로 꽂아둔 채 차에서 내린다. 휴대전화나 터널 안 긴급전화로 119 등에 신고하고 부상자가 있으면 살핀다. 연기가 많이 나면 최대한 몸을 낮춰 연기 나는 반대 방향으로 터널 내 유도 표시등을 따라 이동한다.

421 급커브길을 주행 중일 때 가장 안전한 운전방법은?

① 급커브길 안에서 핸들을 신속히 꺾으면서 브레이크를 밟아 속도를 줄이고 통과한다.
② 급커브길 앞의 직선도로에서 속도를 충분히 줄인다.
③ 급커브길은 위험구간이므로 급가속하여 신속히 통과한다.
④ 급커브길에서 앞지르기 금지 표지가 없는 경우 신속히 앞지르기한다.

해설 급커브길은 위험구간이므로, 도달하기 전 미리 속도를 줄인 후 서행하여야 한다. 급커브길에서 앞지르기 금지 표지가 없는 경우에도 앞지르기를 하지 않는 것이 안전하다.

| 정답 | 418 ① 419 ④ 420 ④ 421 ②

422 풋 브레이크 과다 사용으로 인한 마찰열 때문에 브레이크액에 기포가 생겨 제동이 되지 않는 현상을 무엇이라 하는가?

① 스탠딩웨이브(Standing wave)
② 베이퍼록(Vapor lock)
③ 로드홀딩(Road holding)
④ 언더스티어링(Under steering)

> **해설** 풋 브레이크 과다 사용으로 인한 마찰열 때문에 브레이크액에 기포가 생겨 제동이 되지 않는 현상을 베이퍼록(Vapor lock)이라 한다. 이러한 현상을 방지하기 위해서는 엔진브레이크와 같이 쓰는 것이 좋다.

423 주행 중 갑자기 발생할 수 있는 강풍이나 돌풍 지역에서 가장 안전한 운전 방법은?

① 속도를 높여 터널 입구, 다리 위 등을 신속히 벗어나야 안전하다.
② 강풍이 불면 자동차는 차로를 이탈할 수 있으므로 바람에 자동차를 맡겨야 한다.
③ 우리나라는 강풍이 부는 도로가 없기 때문에 크게 우려할 문제는 아니다.
④ 운전자는 절대 감속해야 하며 안전 운전에 집중하여야 한다.

> **해설** 바람이 심하게 부는 때에는 감속과 함께 핸들을 양손으로 힘 있게 붙잡고 주행 방향이나 속도변화에 따라 신중히 대처해야 한다. 특히 산길이나 고지대, 터널의 입구나 출구, 다리 등은 강풍이나 돌풍이 예상되는 곳이므로 안전 운전에 집중해야 한다.

424 겨울철 블랙 아이스(black ice)에 대해 바르게 설명하지 못한 것은?

① 도로 표면에 코팅한 것처럼 얇은 얼음막이 생기는 현상이다.
② 아스팔트 표면의 눈과 습기가 공기 중의 오염물질과 뒤섞여 스며든 뒤 검게 얼어붙은 현상이다.
③ 추운 겨울에 다리 위, 터널 출입구, 그늘진 도로, 산모퉁이 음지 등 온도가 낮은 곳에서 주로 발생한다.
④ 햇볕이 잘 드는 도로에 눈이 녹아 스며들어 도로의 검은 색이 햇빛에 반사되어 반짝이는 현상을 말한다.

> **해설** 블랙 아이스(black ice)는 노면의 결빙현상으로 추운 겨울에 다리 위, 터널 출입구 등 온도가 낮은 곳에 주로 발생한다. 아스팔트 표면의 눈과 습기가 공기 중의 오염물질과 섞여 스며든 뒤 검게 얼어붙기 때문에 블랙 아이스(black ice)라고 말한다.

425 다음 중 겨울철 도로 결빙 상황과 관련해 잘못된 설명은?

① 겨울철 도로 위 녹은 눈이 얼어붙어 얇은 얼음층을 만드는 현상이다.
② 검은색 아스팔트가 투명하게 비치는 것이 검은 얼음(Black ice) 같다.
③ 육안으로 쉽게 식별이 가능하며 결빙도로를 빠르게 벗어난다.
④ 차간거리를 평소보다 넓게 유지하고 서행한다.

> **해설** 겨울철 도로 결빙은 블랙아이스라고 하며, 주로 다리 위, 터널 출입구 등 온도변화가 심한 곳에 녹은 눈과 공기 중의 오염물질과 섞여 스며든 뒤 검게 얼어붙는다. 육안으로 쉽게 식별 불가능하기 때문에 차간거리를 평소보다 넓게 유지하고 서행해야 한다.

| 정답 | 422 ② 423 ④ 424 ④ 425 ③

426 다음 중 지진발생 시 운전자의 조치로 가장 바람직하지 못한 것은?

① 운전 중이던 차의 속도를 높여 신속히 그 지역을 통과한다.
② 차를 이용해 이동이 불가능할 경우 차는 가장자리에 주차한 후 대피한다.
③ 주차된 차는 이동될 경우를 대비하여 자동차 열쇠는 꽂아둔 채 대피한다.
④ 라디오를 켜서 재난방송에 집중한다.

해설 지진이 발생하면 가장 먼저 라디오를 켜서 재난방송에 집중하고 구급차, 경찰차가 먼저 도로를 이용할 수 있도록 도로 중앙을 비워주기 위해 운전 중이던 차를 도로 우측 가장자리에 붙여 주차하고 주차된 차를 이동할 경우를 대비하여 자동차 열쇠는 꽂아둔 채 최소한의 짐만 챙겨 차는 가장자리에 주차한 후 대피한다.

427 다음 중 강풍이나 돌풍 상황에서 가장 올바른 운전방법 2가지는?

① 핸들을 양손으로 꽉 잡고 차로를 유지한다.
② 바람에 관계없이 속도를 높인다.
③ 표지판이나 신호등, 가로수 부근에 주차한다.
④ 산악 지대나 다리 위, 터널 출입구에서는 강풍의 위험이 많으므로 주의한다.

해설 강풍이나 돌풍은 산악지대나 높은 곳, 다리 위, 터널 출입구 등에서 발생하기 쉬우므로 그러한 지역을 지날 때에는 주의한다. 강풍이나 돌풍을 만나게 되면, 핸들을 양손으로 꽉 잡아 차로를 유지하며 속도를 줄여야 안전하다. 또한 강풍이나 돌풍에 표지판이나 신호등, 가로수들이 넘어질 수 있으므로 근처에 주차하지 않도록 한다.

428 자갈길 운전에 대한 설명이다. 가장 안전한 행동 2가지는?

① 운전대는 최대한 느슨하게 한 손으로 잡는 것이 좋다.
② 최대한 속도를 높여서 운전하는 것이 좋다.
③ 차체에 무리가 가지 않도록 속도를 줄여서 운전하는 것이 좋다.
④ 타이어 접지력이 떨어지므로 서행하는 것이 좋다.

해설 자갈길은 노면이 고르지 않고, 자갈로 인해서 타이어 손상이나 핸들 움직임이 커질 수 있다. 핸들 조작을 작게 하면서 속도를 줄이고, 저단기어를 사용하여 일정 속도를 유지하여 지나가는 것이 좋다.

429 빗길에서 고속 주행 중 앞차가 정지하는 것을 보고 내 차가 급제동했을 때 발생하는 현상 2가지는?

① 급제동 시에는 타이어와 노면의 마찰저항이 커져 미끄러지지 않는다.
② 빗길에서는 마찰력이 저하되어 제동 거리가 길어진다.
③ 빗길에서는 마찰저항이 낮아 미끄러지는 거리가 짧아진다.
④ 건조한 노면에서보다 마찰력이 저하되어 핸들 조작이 어려워진다.

해설 빗길 급제동 시 건조한 노면에서 급제동했을 때보다 마찰력이 저하되어 제동 거리가 길어지고 핸들 조작이 어려워진다.

430 언덕길의 오르막 정상 부근에 접근 중이다. 안전한 운전행동 2가지는?

① 내리막길을 대비해서 미리 속도를 높인다.
② 오르막의 정상에서는 반드시 일시정지한 후 출발한다.
③ 앞 차량과의 거리를 넓히며 안전거리를 유지한다.
④ 전방의 도로 상황을 알 수 없기 때문에 서행하며 주의 운전한다.

해설 언덕길의 오르막 정상 부근은 내리막을 대비하여 미리 속도를 낮추어야 한다. 또한 전방 상황을 알 수 없기 때문에 앞 차량과의 안전거리를 최대한 유지하며 서행해야 한다.

431 내리막길 주행 시 가장 안전한 운전 방법 2가지는?

① 기어 변속과는 아무런 관계가 없으므로 풋 브레이크만을 사용하여 내려간다.
② 위급한 상황이 발생하면 바로 주차 브레이크를 사용한다.
③ 올라갈 때와 동일한 변속기어를 사용하여 내려가는 것이 좋다.
④ 풋 브레이크와 엔진 브레이크를 적절히 함께 사용하면서 내려간다.

해설 내리막길 주행 시 베이퍼록 현상을 방지하기 위하여 풋 브레이크와 엔진브레이크를 적절히 사용해야 하고, 올라갈 때 사용한 기어보다 낮은 저단기어를 사용하는 것이 좋다.

432 장마철을 대비하여 특별히 점검해야 하는 것으로 가장 거리가 먼 것은?

① 와이퍼
② 타이어
③ 전조등
④ 부동액

해설 비가 올 때 시야 확보를 위해 와이퍼를 미리 점검해야 하며, 수막현상을 방지하기 위해 타이어 마모 상태를 점검해야 한다. 또한 비 오는 날은 전조등을 켜서 가시성 확보 및 내 차량의 위치를 상대방에게 알려주기 위해서 반드시 켜야 한다. 부동액은 주로 날씨가 추운 겨울철에 점검한다.

433 포트홀(도로의 움푹 패인 곳)에 대한 설명으로 맞는 것은?

① 포트홀은 여름철 집중 호우 등으로 인해 만들어지기 쉽다.
② 포트홀로 인한 피해를 예방하기 위해 주행 속도를 높인다.
③ 도로 표면 온도가 상승한 상태에서 횡단보도 부근에 대형 트럭 등이 급제동하여 발생한다.
④ 도로가 마른 상태에서는 포트홀 확인이 쉬우므로 그 위를 그냥 통과해도 무방하다.

해설 포트홀은 빗물에 의해 지반이 약해지고 균열이 발생한 상태로 차량의 잦은 이동으로 아스팔트의 표면이 떨어져 나가 도로에 구멍이 파이는 현상을 말한다. 주행 중 포트홀을 발견했다면, 주변 차량의 통행 흐름을 방해하지 않는 선에서 피하고, 그렇지 못하다면 서행하는 것이 좋다.

정답 | 430 ③, ④ 431 ③, ④ 432 ④ 433 ①

434 집중 호우 시 안전한 운전 방법과 가장 거리가 먼 것은?

① 차량의 전조등과 미등을 켜고 운전한다.
② 히터를 내부공기 순환 모드 상태로 작동한다.
③ 수막현상을 예방하기 위해 타이어의 마모 정도를 확인한다.
④ 빗길에서는 안전거리를 2배 이상 길게 확보한다.

> **해설** 히터 또는 에어컨은 내부공기 순환 모드로 작동할 경우 차량 내부 유리창에 김 서림이 심해질 수 있으므로 외부공기 유입모드 ( )로 작동한다.

435 강풍 및 폭우를 등반한 태풍이 발생한 도로를 주행 중일 때 운전자의 조치방법으로 적절하지 못한 것은?

① 브레이크 성능이 현저히 감소하므로 앞차와의 거리를 평소보다 2배 이상 둔다.
② 침수지역을 지나갈 때는 중간에 멈추지 말고 그대로 통과하는 것이 좋다.
③ 주차할 때는 침수 위험이 높은 강변이나 하천 등의 장소를 피한다.
④ 담벼락 옆이나 대형 간판 아래 주차하는 것이 안전하다.

> **해설** 강풍 및 폭우를 동반한 태풍이 발생했을 경우 수막현상에 의해 브레이크 성능이 현저히 감소하므로 평소보다 안전거리를 2배 이상 둔다. 침수지역을 지나갈 때 멈추게 되면, 머플러에 빗물 유입이 되어 시동 꺼짐이 있을 수 있으니 되도록 그대로 통과하는 것이 좋다. 담벼락 옆이나 대형 간판 아래에는 붕괴 위험이 있기 때문에 아래에 주차하는 것은 피하도록 한다.

436 눈길 운전에 대한 설명으로 틀린 것은?

① 운전자의 시야 확보를 위해 앞 유리창에 있는 눈만 치우고 주행하면 안전하다.
② 풋 브레이크와 엔진브레이크를 같이 사용하여야 한다.
③ 스노체인을 한 상태라면 매시 30킬로미터 이하로 주행하는 것이 안전하다.
④ 평상 시보다 안전거리를 충분히 확보하고 주행한다.

> **해설** 눈이 왔을 때 운전자의 시야 확보를 위하여 앞, 뒤, 옆 사이드미러에 쌓인 눈을 치우고 운전해야 안전하다.

437 다음 중 우천 시에 안전한 운전방법이 아닌 것은?

① 상황에 따라 제한 속도에서 20%~50% 정도 감속 운전한다.
② 길 가는 행인을 주의하는 등 전방 주시를 철저히 한다.
③ 앞차와 충분한 안전거리를 확보하고 주행한다.
④ 경음기를 자주 사용하여 주변 운전자들에게 위험을 알린다.

> **해설** 우천 시에는 전방주시, 감속운전, 안전거리 확보가 중요하다.

438 다음 중 안개 낀 도로를 주행할 때 바람직한 운전방법과 거리가 먼 것은?

① 뒤차에게 나의 위치를 알려주기 위해 차폭등, 미등, 전조등을 켠다.
② 앞 차에게 나의 위치를 알려주기 위해 반드시 상향등을 켠다.
③ 안전거리를 확보하고 속도를 줄인다.
④ 습기가 맺혀 있을 경우 와이퍼를 작동해 시야를 확보한다.

> **해설** 안개 낀 도로에서 주행 시 다른 차량들에게 나의 위치를 알려주기 위해 전조등을 켜야 한다. 이때 상향등은 안개 속 물 입자들로 인해 산란하기 때문에 켜지 않도록 주의해야 한다.

439 도로교통법상 편도 2차로 자동차전용도로에 비가 내려 노면이 젖어있는 경우 감속운행 속도로 맞는 것은?

① 매시 80킬로미터
② 매시 90킬로미터
③ 매시 72킬로미터
④ 매시 100킬로미터

> **해설** 자동차전용도로에 비가 내려 노면이 젖어 있는 경우에는 최고속도의 10분의 20을 줄인 속도로 운행하여야 한다.

440 주행 중 벼락이 칠 때 안전한 운전 방법 2가지는?

① 자동차는 큰 나무 아래에 잠시 세운다.
② 차의 창문을 닫고 자동차 안에 그대로 있는다.
③ 건물 옆은 젖은 벽면을 타고 전기가 흘러오기 때문에 피해야 한다.
④ 벼락이 자동차에 친다면 매우 위험한 상황이니 차 밖으로 피신한다.

> **해설** 주행 중 벼락이 칠 때 차의 창문을 닫고 차 안에 있어야 되며, 건물 옆은 젖은 벽면을 타고 전기가 흘러나오기 때문에 피해야 한다. 큰 나무는 벼락 맞을 가능성이 높으며 벼락이 자동차를 치더라도 밖에 있는 것보다 더 안전하다.

441 운전 중 발생하는 현혹현상과 관련된 설명으로 가장 타당한 것은?

① 현혹현상은 시력이 낮은 운전자에게 주로 발생한다.
② 현혹현상은 고속도로에서만 발생되는 현상이다.
③ 주로 동일방향 차량에 의하여 발생한다.
④ 주행 중 잦은 현혹현상의 발생은 사고의 위험성을 증가시키는 요인이다.

> **해설** 현혹현상은 주로 야간에 발생되며, 눈부심으로 인한 일시적인 시력상실 상태로 대부분 반대 방향의 차량으로 인해 발생하게 되는 현상으로 어느 도로에서나 발생할 수 있고, 시력과는 크게 관련이 없다.

| 정답 | 438 ② 439 ③ 440 ②,③ 441 ④

442 야간에 마주 오는 차의 전조등 불빛으로 인한 눈부심을 피하는 방법으로 올바른 것은?

① 전조등 불빛을 정면으로 보지 말고 자기 차로의 바로 아래쪽을 본다.
② 전조등 불빛을 정면으로 보지 말고 도로 우측의 가장자리 쪽을 본다.
③ 눈을 가늘게 뜨고 자기 차로 바로 아래쪽을 본다.
④ 눈을 가늘게 뜨고 좌측의 가장자리 쪽을 본다.

해설 대향 차량의 전조등에 의해 눈이 부실 경우에는 전조등의 불빛을 정면으로 보지 말고, 도로 우측의 가장자리 쪽을 보면서 운전하는 것이 바람직하다.

443 도로교통법상 밤에 고속도로 등에서 고장으로 자동차를 운행할 수 없는 경우, 운전자가 조치해야 할 사항으로 적절치 않은 것은?

① 사방 500미터에서 식별할 수 있는 적색의 섬광신호·전기제등 또는 불꽃 신호를 설치해야 한다.
② 표지를 설치할 경우 후방에서 접근하는 자동차의 운전자가 확인할 수 있는 위치에 설치하여야 한다.
③ 고속도로 등이 아닌 다른 곳으로 옮겨 놓는 등 필요한 조치를 하여야 한다.
④ 안전삼각대는 고장차가 서 있는 지점으로부터 200미터 후방에 반드시 설치해야 한다.

해설 야간 주행 중 자동차 고장 등으로 정차해야 하는 상황일 때, 고장차가 서 있는 지점으로부터 200미터 후방에 안전삼각대 등 표지를 반드시 설치해야 한다.

444 도로교통법령상 비사업용 승용차 운전자가 전조등, 차폭등, 미등, 번호등을 모두 켜야 하는 경우로 맞는 것은?

① 밤에 도로에서 자동차를 정차하는 경우
② 안개가 가득 낀 도로에서 자동차를 정차하는 경우
③ 주차위반으로 도로에서 견인되는 자동차의 경우
④ 터널 안 도로에서 자동차를 운행하는 경우

해설 터널 안 도로에서 자동차를 운행할 때, 전조등, 차폭등, 미등, 번호등을 모두 켜야 한다. 단, 견인되는 자동차의 경우 전조등을 제외한 미등, 차폭등 및 번호등을 켜야 한다.

445 고속도로에서 자동차 고장으로 운행할 수 없는 경우 적절한 조치요령으로 가장 올바른 것은?

① 비상점멸등을 작동한 후 차 안에서 가입한 보험사에 신고한다.
② 보닛과 트렁크를 열어 놓고 고장 난 곳을 확인한 후 구난차를 부른다.
③ 차에서 내린 후 차 바로 뒤에서 손을 흔들며 다른 자동차에게 도움을 요청한다.
④ 고장자동차의 이동이 가능하면 갓길로 옮겨 놓고 안전한 장소에서 도움을 요청한다.

해설 고속도로에서 자동차 고장이 났을 경우 비상점멸등을 작동한 후, 고장자동차의 이동이 가능하면 갓길로 옮겨 놓고 안전한 장소에서 도움을 요청한다.

446 주행 중 차량 고장에 대한 설명으로 가장 적절한 것은?

① 갑자기 시동이 꺼진 경우에 브레이크 성능은 평상시와 차이를 보이지 않는다.
② 갑자기 시동이 꺼진 경우에 파워핸들 장치는 평상시와 차이를 보이지 않는다.
③ 뒤따르는 차의 추돌을 방지하기 위해 고장자동차의 표지를 설치한다.
④ 터널 밖보다는 터널 안이 안전하기 때문에 터널 내부에 정차하는 것이 바람직하다.

> 해설 주행 중 차량 고장이 났을 때, 뒤따르는 차의 추돌 방지를 위해 비상점멸등을 작동하는 등의 조치를 해야 한다. 터널 안에서는 터널 밖보다 시야 확보가 어렵기 때문에 정차하지 않는 것이 좋다.

447 밤에 고속도로에서 자동차 고장으로 운행할 수 없게 되었을 때 안전삼각대와 함께 추가로 (　)에서 식별할 수 있는 불꽃 신호등을 설치해야 한다. (　)에 맞는 것은?

① 사방 200미터 지점
② 사방 300미터 지점
③ 사방 400미터 지점
④ 사방 500미터 지점

> 해설 야간 고속도로에서 자동차 고장으로 운행을 할 수 없게 되었을 때, 안전삼각대와 함께 사방 500미터 지점에서 식별할 수 있는 적색의 섬광신호, 전기제등 또는 불꽃신호를 추가로 설치하여야 한다.

448 자동차 주행 중 타이어가 펑크 났을 때 가장 올바른 조치는?

① 한쪽으로 급격하게 쏠리면 사고를 예방하기 위해 급제동을 한다.
② 핸들을 꽉 잡고 직진하면서 급제동을 삼가고 엔진브레이크를 이용하여 안전한 곳에 정지한다.
③ 차량이 쏠리는 방향으로 핸들을 꺾는다.
④ 브레이크 페달이 작동하지 않기 때문에 주차 브레이크를 이용하여 정지한다.

> 해설 주행 중 타이어가 터지면 급제동을 삼가며, 핸들을 꽉 잡아 차량이 직진 주행을 하도록 하고, 엔진 브레이크를 이용하여 안전한 곳에 정지하도록 한다.

449 다음 중 고속도로에서 교통사고가 발생한 경우, 2차 사고를 예방하기 위한 적절한 조치요령으로 가장 올바른 것은?

① 차에서 내린 후 차 뒤에서 손을 흔들며 다른 자동차에게 주의를 환기시킨다.
② 차에서 내린 후 차 앞에서 손을 흔들며 다른 자동차에게 주의를 환기시킨다.
③ 신속하게 고장자동차의 표지를 차량 후방에 설치하고, 안전한 장소로 피한 후 관계기관에 신고한다.
④ 비상점멸등을 작동하고 자동차 안에서 관계기관에 신고한다.

> 해설 고속도로에서 교통사고가 발생한 경우, 2차 사고를 예방하기 위하여 신속하게 고장 자동차의 표지를 차량 후방에 설치하고, 안전한 장소로 대피한 후 관계기관(경찰관서, 소방관서, 한국도로공사 콜센터 등)에 신고한다. 차에서 내려서 손을 흔드는 행위나 차 안에 그대로 있는 경우는 인명사고가 날 확률이 높기 때문에 하지 않는 것이 좋다.

450 다음 중 고속도로 공사구간에 관한 설명으로 틀린 것은?

① 차로를 차단하는 공사의 경우 정체가 발생할 수 있어 주의해야 한다.
② 화물차의 경우 순간 졸음, 전방 주시 태만은 대형사고로 이어질 수 있다.
③ 이동공사, 고정공사 등 다양한 유형의 공사가 진행된다.
④ 제한속도는 시속 80킬로미터로만 제한되어 있다.

해설 공사구간은 구간별로 시속 80킬로미터와 시속 60킬로미터로 제한되어 있어 속도제한 표지를 인지하고 충분히 감속하여 운행하여야 한다.

451 운전자의 하이패스 단말기 고장으로 하이패스가 인식되지 않은 경우, 올바른 조치방법 2가지는?

① 비상점멸등을 작동하고 일시정지한 후 일반차로의 통행권을 발권한다.
② 목적지 요금소에서 정산 담당자에게 진입한 장소를 설명하고 정산한다.
③ 목적지 요금소의 하이패스 차로를 통과하면 자동 정산된다.
④ 목적지 요금소에서 하이패스 단말기의 카드를 분리한 후 정산 담당자에게 그 카드로 요금을 정산할 수 있다.

해설 목적지 요금소에서 정산 담당자에게 진입한 장소를 설명하고 하이패스 단말기의 카드를 분리한 후 그 카드로 요금을 정산할 수 있다. 하이패스 도로에서 일시정지는 대형사고를 유발하므로 특별히 주의한다.

452 다음 중 터널 안 화재가 발생했을 때 운전자의 행동으로 가장 올바른 것은?

① 도난 방지를 위해 자동차문을 잠그고 터널 밖으로 대피한다.
② 화재로 인해 터널 안은 연기로 가득차기 때문에 차 안에 대기한다.
③ 차량 엔진 시동을 끄고 차량 이동을 위해 열쇠는 꽂아둔 채 신속하게 내려 대피한다.
④ 유턴해서 출구 반대방향으로 되돌아간다.

해설 터널 안 화재는 대피가 최우선이다. 차량 안에 머무르는 것은 위험한 행동이며, 엔진을 끈 후 키를 꽂아둔 채 신속하게 하차하고 대피해야 한다.

453 다음 중 터널을 통과할 때 운전자의 안전수칙으로 잘못된 것은?

① 터널 진입 전, 명순응에 대비하여 색안경을 벗고 밤에 준하는 등화를 켠다.
② 터널 안 차선이 백색실선인 경우, 차로를 변경하지 않고 터널을 통과한다.
③ 앞차와의 안전거리를 유지하면서 급제동에 대비한다.
④ 터널 진입 전, 입구에 설치된 도로 안내 정보를 확인한다.

해설 터널 진입 전 암순응(밝은 곳에서 어두운 곳으로 들어갈 때 처음에는 보이지 않던 것이 시간이 지나 보이기 시작하는 현상)에 대비하여 평소보다 10~20% 감속하고 전조등, 차폭등, 미등 등의 등화를 반드시 켜야 한다. 또한 결빙과 2차 사고 등을 예방하기 위해 일반도로보다 더 안전거리를 확보하고 급제동에 대한 대비도 필요하다.

정답 450 ④ 451 ②, ④ 452 ③ 453 ①

454 다음은 자동차 주행 중 긴급 상황에서 제동과 관련한 설명이다. 맞는 것은?

① 수막현상이 발생할 때는 브레이크의 제동력이 평소보다 높아진다.
② 비상 시 충격 흡수 방호벽을 활용하는 것은 대형 사고를 예방하는 방법 중 하나이다.
③ 노면에 습기가 있을 때 급브레이크를 밟으면 항상 직진 방향으로 미끄러진다.
④ ABS를 장착한 차량은 제동 거리가 절반 이상 줄어든다.

> 해설 긴급 상황 시 브레이크가 들지 않는 경우, 충격 흡수 방호벽을 활용하는 것은 대형사고를 예방하는 방법 중 하나이다.

455 지진이 발생할 경우 안전한 대처 요령 2가지는?

① 지진이 발생하면 신속하게 주행하여 지진 지역을 벗어난다.
② 차간거리를 충분히 확보한 후 도로의 우측에 정차한다.
③ 차를 두고 대피할 필요가 있을 때는 차의 시동을 끈다.
④ 지진 발생과 관계없이 계속 주행한다.

> 해설 지진이 발생할 경우 차를 운전하는 것이 불가능하다. 교차로를 피해 도로 우측에 정차시키고, 라디오 정보를 잘 듣고 부근에 경찰관이 있으면 지시에 따라서 행동한다. 차를 두고 대피할 경우 차의 시동은 끄고 열쇠를 꽂은 채 대피한다.

456 교통사고로 인한 화재와 관련해 운전자의 행동으로 맞는 2가지는?

① 구조대의 활동이 본격적으로 시작되면 반드시 같이 구조 활동을 해야 한다.
② 긴장감 해소를 위해 담배를 피워도 무방하다.
③ 위험물질 수송차량과 충돌한 경우엔 사고 지점에서 빠져나와야 한다.
④ 화재가 발생했다면 부상자를 적절하게 구호해야 한다.

> 해설 유류 및 가스 등의 위험물질 수송차량과 충돌한 경우엔 폭발 등의 위험이 있기 때문에 사고지점에서 빠져나와야 하며, 화재 발생 시 부상자를 적절하게 구호해야 하며, 구조대의 활동이 본격적으로 시작되면 현장에서 물러나야 한다.

457 자동차 운전 중 터널 내에서 화재가 났을 경우 조치해야 할 행동으로 맞는 2가지는?

① 차에서 내려 이동할 경우 자동차의 시동을 끄고 하차한다.
② 소화기로 불을 끌 경우 바람을 등지고 서야 한다.
③ 터널 밖으로 이동이 어려운 경우 차량은 최대한 중앙선 쪽으로 정차시킨다.
④ 차를 두고 대피할 경우는 자동차 열쇠를 뽑아 가지고 이동한다.

> 해설 터널 내 화재 발생 시 빠져나올 수 있는 상황에선 신속히 탈출하고, 그렇지 못한 상황에서는 자동차의 시동을 끄고 열쇠는 꽂아둔 채로 하차한다. 또한 소화기로 화재 진압 시, 안전과 효율적인 화재 진압을 위하여 바람을 등지고 서야 한다.

| 정답 | 454 ② 455 ②,③ 456 ③,④ 457 ①,②

458 자동차가 미끄러지는 현상에 관한 설명으로 맞는 2가지는?

① 고속 주행 중 급제동 시에 주로 발생하기 때문에 과속이 주된 원인이다.
② 빗길에서는 저속 운행 시에 주로 발생한다.
③ 미끄러지는 현상에 의한 노면 흔적은 사고 원인 추정에 별 도움이 되질 않는다.
④ ABS 장착 차량도 미끄러지는 현상이 발생할 수 있다.

해설 고속주행 중 급제동이나 빗길에서 미끄러지는 현상이 주로 발생한다. 그러므로 ABS 장착 차량도 미끄러지는 현상이 발생할 수 있다. 미끄러지며 사고가 난 경우, 노면 흔적으로 사고 원인과 처리에 중요한 자료가 된다.

459 자동차가 차로를 이탈할 가능성이 가장 큰 경우 2가지는?

① 오르막길에서 주행할 때
② 커브 길에서 급히 핸들을 조작할 때
③ 내리막길에서 주행할 때
④ 노면이 미끄러울 때

해설 운전 중 자동차가 차로를 이탈할 가능성이 큰 경우는 커브길에서 급히 핸들조작을 하거나, 노면이 미끄러울 때 주로 발생한다. 또한 타이어 트레드가 많이 닳았거나, 공기압이 맞지 않는 경우 노면과 타이어의 접지력이 떨어져 차로를 이탈할 가능성이 올라간다.

460 고속도로 주행 중 엔진 룸(보닛)에서 연기가 나고 화재가 발생하였을 때 가장 바람직한 조치 방법 2가지는?

① 발견 즉시 그 자리에 정차한다.
② 갓길로 이동한 후 시동을 끄고 재빨리 차에서 내려 대피한다.
③ 초기 진화가 가능한 경우에는 차량에 비치된 소화기를 사용하여 불을 끈다.
④ 초기 진화에 실패했을 때에는 119 등에 신고한 후 차량 바로 옆에서 기다린다.

해설 고속도로 주행 중 차량에 화재가 발생할 때 조치 요령
1. 차량을 갓길로 이동한다.
2. 시동을 끄고 차량에서 재빨리 내린다.
3. 초기 화재 진화가 가능하면 차량에 비치된 소화기를 사용하여 불을 끈다.
4. 초기 화재 진화에 실패했을 때는 차량이 폭발할 수 있으므로 멀리 대피한다.
5. 119 등에 차량 화재 신고를 한다.

461 다음과 같은 공사구간을 통과 시 차로가 감소가 시작되는 구간은?

① 주의구간
② 완화구간
③ 작업구간
④ 종결구간

해설 도로 공사장은 주의-완화-작업-종결구간으로 구성되어 있다. 편도 2차선에서 오른쪽 차선이 공사 중일 때, 완화구간에서부터 차선변경이 필요하기 때문에 차로 수가 감소한다.

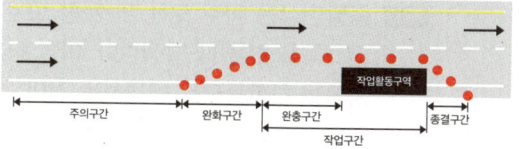

462 야간 운전 시 안전한 운전 방법으로 가장 올바른 것은?

① 틴팅(선팅)을 진하게 하면 야간에도 편리하다.
② 검정색 선글라스를 착용하고 운전한다.
③ 더 멀리 볼 수 있도록 안개등을 켠다.
④ 시야가 나쁜 커브길을 돌 때에는 경음기를 울리는 것이 도움이 될 수도 있다.

> **해설** 야간 운전 시 선글라스 착용은 피하고, 틴팅이 짙으면 앞이 잘 보이지 않을 수 있다. 안개등은 넓게 비추는 등화류이므로 멀리 비추는 용도가 아니다. 가로등이 없고, 시야가 나쁜 커브길을 돌 때에는 전방 상황 예측이 불가능하기 때문에 안전을 위하여 경음기를 울리는 것이 도움이 될 수도 있다.

463 야간 운전 중 나타나는 증발현상에 대한 설명 중 옳은 것은?

① 증발현상이 나타날 때 즉시 차량의 전조등을 끄면 증발현상이 사라진다.
② 증발현상은 마주 오는 두 차량이 모두 상향 전조등일 때 발생하는 경우가 많다.
③ 야간에 혼잡한 시내도로를 주행할 때 발생하는 경우가 많다.
④ 야간에 터널을 진입하게 되면 밝은 불빛으로 잠시 안 보이는 현상을 말한다.

> **해설** 증발현상은 마주 오는 두 차량 모두 상향 전조등을 켰을 때 발생한다. 이럴 경우, 상향등을 하향등으로 변경하는 것이 안전하다.

464 야간 운전 시 운전자의 '각성저하주행'에 대한 설명으로 옳은 것은?

① 평소보다 인지능력이 향상된다.
② 안구동작이 상대적으로 활발해진다.
③ 시내 혼잡한 도로를 주행할 때 발생하는 경우가 많다.
④ 단조로운 시계에 익숙해져 일종의 감각 마비 상태에 빠지는 것을 말한다.

> **해설** **야간운전과 각성저하** : 야간운전시계는 전조등 불빛이 비치는 범위 내에 한정되어 그 시계는 주간에 비해 노면과 앞차의 후미등 불빛만이 보이게 되므로 매우 단조로운 시계가 된다. 그래서 무의식 중에 단조로운 시계에 익숙해져 운전자는 일종의 감각마비 상태에 빠져들어 가게 된다. 그렇게 되면 필연적으로 안구동작이 활발치 못해 자극에 대한 반응도 둔해지게 된다. 이러한 현상이 고조되면 근육이나 뇌파의 반응도 저하되어 차차 졸음이 오는 상태에 이르게 된다. 이와 같이 각성도가 저하된 상태에서 주행하는 것을 '각성저하주행'이라고 한다.

465 해가 지기 시작하면서 어두워질 때 운전자의 조치로 거리가 먼 것은?

① 차폭등, 미등을 켠다.
② 주간 주행속도보다 감속 운행한다.
③ 석양이 지면 눈이 어둠에 적응하는 시간이 부족해 주의하여야 한다.
④ 주간보다 시야확보가 용의하여 운전하기 편하다.

> **해설** 해가 지기 시작하면 눈이 어둠에 적응하는 시간이 필요하고 주간보다 시야확보가 어려워지기 때문에 등화류를 키고 주간 주행속도보다 감속 운행해야 한다.

466 주행 중 발생하는 자동차 화재의 원인과 거리가 먼 것은?

① 전기 합선
② 엔진 과열
③ 진한 틴팅(선팅)
④ 배기가스의 배기열

해설 주행 중 자동차 화재발생의 원인은 전기합선, 엔진 과열, 배기가스의 배기열 등이 있으며, 진한 틴팅은 자동차 화재와 관련 없다.

467 자동차 화재를 예방하기 위한 방법으로 가장 올바른 것은?

① 차량 내부에 앰프 설치를 위해 배선장치를 임의로 조작한다.
② 겨울철 주유 시 정전기가 발생하지 않도록 주의한다.
③ LPG차량은 비상 시를 대비하여 일회용 부탄가스를 차량에 싣고 다닌다.
④ 일회용 라이터는 여름철 차 안에 두어도 괜찮다.

해설 자동차 화재를 예방하기 위하여 겨울철 주유 시 정전기가 발생하지 않도록 주유 전 정전기 방지 패드 터치 후 주유하는 것이 안전하다. 차량 내부 배선장치를 임의로 조작하면 합선 등으로 화재의 위험이 있고, LPG 차량의 연료는 일회용 부탄가스가 아니기 때문에 차량에 싣고 다니지 않도록 주의한다. 또한 차량 내부에 폭발 위험물질인 부탄가스와 일회용 라이터를 두지 않도록 한다.

468 앞 차량의 급제동으로 인해 추돌할 위험이 있는 경우, 그 대처 방법으로 가장 올바른 것은?

① 충돌 직전까지 포기하지 말고, 브레이크 페달을 밟아 감속한다.
② 앞차와의 추돌을 피하기 위해 핸들을 급하게 좌측으로 꺾어 중앙선을 넘어간다.
③ 피해를 최소화하기 위해 눈을 감는다.
④ 와이퍼와 상향등을 함께 조작한다.

해설 앞 차량의 급제동으로 인해 추돌 위험이 있는 경우, 충돌 직전까지 포기하지 말고, 브레이크 페달을 밟아 감속하며, 2차 추돌 방지를 위하여 비상등을 키는 것이 좋다. 이러한 상황에서 핸들을 급하게 꺾거나, 눈을 감는 행위는 매우 위험하다.

469 다음 중 고속으로 주행하는 차량의 타이어 이상으로 발생하는 현상 2가지는?

① 베이퍼록 현상
② 스탠딩웨이브 현상
③ 페이드 현상
④ 하이드로플레이닝 현상

해설 스탠딩 웨이브 현상은 고속 주행 시 타이어 접지부에 열이 축적되어 변형이 나타나는 현상이다. 타이어와 관련된 또다른 현상은 하이드로 플레이닝 현상이며, 고속으로 빗길을 달릴 때 타이어와 노면 사이의 빗물 때문에 위로 뜬 상태를 말한다. 베이퍼록 현상과 페이드 현상은 제동장치의 이상으로 나타나는 현상이다.

| 정답 | 466 ③ 467 ② 468 ① 469 ②,④

470 다음 중 안전띠 착용 방법으로 올바른 것은?

① 집게 등으로 고정하여 편리한 대로 맨다.
② 좌석의 등받이를 조절한 후 느슨하게 매지 않는다.
③ 잠금장치가 찰칵하는 소리가 나지 않도록 살짝 맨다.
④ 3점식 안전띠의 경우는 목 부분이 지나도록 맨다.

> **해설** 안전띠 착용 방법은 좌석의 등받이 조절 후 잠금장치가 찰칵하는 소리가 나도록 몸에 딱 맞게 매야 한다. 3점식 안전띠는 높이조절을 하여 목 부분을 지나지 않도록 맨다.

471 교통사고 시 머리와 목 부상을 최소화하기 위해 출발 전에 조절해야 하는 것은?

① 좌석의 전후 조절
② 등받이 각도 조절
③ 머리받침대 높이 조절
④ 좌석의 높낮이 조절

> **해설** 교통사고 시 머리와 목 부상을 최소화 해주는 것은 머리 받침대이다. 출발 전 좌석 각도 조절과 함께 머리받침대 높이 조절을 해야 한다.

472 터널 안 주행방법으로 맞는 것은?

① 좌측으로 앞지르기를 해야 한다.
② 전조등을 켜고 앞지르기를 해야 한다
③ 법정 최고 속도의 한도 내에서 앞지르기를 해야 한다.
④ 앞르기를 해서는 안 된다.

> **해설** 교차로, 다리 위, 터널 안 등은 앞지르기가 금지된 장소이므로 앞지르기를 할 수 없다.

473 다음은 차로 변경 시 신호에 대한 설명이다. 가장 알맞은 것은?

① 신호를 하지 않고 차로를 변경해도 다른 교통에 방해되지 않았다면 교통 법규 위반으로 볼 수 없다.
② 차로 변경이 끝난 후 상당 기간 신호를 계속하여 다른 교통에 의사를 알려야 한다.
③ 차로 변경 시에만 신호를 하면 되고, 차로 변경 중일 때에는 신호를 중지해야 한다.
④ 차로 변경이 끝날 때까지 신호를 하며, 차로 변경이 끝난 후에는 바로 신호를 중지해야 한다.

> **해설** 차로 변경 시 다른 차량 들에게 나의 진행 방향을 알리는 방향 지시등 점등을 한 후 차로 변경을 해야 한다. 차로변경이 끝날 때까지 신호를 하며, 차로 변경이 끝난 후에는 바로 신호를 중지해야 한다.

474 앞지르기를 할 수 있는 경우로 맞는 것은?

① 앞차가 다른 차를 앞지르고 있을 경우
② 앞차가 위험 방지를 위하여 정지 또는 서행하고 있는 경우
③ 앞차의 좌측에 다른 차가 앞차와 나란히 진행하고 있는 경우
④ 앞차가 저속으로 진행하면서 다른 차와 안전거리를 확보하고 있을 경우

> **해설** 앞차가 저속으로 진행하면서 다른 차와 안전거리를 확보하고 있을 경우 앞지르기를 할 수 있다. 앞차의 좌측에 다른 차가 앞차와 나란히 가고 있는 경우, 앞차가 다른 차를 앞지르고 있거나 앞지르고자 하는 경우에는 앞차를 앞지르기하지 못한다.

| 정답 | 470 ② 471 ③ 472 ④ 473 ④ 474 ④

475 다음은 다른 차를 앞지르기하려는 자동차의 속도에 대한 설명이다. 맞는 것은?

① 다른 차를 앞지르기하는 경우에는 속도의 제한이 없다.
② 해당 도로의 법정 최고 속도의 100분의 50을 더한 속도까지는 가능하다.
③ 운전자의 운전 능력에 따라 제한 없이 가능하다.
④ 해당 도로의 최고 속도 이내에서만 앞지르기가 가능하다.

해설 다른 차를 앞지르기하려는 자동차의 속도는 해당 도로의 최고 속도 이내에서만 앞지르기가 가능하다.

476 다음 중 고속도로에서 일반도로로 진출하고자 할 때 가장 안전한 행동은?

① 신속히 진출하기 위해 가속한다.
② 옆 차로에 주행 차량이 없을 때에는 여러 차로를 한 번에 가로질러 출구로 나간다.
③ 미리 방향지시등을 켜고 감속하여 진출한다.
④ 진출 차량이 많아 진출 차로로 진입할 공간이 없을 경우 우회하여 앞지르기한다.

해설 고속도로에서 일반도로로 진출하고자 할 때 미리 방향지시등을 켜고 감속하여 진출하는 것이 안전하다. 옆 차로에 차량이 없더라도 여러 차로를 한 번에 가로질러 나가는 것은 매우 위험하다. 진출 차량이 많이 진출 차로로 진입할 공간이 없을 경우 진출 차로와 제일 가까운 쪽 차선에서 서행하며 줄을 서는 것이 좋다.

477 다음 중 자동차 운전자가 위험을 느끼고 브레이크 페달을 밟아 실제로 정지할 때까지의 '정지거리'가 가장 길어질 수 있는 경우 2가지는?

① 차량의 중량이 상대적으로 가벼울 때
② 차량의 속도가 상대적으로 빠를 때
③ 타이어를 새로 구입하여 장착한 직후
④ 과로 및 음주 운전 시

해설 정지거리가 길어질 수 있는 경우는 차량의 속도가 상대적으로 빠를 때, 운전자의 판단력이 흐려지는 과로 및 음주 운전 시, 타이어의 마모상태가 심각할 때, 적재물 등으로 차량의 중량이 무거울 때이다.

478 자동차 승차 인원에 관한 설명 중 맞는 2가지는?

① 고속도로 운행 승합차는 승차정원 이내를 초과할 수 없다.
② 자동차등록증에 명시된 승차 정원은 운전자를 제외한 인원이다.
③ 출발지를 관할하는 경찰서장의 허가를 받은 때에는 승차 정원을 초과하여 운행할 수 있다.
④ 승차 정원 초과 시 도착지 관할 경찰서장의 허가를 받아야 한다.

해설 승차정원이나, 적재 중량 및 적재 용량 기준을 넘겨서 운행하면 아니 된다. 다만 출발지를 관할하는 경찰서장의 허가를 받은 때는 운행 가능하다.

정답 475 ④ 476 ③ 477 ②,④ 478 ①,③

479 전방에 교통사고로 앞차가 급정지했을 때 추돌사고를 방지하기 위한 가장 안전한 운전방법 2가지는?

① 앞차와 정지거리 이상을 유지하며 운전한다.
② 비상점멸등을 켜고 긴급자동차를 따라서 주행한다.
③ 앞차와 추돌하지 않을 정도로 충분히 감속하며 안전거리를 확보한다.
④ 위험이 발견되면 풋 브레이크와 주차 브레이크를 동시에 사용하여 제동 거리를 줄인다.

해설 추돌사고 예방을 위하여 앞차와 정지거리 이상을 유지하며 충분히 감속하여 안전거리를 확보하는 것이 안전하다. 이때 풋 브레이크와 엔진 브레이크를 적절히 사용하여 제동거리를 줄여야 하며, 후미 차량과의 충돌 방지를 위하여 비상점멸등을 켜야 한다.

480 좌석 안전띠의 착용 효과로서 맞는 2가지는?

① 충격력을 감소하여 치명적 부상을 막아 준다.
② 에어백이 장착된 차량에서는 착용 효과가 없다.
③ 바른 운전 자세를 유지시켜 운전 피로를 적게 해 준다.
④ 물속 추락이나 전복 사고 시는 큰 부상을 입을 수 있다.

해설 좌석 안전띠의 착용 효과는 교통사고 발생 시 충격력을 감소하여 치명적 부상을 막아 주고, 바른 운전자세를 유지시켜 운전 피로를 적게 해 준다.

481 좌석 안전띠 착용에 대한 설명으로 맞는 2가지는?

① 가까운 거리를 운행할 경우에는 큰 효과가 없으므로 착용하지 않아도 된다.
② 자동차의 승차자는 안전을 위하여 좌석 안전띠를 착용하여야 한다.
③ 어린이는 부모의 도움을 받을 수 있는 운전석 옆 좌석에 태우고, 좌석 안전띠를 착용시키는 것이 안전하다.
④ 긴급한 용무로 출동하는 경우 이외에는 긴급자동차의 운전자도 좌석 안전띠를 반드시 착용하여야 한다.

해설 좌석 안전띠는 모든 탑승자가 착용해야 한다. 어린이는 카시트를 장착하고 뒷좌석에 태워야 한다. 긴급한 용무로 출동하는 경우 이외에는 긴급자동차의 운전자도 좌석 안전띠를 반드시 착용해야 한다.

482 교통사고 발생 시 부상자의 척추 골절이 아주 심한 경우 응급 처치 방법은?

① 직접 구호 조치를 한다.
② 부상자를 갓길로 이동한다.
③ 후속 사고 예방을 위해 신속히 차량을 1차로로 이동한다.
④ 함부로 부상자를 옮기지 말고 응급 구호 센터에 신고한다.

해설 척추 골절이 아주 심한 부상자는 신경을 상하게 하여 전신장애를 초래할 수 있기 때문에, 함부로 옮기지 말고, 응급 구호 센터에 신속히 신고한다.

| 정답 | 479 ①,③ 480 ①,③ 481 ②,④ 482 ④

483 교통사고 발생 시 부상자의 의식 상태를 확인하는 방법으로 가장 먼저 해야 할 것은?

① 부상자의 맥박 유무를 확인한다.
② 말을 걸어보거나 어깨를 가볍게 두드려 본다.
③ 어느 부위에 출혈이 심한지 살펴본다.
④ 입안을 살펴서 기도에 이물질이 있는지 확인한다.

> **해설** 부상자의 의식 상태를 확인하기 위해서 가장 먼저 해야 하는 행동은 말을 걸어보거나, 어깨를 가볍게 두드려 보는 것이다.

484 교통사고 발생 시 현장에서의 조치로 맞는 2가지는?

① 119 및 112에 신고하고 상대 운전자와 협의 하에 안전한 곳으로 이동하였다.
② 현장을 표시하고 사진 촬영하였다.
③ 부상자 여부는 확인할 필요 없이 경찰이 올 때까지 현장에 있으면 된다.
④ 상대 차량과는 관계없이 최대한 원거리로 이동하여 정차하였다.

> **해설** 교통사고 발생 시 119 및 112에 신고하고, 부상자가 있을 경우, 구호 조치를 해야 하며, 현장 상황을 사진 촬영하고, 2차 사고 방지를 위하여 상대 운전자와 협의 하에 안전한 곳으로 이동해야 한다.

485 교통사고 발생 시 계속 운전할 수 있는 경우로 옳은 2가지는?

① 긴급한 환자를 수송 중인 구급차 운전자는 동승자로 하여금 필요한 조치 등을 하게 하고 계속 운전하였다.
② 가벼운 감기몸살로 병원에 가고 있어, 동승자로 하여금 필요한 조치 등을 하게 하고 계속 운전하였다.
③ 긴급 우편물을 수송하는 차량 운전자는 동승자로 하여금 필요한 조치 등을 하게 하고 계속 운전하였다.
④ 사업상 급한 거래가 있어, 동승자로 하여금 필요한 조치 등을 하게 하고 계속 운전하였다.

> **해설** 교통사고 발생 시 계속 운전할 수 있는 경우는 동승자로 하여금 필요한 조치 등을 하게 하고, 긴급한 환자를 수송 중인 구급차 운전자, 긴급 우편물을 수송하는 운전자이다.

486 로드킬(road kill)을 예방하기 위한 조치로 가장 맞는 것은?

① 동물이 전방에 출현하게 되면 상향등을 켠다.
② 시골이나 산길을 주행할 경우 도로의 가장자리를 이용하여 운전한다.
③ 동물과 충돌을 하면 핸들을 급하게 돌린다.
④ 야생동물 출현 표지판이 설치된 도로에서는 서행하며 방어 운전한다.

> **해설** 시골이나 산길을 주행할 경우 야생동물 출현 가능성이 높으므로, 서행하며 방어 운전하는 것이 로드킬을 예방할 수 있는 방법이다.

| 정답 | 483 ② 484 ①, ② 485 ①, ③ 486 ④

487 고속도로에서 고장 등으로 긴급 상황 발생 시 일정 거리를 무료로 견인서비스를 제공해 주는 기관은?

① 도로교통공단
② 한국도로공사
③ 경찰청
④ 한국교통안전공단

해설 고속도로에서 자동차 긴급 상황 발생 시 사고 예방을 위해 한국도로공사(콜센터 1588-2504)에서 10km까지 무료 견인서비스를 제공하고 있다.

488 로드킬(road kill) 사고가 발생하였을 때 조치 요령으로 가장 알맞은 것은?

① 사고 당한 동물을 자기 차에 싣고 간다.
② 사고 당한 동물을 길 가장자리로 직접 치운다.
③ 로드킬 사고가 발생하면 관계기관에 즉시 신고한다.
④ 야생동물이므로 사고 현장에 그냥 놔두고 가도 상관없다.

해설 로드킬 사고가 발생하였을 때, 사고당한 동물은 감염의 우려가 있으므로 직접 건드려서는 아니 되며, 지자체 또는 도로관리청에 즉시 신고하도록 한다.

489 야간 주행 중 앞 차의 제동등이 점등되지 않았을 때 올바른 운전방법이 아닌 것은?

① 안전거리를 충분히 유지한다.
② 앞차를 앞지르기하여 그 앞에 급제동하여 그 차를 정지하게 한다.
③ 앞차에게 제동등이 점등되지 않음을 알려준다.
④ 전방주시를 잘한다.

해설 야간 주행 중 앞차의 제동등이 점등되지 않을 때 안전거리를 충분히 유지하는 것이 좋다. 그리고 사고 예방을 위하여 앞차 운전자에게 제동등이 점등되지 않음을 알려주는 것이 좋다.

490 폭우로 인하여 지하차도가 물에 잠겨 있는 상황이다. 다음 중 가장 안전한 운전 방법은?

① 물에 바퀴가 다 잠길 때까지는 무사히 통과할 수 있으니 서행으로 지나간다.
② 최대한 빠른 속도로 빠져 나온다.
③ 우회도로를 확인한 후에 돌아간다.
④ 통과하다가 시동이 꺼지면 바로 다시 시동을 걸고 빠져 나온다.

해설 폭우로 인하여 지하차도가 물에 잠겨 있을 때 가장 안전한 운전 방법은 우회도로를 확인한 후 돌아가는 것이다. 차량의 범퍼 또는 차량 바퀴의 절반 이상이 물에 잠긴다면 차량이 지나갈 수 없다. 또한 위와 같은 지역을 통과할 때 빠른 속도로 지나가면 차가 물을 밀어내면서 앞쪽 수위가 높아져 엔진에 물이 들어오며 차량이 고장 날 수 있다.

491 차량 내에 비치하여야 할 안전용품과 가장 거리가 먼 것은?

① 안전삼각대와 불꽃신호기
② 소화기와 비상탈출망치
③ 구급함(응급 처치함)와 예비타이어
④ 무릎담요와 목 베개

해설 차량 내 비치하여야 할 안전용품은 안전삼각대와 불꽃신호기, 소화기와 비상탈출망치, 구급함(응급 처치함)과 예비타이어 등이 있다.

492 주행 중 자동차 돌발 상황에 대한 올바른 대처 방법과 거리가 먼 것은?

① 주행 중 핸들이 심하게 떨리면 핸들을 꽉 잡고 계속 주행한다.
② 자동차에서 연기가 나면 즉시 안전한 곳으로 이동 후 시동을 끈다.
③ 타이어 펑크가 나면 핸들을 꽉 잡고 감속하며 안전한 곳에 정차한다.
④ 철길건널목 통과 중 시동이 꺼져서 다시 걸리지 않는다면 신속히 대피 후 신고한다.

해설 핸들이 심하게 떨리면 타이어 펑크나 휠이 빠질 수 있기 때문에 핸들을 꽉 잡고 감속하며 안전한 곳에 정차하고 점검한다.

493 교통사고 현장에서 증거확보를 위한 사진 촬영 방법으로 맞는 2가지는?

① 차량 바퀴가 돌아가 있는 모습도 촬영해야 한다.
② 차량보다는 인물 위주로 촬영한다.
③ 야간에는 어둡기 때문에 보이지 않는 곳은 사진 촬영할 필요가 없다.
④ 파손부위 및 원거리 사진 촬영을 같이 한다.

해설 교통사고 현장 증거확보 사진은 파손 부위 근접 촬영 및 원거리 촬영을 하여야 하고 차량의 바퀴가 돌아가 있는 것까지도 촬영해야 나중에 사고를 규명하는 데 도움이 된다.

494 다음 중 장거리 운행 전에 반드시 점검해야 할 우선순위 2가지는?

① 차량 청결 상태 점검
② DMB(영상표시장치) 작동여부 점검
③ 각종 오일류 점검
④ 타이어 상태 점검

해설 장거리 운전 전 타이어 마모상태, 공기압, 각종 오일류 등을 점검하여야 한다.

| 정답 | 491 ④ 492 ① 493 ①, ④ 494 ③, ④

495 운전면허 취소 사유에 해당하는 것은?

① 정기 적성검사 기간 만료 다음 날부터 적성검사를 받지 아니하고 6개월을 초과한 경우
② 운전자가 단속 공무원(경찰공무원, 시·군·구 공무원)을 폭행하여 불구속 형사 입건된 경우
③ 자동차 등록 후 자동차 등록번호판을 부착하지 않고 운전한 경우
④ 제2종 보통면허를 갱신하지 않고 2년을 초과한 경우

해설 운전자가 단속 공무원을 폭행하여 불구속 형사 입건된 경우 면허 취소에 해당된다. 정기 적성검사 기간 만료 6개월을 초과한 경우 1년 면허 정지가 되고, 자동차 등록번호판을 부착하지 않고 운전한 경우 과태료 50만 원~최대 250만 원 부과된다.

496 범칙금 납부 통고서를 받은 사람이 1차 납부기간 경과 시 20일 이내 납부해야 할 금액으로 맞는 것은?

① 통고 받은 범칙금에 100분의 10을 더한 금액
② 통고 받은 범칙금에 100분의 20을 더한 금액
③ 통고 받은 범칙금에 100분의 30을 더한 금액
④ 통고 받은 범칙금에 100분의 40을 더한 금액

해설 납부 기간 이내에 범칙금을 납부하지 아니한 사람은 납부 기간이 만료되는 날의 다음 날부터 20일 이내에 통고받은 범칙금에 100분의 20을 더한 금액을 납부하여야 한다.

497 누산 점수 초과로 인한 운전면허 취소 기준으로 옳은 것은?

① 1년간 100점 이상
② 2년간 191점 이상
③ 3년간 271점 이상
④ 5년간 301점 이상

해설 1년간 벌점점수 121점 이상, 2년간 201점 이상, 3년간 271점 이상이면 운전면허 취소된다.

498 교통사고 결과에 따른 벌점 기준으로 맞는 것은?

① 행정 처분을 받을 운전자 본인의 인적 피해에 대해서도 인적 피해 교통사고 구분에 따라 벌점을 부과한다.
② 자동차 등 대 사람 교통사고의 경우 쌍방 과실인 때에는 벌점을 부과하지 않는다.
③ 교통사고 발생 원인이 불가항력이거나 피해자의 명백한 과실인 때에는 벌점을 2분의 1로 감경한다.
④ 자동차 등 대 자동차 등 교통사고의 경우에는 그 사고 원인 중 중한 위반 행위를 한 운전자에게만 벌점을 부과한다.

해설 ①의 경우 행정 처분을 받을 운전자 본인의 피해에 대해서는 벌점을 산정하지 아니한다. ②의 경우 2분의 1로 감경한다. ③의 경우 벌점을 부과하지 않는다.

499 영상기록매체에 의해 입증되는 주차위반에 대한 과태료의 설명으로 알맞은 것은?

① 승용차의 소유자는 3만 원의 과태료를 내야 한다.
② 승합차의 소유자는 7만 원의 과태료를 내야 한다.
③ 기간 내에 과태료를 내지 않아도 불이익은 없다.
④ 같은 장소에서 2시간 이상 주차 위반을 하는 경우 과태료가 가중된다.

해설 주차금지 위반 시 승용차는 4만 원, 승합차는 5만 원의 과태료가 부과되며, 2시간 이상 주차위반의 경우 1만 원이 추가되고, 미납 시 가산금 및 중가산금이 부과된다.

정답 495 ② 496 ② 497 ③ 498 ④ 499 ④

500 다음 중 교통사고를 일으킨 운전자가 종합보험이나 공제조합에 가입되어 있어 교통사고처리특례법의 특례가 적용되는 경우로 맞는 것은?

① 안전운전 의무위반으로 자동차를 손괴하고 경상의 교통사고를 낸 경우
② 교통사고로 사람을 사망에 이르게 한 경우
③ 교통사고를 야기한 후 부상자 구호를 하지 않은 채 도주한 경우
④ 신호 위반으로 경상의 교통사고를 일으킨 경우

해설 운전자가 종합보험에 가입되어 있을 경우, 자동차 손괴, 경상의 교통사고를 낸 경우 교통사고처리특례법의 특례가 적용된다.

501 자동차 운전자가 공동위험행위로 구속되었다. 운전면허 행정처분은?

① 면허 취소
② 면허 정지 100일
③ 면허 정지 60일
④ 면허 정지 40일

해설 공동위험행위란 자동차 등의 운전자가 도로에서 2명 이상이 공동으로 2대 이상의 자동차 등을 정당한 사유 없이 앞뒤로 또는 좌우로 줄지어 통행하면서 다른 사람에게 위해를 끼치거나 교통상의 위험을 발생하게 하여 구속된 때 운전면허를 취소한다. 형사입건된 때는 벌점 40점이 부과된다.

502 자동차 운전자가 난폭운전으로 형사입건되었다. 운전면허 행정처분은?

① 면허 취소
② 면허 정지 100일
③ 면허 정지 60일
④ 면허 정지 40일

해설 난폭운전으로 형사입건 시 벌점 40점 부과, 40일 운전면허 정지처분 된다.

503 술에 취한 상태에서 자전거를 운전한 경우 도로교통법령상 어떻게 되는가?

① 처벌하지 않는다.
② 범칙금 3만 원의 통고처분한다.
③ 과태료 4만 원을 부과한다.
④ 10만 원 이하의 벌금 또는 구류에 처한다.

해설 술에 취한 상태에서 자전거를 운전한 경우 혈줄 알콜농도에 따라 범칙금 3만 원~최대 20만 원이 부과되며, 피해자를 상해 또는 사망에 이르게 한 경우 5년 이하 징역 또는 2천만 원 이하 벌금 구류된다.

504 술에 취한 상태에 있다고 인정할만한 상당한 이유가 있는 자전거 운전자가 경찰공무원의 정당한 음주측정 요구에 불응한 경우 도로교통법령상 어떻게 되는가?

① 처벌하지 않는다.
② 과태료 7만 원을 부과한다.
③ 범칙금 10만 원의 통고처분한다.
④ 10만 원 이하의 벌금 또는 구류에 처한다.

해설 자전거 운전자가 경찰공무원의 음주 측정에 불응한 경우 범칙금 10만 원이 부과된다.

505 교통사고처리특례법상 형사 처벌되는 경우로 맞는 2가지는?

① 종합보험에 가입하지 않은 차가 물적 피해가 있는 교통사고를 일으키고 피해자와 합의한 때
② 택시공제조합에 가입한 택시가 중앙선을 침범하여 인적 피해가 있는 교통사고를 일으킨 때
③ 종합보험에 가입한 차가 신호를 위반하여 인적 피해가 있는 교통사고를 일으킨 때
④ 화물공제조합에 가입한 화물차가 안전운전 불이행으로 물적 피해가 있는 교통사고를 일으킨 때

> **해설** 종합보험 또는 공제조합에 가입되어 있어도 인적 피해가 있는 교통사고를 일으킨 때는 형사 처벌된다.

506 범칙금 납부 통고서를 받은 사람이 2차 납부 경과기간을 초과한 경우에 대한 설명으로 맞는 2가지는?

① 지체 없이 즉결심판을 청구하여야 한다.
② 즉결심판을 받지 아니한 때 운전면허를 40일 정지한다.
③ 과태료 부과한다.
④ 범칙금액에 100분의 30을 더한 금액을 납부하면 즉결심판을 청구하지 않는다.

> **해설** 범칙금 납부 통고서를 받은 사람이 2차 납부 경과 기간을 초과한 경우 지체 없이 즉결심판과 행정처분 된다. 즉결심판을 받지 아니한 때 운전면허를 40일 정지하며, 범칙금액에 100분의 50을 더한 금액을 납부하면 즉결심판을 청구하지 않는다.

507 승용자동차 운전자가 주·정차된 차만 손괴하는 교통사고를 일으키고 피해자에게 인적사항을 제공하지 아니한 경우 도로교통법령상 어떻게 되는가?

① 처벌하지 않는다.
② 과태료 10만 원을 부과한다.
③ 범칙금 12만 원의 통고처분한다.
④ 20만 원 이하의 벌금 또는 구류에 처한다.

> **해설** 자동차 운전자가 주·정차된 차만 손괴하는 교통사고를 일으키고 피해자에게 인적사항을 제공하지 아니한 경우 승합자동차 13만 원, 승용자동차 12만 원, 이륜자동차 8만 원의 범칙금이 부과된다.

508 혈중알코올농도 0.03퍼센트 이상 0.08퍼센트 미만의 술에 취한 상태로 운전한 사람에 대한 처벌기준으로 맞는 것은?(1회 위반한 경우)

① 1년 이하의 징역이나 500만 원 이하의 벌금
② 2년 이하의 징역이나 1천만 원 이하의 벌금
③ 3년 이하의 징역이나 1천500만 원 이하의 벌금
④ 2년 이상 5년 이하의 징역이나 1천만 원 이상 2천만 원 이하의 벌금

해설 도로교통법 제148조의2(벌칙)
① 제44조 제1항 또는 제2항을 2회 이상 위반한 사람은 2년 이상 5년 이하의 징역이나 1천만 원 이상 2천만 원 이하의 벌금에 처한다.
② 술에 취한 상태에 있다고 인정할 만한 상당한 이유가 있는 사람으로서 제44조 제2항에 따른 경찰공무원의 측정에 응하지 아니하는 사람(자동차등 또는 노면전차를 운전하는 사람으로 한정한다)은 1년 이상 5년 이하의 징역이나 500만 원 이상 2천만 원 이하의 벌금에 처한다.
③ 제44조 제1항을 위반하여 술에 취한 상태에서 자동차등 또는 노면전차를 운전한 사람은 다음 각 호의 구분에 따라 처벌한다.
• 혈중알코올농도가 0.2퍼센트 이상인 사람은 2년 이상 5년 이하의 징역이나 1천만 원 이상 2천만 원 이하의 벌금
• 혈중알코올농도가 0.08퍼센트 이상 0.2퍼센트 미만인 사람은 1년 이상 2년 이하의 징역이나 500만 원 이상 1천만 원 이하의 벌금
• 혈중알코올농도가 0.03퍼센트 이상 0.08퍼센트 미만인 사람은 1년 이하의 징역이나 500만 원 이하의 벌금
• 혈중알코올농도가 0.03퍼센트 이상 0.08퍼센트 미만인 사람이 음주운전한 경우 1회 위반 시 1년 이하의 징역이나 500만 원 이하의 벌금에 처한다.

509 운전면허 행정처분에 대한 이의 신청을 하여 이의 신청이 받아들여질 경우, 취소처분에 대한 감경 기준으로 맞는 것은?

① 처분벌점 90점으로 한다.
② 처분벌점 100점으로 한다.
③ 처분벌점 110점으로 한다.
④ 처분벌점 120점으로 한다.

해설 위반행위에 대한 처분기준이 운전면허의 취소처분에 해당하는 경우에는 해당 위반행위에 대한 처분벌점을 110점으로 한다. 다만, 벌점·누산점수 초과로 인한 면허취소에 해당하는 경우에는 면허가 취소되기 전의 누산점수 및 처분벌점을 모두 합산하여 처분벌점을 110점으로 한다.

510 연습운전면허 소지자가 혈중알코올농도 ( ) 퍼센트 이상을 넘어서 운전한 때 연습운전면허를 취소한다. ( )안에 기준으로 맞는 것은?

① 0.03
② 0.05
③ 0.08
④ 0.10

해설 연습운전면허 소지자가 혈중알코올농도 0.03퍼센트 이상을 넘어서 운전했을 때 연습운전면허를 취소한다.

511 다음 중 운전자가 단속 경찰공무원 등에 대한 폭행을 하여 형사 입건된 때 처분으로 맞는 것은?

① 벌점 40점을 부과한다.
② 벌점 100점을 부과한다.
③ 운전면허를 취소 처분한다.
④ 즉결심판을 청구한다.

해설 단속하는 경찰공무원 등 및 시·군·구 공무원에게 폭력을 행사할 시 공무집행방해죄에 해당되며, 형사 입건 시 운전면허를 취소 처분한다.

512 인적 피해 있는 교통사고를 야기하고 도주한 차량의 운전자를 검거하거나 신고하여 검거하게 한 운전자(교통사고의 피해자가 아닌 경우)에게 검거 또는 신고할 때마다 (　　)의 특혜점수를 부여한다. (　　)에 맞는 것은?

① 10점　　② 20점
③ 30점　　④ 40점

해설　운전자가 인적 피해 교통사고를 발생시키고, 피해자에 대해 적절한 조치 없이 도주하는 것을 뺑소니라고 부른다. 이런 운전자를 검거하거나 신고하여 검거할 수 있게 되면, 신고할 때마다 40점의 특혜점수를 부여하여 기간과 관계없이 그 운전자가 정지 또는 취소처분을 받게 될 경우 누산점수에서 이를 공제한다.

513 다음 중 승용자동차 운전자에 대한 위반행위별 범칙금이 틀린 것은?

① 속도 위반(매시 60킬로미터 초과)의 경우 12만 원
② 신호 위반의 경우 6만 원
③ 중앙선침범의 경우 6만 원
④ 앞지르기 금지 시기·장소 위반의 경우 5만 원

해설　승용차동차의 앞지르기 금지 시기·장소 위반은 범칙금 6만 원이 부과된다.

514 도로교통법령상 화재진압용 연결송수관 설비의 송수구로부터 5미터 이내 승용자동차를 정차한 경우 범칙금은?(안전표지 미설치)

① 4만 원　　② 3만 원
③ 2만 원　　④ 처벌되지 않는다.

해설　화재진압용 연결송수관 설비의 송수구로부터 5미터 이내 자동차를 정차해선 아니 된다. 이를 어길 시 승용자동차 기준 4만 원의 범칙금이 부과된다.

515 다음 중 도로교통법상 벌점 부과기준이 다른 위반행위 하나는?

① 승객의 차내 소란행위 방치운전
② 철길건널목 통과방법 위반
③ 고속도로 갓길 통행 위반
④ 고속도로 버스전용차로 통행위반

해설　승객의 차내 소란행위 방치운전은 벌점 40점, 철길건널목 통과방법 위반·고속도로 갓길 통행·고속도로 버스전용차로 통행위반은 벌점 30점이 부과된다.

516 즉결심판이 청구된 운전자가 즉결심판의 선고 전까지 통고받은 범칙금액에 (　　)을 더한 금액을 내고 납부를 증명하는 서류를 제출하면 경찰서장은 운전자에 대한 즉결심판 청구를 취소하여야 한다. (　　)안에 맞는 것은?

① 100분의 20
② 100분의 30
③ 100분의 50
④ 100분의 70

해설　즉결심판이 청구된 피고인이 즉결심판의 선고 전까지 통고받은 범칙금액에 100분의 50을 더한 금액을 내고 납부를 증명하는 서류를 제출하면 경찰서장은 피고인에 대한 즉결심판 청구를 취소하여야 한다.

| 정답 | 512 ④　513 ④　514 ①　515 ①　516 ③

517 술에 취한 상태에 있다고 인정할만한 상당한 이유가 있는 자동차 운전자가 경찰공무원의 정당한 음주측정 요구에 불응한 경우 처벌기준으로 맞는 것은?(1회 위반한 경우)

① 1년 이상 2년 이하의 징역이나 500만 원 이하의 벌금
② 1년 이상 3년 이하의 징역이나 1천만 원 이하의 벌금
③ 1년 이상 4년 이하의 징역이나 500만 원 이상 1천만 원 이하의 벌금
④ 1년 이상 5년 이하의 징역이나 500만 원 이상 2천만 원 이하의 벌금

해설 술에 취한 상태에 있다고 인정할 만한 상당한 이유가 있는 사람이 경찰공무원의 음주측정 요구에 1회 불응하는 경우 1년 이상 5년 이하의 징역이나 500만 원 이상 2천만 원 이하의 벌금에 처한다.

518 운전자가 신호위반한 경우 범칙금액이 다른 차량은?

① 승합자동차
② 승용자동차
③ 특수자동차
④ 건설기계

해설 승용자동차 및 4톤 이하 화물자동차로 신호위반 시 범칙금은 6만 원이며, 4톤 초과 화물자동차, 승합자동차, 특수자동차 및 건설기계로 신호위반한 경우 범칙금은 7만 원이다.

519 자동차 운전자가 고속도로에서 자동차 내에 고장자동차의 표지를 비치하지 않고 운행하였다. 어떻게 되는가?

① 2만 원의 과태료가 부과된다.
② 2만 원의 범칙금으로 통고처분된다.
③ 30만 원 이하의 벌금으로 처벌된다.
④ 아무런 처벌이나 처분되지 않는다.

해설 자동차 내에 고장자동차 표지를 비치하지 않고 고속도로 주행 시 2만 원의 과태료가 부과된다.

520 고속도로에서 승용자동차 운전자의 과속행위에 대한 범칙금 기준으로 맞는 것은?

① 제한속도기준 시속 60킬로미터 초과 80킬로미터 이하 - 범칙금 12만 원
② 제한속도기준 시속 40킬로미터 초과 60킬로미터 이하 - 범칙금 8만 원
③ 제한속도기준 시속 20킬로미터 초과 40킬로미터 이하 - 범칙금 5만 원
④ 제한속도기준 시속 20킬로미터 이하 - 범칙금 2만 원

해설 제한속도 기준 시속 60킬로미터 초과 80킬로미터 이하는 범칙금 12만 원이 부과된다. 시속 40킬로미터 초과 60킬로미터 이하는 범칙금 9만 원, 시속 20킬로미터 초과 40킬로미터 이하는 범칙금 7만 원, 시속 20킬로미터 이하는 범칙금 3만 원이다.

| 정답 | 517 ④ 518 ② 519 ① 520 ①

521 교통사고를 일으킨 자동차 운전자에 대한 벌점 기준으로 맞는 것은?

① 신호위반으로 사망(72시간 이내) 1명의 교통사고가 발생하면 벌점은 105점이다.
② 피해차량의 탑승자와 가해차량 운전자의 피해에 대해서도 벌점을 산정한다.
③ 교통사고의 원인 점수와 인명피해 점수, 물적피해 점수를 합산한다.
④ 자동차 대 자동차 교통사고의 경우 사고원인이 두 차량에 있으면 둘 다 벌점을 산정하지 않는다.

> 해설 도로교통법시행규칙 별표28의3 정지처분 개별기준 : 신호위반으로 사망사고를 낸 운전자는 12대 중과실에 해당하므로, 형사처벌 대상, 벌점 105점이 부과된다.

522 도로교통법령상 적성검사 기준을 갖추었는지를 판정하는 건강검진 결과통보서는 운전면허시험 신청일로부터 (   )이내에 발급된 서류이어야 한다. (   )안에 알맞은 것은?

① 1년　② 2년
③ 3년　④ 4년

> 해설 운전에 필요한 적성검사는 운전면허시험 신청일로부터 의원, 병원 및 종합병원에서 2년 이내에 발행한 서류이어야 한다.

523 도로교통법령상 운전면허 취소처분에 대한 이의가 있는 경우, 운전면허행정처분 이의심의위원회에 신청할 수 있는 기간은?

① 그 처분을 받은 날로부터 90일 이내
② 그 처분을 안 날로부터 90일 이내
③ 그 처분을 받은 날로부터 60일 이내
④ 그 처분을 안 날로부터 60일 이내

> 해설 운전면허의 취소처분 또는 정지처분, 연습운전면허 취소처분에 대하여 이의가 있는 사람은 그 처분을 받은 날부터 60일 이내에 시·도경찰청장에게 이의를 신청할 수 있다.

524 연습운전면허 소지자가 도로에서 주행연습을 할 때 연습하고자 하는 자동차를 운전할 수 있는 운전면허를 받은 날부터 2년이 경과된 사람(운전면허 정지기간 중인 사람 제외)과 함께 승차하지 아니하고 단독으로 운행한 경우 처분은?

① 통고처분
② 과태료 부과
③ 연습운전면허 정지
④ 연습운전면허 취소

> 해설 연습운전면허 소지자는 도로주행 시 반드시 운전면허증을 받은 날로부터 2년이 경과된 사람과 동승해야 한다. 이 사항을 위반하여 단독 차량 운행 시 해당 운전자는 연습운전면허를 취소한다.

525 도로교통법상 원동기장치자전거 운전면허를 발급받지 아니하고 개인형 이동장치를 운전한 경우 벌칙은?

① 20만 원 이하 벌금이나 구류 또는 과료
② 30만 원 이하 벌금이나 구류
③ 50만 원 이하 벌금이나 구류
④ 6개월 이하 징역 또는 200만 원 이하 벌금

> 해설 원동기장치자전거 운전면허 없이 개인형 이동장치(전동킥보드, 전기자전거 등)를 운전한 경우 20만 원 이하 벌금이나 구류 또는 과태료가 부과된다.

526 다음 중 승용자동차의 고용주등에게 부과되는 위반행위별 과태료 금액이 틀린 것은?

① 신호 위반의 경우 7만 원
② 중앙선 침범의 경우 9만 원
③ 속도 위반(매시 20킬로미터 이하)의 경우 5만 원
④ 보도를 침범한 경우 7만 원

> 해설 승용자동차 운전자가 매시 20킬로미터 이하로 속도위반 한 경우 과태료 3만 원이 부과된다.

| 정답 | 521 ① 522 ② 523 ③ 524 ④ 525 ① 526 ③

527 다음 중 벌점이 부과되는 운전자의 행위는?

① 주행 중 차 밖으로 물건을 던지는 경우
② 차로변경 시 신호 불이행한 경우
③ 불법부착장치 차를 운전한 경우
④ 서행의무 위반한 경우

해설 도로를 통행하고 있는 차에서 밖으로 물건을 던지는 경우 벌점 10점이 부과된다. 차로변경시 신호 불이행은 범칙금 3만 원 부과, 불법부착장치가 부착된 차를 운전한 경우 범칙금 2만 원 부과된다.

528 무사고·무위반 서약에 의한 벌점 감경(착한운전 마일리지제도)에 대한 설명으로 맞는 것은?

① 40점의 특혜점수를 부여한다.
② 2년간 교통사고 및 법규위반이 없어야 특혜점수를 부여한다.
③ 운전자가 정지처분을 받게 될 경우 누산점수에서 특혜점수를 공제한다.
④ 운전면허시험장에 직접 방문하여 서약서를 제출해야만 한다.

해설 착한운전 마일리지제도는 운전자가 정지처분을 받게 될 경우 누산점수에서 특혜점수를 공제하는 제도이다. 1년간 교통사고 및 법규위반이 없어야 10점의 특혜점수를 부여한다. 경찰관서 방문이나 인터넷(www.efine.go.kr)으로도 서약서를 제출할 수 있다.

529 다음 중 연습운전면허 취소사유로 맞는 것 2가지는?

① 단속하는 경찰공무원등 및 시·군·구 공무원을 폭행한 때
② 도로에서 자동차의 운행으로 물적 피해만 발생한 교통사고를 일으킨 때
③ 다른 사람에게 연습운전면허증을 대여하여 운전하게 한 때
④ 난폭운전으로 2회 형사입건된 때

해설 경찰공무원 등을 폭행할 시 공무집행 방해죄가 성립되며, 형사 처벌된다. 연습운전면허 소지자가 도로에서 자동차 등의 운행으로 인한 교통사고를 일으킨 때 연습운전면허를 취소한다. 다만, 물적 피해만 발생한 경우를 제외한다. 운전면허증 도용은 사문서위조죄에 해당하며 5년 이하의 징역 또는 1천만 원 이하의 벌금형에 처한다.

530 다음 중 특별교통안전 의무교육을 받아야 하는 사람은?

① 처음으로 운전면허를 받으려는 사람
② 처분벌점이 30점인 사람
③ 교통참여교육을 받은 사람
④ 난폭운전으로 면허가 정지된 사람

해설 특별교통안전 의무교육은 운전면허 취소처분을 받은 사람으로서 운전면허를 다시 받으려는 사람이 받는 교육이다. 공동 위험행위, 교통사고, 음주운전 등으로 면허 정지가 된 사람도 동일하다.

정답 527 ① 528 ③ 529 ①,③ 530 ④

531 교차로·횡단보도·건널목이나 보도와 차도가 구분된 도로의 보도에 2시간 이상 주차한 승용자동차의 소유자에게 부과되는 과태료 금액으로 맞는 것은?

① 4만 원　② 5만 원
③ 6만 원　④ 7만 원

해설　교차로·횡단보도·건널목이나 보도와 차도가 구분된 도로의 보도에 2시간 이상 주차한 승용자동차의 소유자에게 과태료 5만 원이 부과한다.

532 다음 중 운전면허 취소 사유가 아닌 것은?

① 정기 적성검사 기간을 1년 초과한 경우
② 보복운전으로 구속된 경우
③ 제한속도를 매시 60킬로미터를 초과한 경우
④ 자동차등을 이용하여 다른 사람을 약취 유인 또는 감금한 경우

해설　제한속도를 매시 60킬로미터를 초과한 경우는 범칙금 12만 원, 벌점 60점이 부과된다.

533 술에 취한 상태에서 승용자동차를 운전하다가 2회 이상 적발된 사람에 대한 처벌기준으로 맞는 것은?

① 2년 이하의 징역이나 500만 원 이하의 벌금
② 3년 이하의 징역이나 1천만 원 이하의 벌금
③ 1년 이상 2년 이하의 징역이나 500만 원 이상 1천만 원 이하의 벌금
④ 2년 이상 5년 이하의 징역이나 1천만 원 이상 2천만 원 이하의 벌금

해설　음주운전 2회 이상 적발된 운전자는 2년 이상 5년 이하의 징역이나 1천만 원 이상 2천만 원 이하의 벌금에 처한다.

534 혈중알코올농도 0.08퍼센트 이상 0.2퍼센트 미만의 술에 취한 상태로 자동차를 운전한 사람에 대한 처벌기준으로 맞는 것은?(1회 위반한 경우)

① 2년 이하의 징역이나 500만 원 이하의 벌금
② 3년 이하의 징역이나 500만 원 이상 1천만 원 이하의 벌금
③ 1년 이상 2년 이하의 징역이나 500만 원 이상 1천만 원 이하의 벌금
④ 2년 이상 5년 이하의 징역이나 1천만 원 이상 2천만 원 이하의 벌금

해설　술에 취한 상태에서 자동차등 또는 노면전차를 운전한 사람은 다음 각 호의 구분에 따라 처벌한다.
- 혈중알코올농도가 0.2퍼센트 이상인 사람은 2년 이상 5년 이하의 징역이나 1천만 원 이상 2천만 원 이하의 벌금
- 혈중알코올농도가 0.08퍼센트 이상 0.2퍼센트 미만인 사람은 1년 이상 2년 이하의 징역이나 500만 원 이상 1천만 원 이하의 벌금
- 혈중알코올농도가 0.03퍼센트 이상 0.08퍼센트 미만인 사람은 1년 이하의 징역이나 500만 원 이하의 벌금

535 도로에서 자동차 운전자가 물적 피해 교통사고를 일으킨 후 조치 등 불이행에 따른 벌점기준은?

① 15점　② 20점
③ 30점　④ 40점

해설　운전자가 물적 피해가 발생한 교통사고를 일으킨 후 조치 등 불이행하고 도주한 때 벌점 15점을 부과한다.

| 정답 | 531 ②　532 ③　533 ④　534 ③　535 ①

536 4.5톤 화물자동차의 적재물 추락 방지 조치를 하지 않은 경우 범칙금액은?

① 5만 원 ② 4만 원
③ 3만 원 ④ 2만 원

해설 4톤 초과 화물자동차의 적재물 추락방지 조치를 하지 않고 차량 운행 시 범칙금 5만 원이 부과된다.

537 전용차로 관련 내용으로 맞는 것은?

① 2인 이상 승차한 승용 또는 승합차는 다인승 전용 차로를 통행할 수 있다.
② 9인승 이상 승용차에 6인 이상이 승차한 경우 고속도로 버스전용 차로를 통행할 수 있다.
③ 승합차는 12인승 이하인 경우에도 항상 고속도로 버스전용 차로를 통행할 수 있다.
④ 16인승 이상의 승합차는 고속도로 외의 도로에 설치된 버스전용 차로를 통행할 수 있다.

해설 고속도로 버스 전용차로를 통행할 수 있는 경우는 9인승 이상 승용차에 6인 이상이 승차한 경우이며, 승합차는 12인승 이하인 경우에도 6인 이상이 탑승해야 전용차로 사용 가능하다. 고속도로 외의 도로에 설치된 버스 전용차로는 사업용 승합차이거나, 통학 또는 통근용으로 시·도경찰청장의 지정을 받는 등의 조건을 충족하여야 통행이 가능하다. 다인승 전용 차로는 3인 이상 승차한 승용 또는 승합차가 통행 가능하다.

538 75세 이상인 사람이 받아야 하는 교통안전교육에 대한 설명으로 틀린 것은?

① 75세 이상인 사람에 대한 교통안전교육은 도로교통공단에서 실시한다.
② 운전면허증 갱신일에 75세 이상인 사람은 갱신기간 이내에 교육을 받아야 한다.
③ 75세 이상인 사람이 운전면허를 처음 받으려는 경우 교육시간은 1시간이다.
④ 교육은 강의·시청각·인지능력 자가진단 등의 방법으로 2시간 실시한다.

해설 만 75세 이상 운전자의 운전면허 취득 및 갱신 시 반드시 교통안전교육(2시간)을 이수해야 한다.

539 자동차 운전자가 중앙선 침범으로 피해자에게 중상 1명, 경상 1명의 교통사고를 일으킨 경우 벌점은?

① 30점 ② 40점
③ 50점 ④ 60점

해설 중앙선 침범 벌점 30점, 중상 1명당 벌점 15점, 경상 1명 벌점 5점이며, 해당 교통사고를 일으킨 운전자의 벌점은 총 50점이다.

540 도로교통법상 도로에서 어린이에게 개인형 이동장치를 운전하게 한 보호자의 처벌기준은?

① 5만 원 이하 과태료
② 5만 원 이하 과태료
③ 20만 원 이하 과태료
④ 25만 원 이하 과태료

해설 어린이의 보호자는 도로에서 어린이가 개인형 이동장치를 운전하게 하여서는 아니 되며, 보호자에게 20만 원 이하의 과태료가 부과된다.

| 정답 | 536 ① 537 ② 538 ③ 539 ③ 540 ③

541 고속도로 버스전용차로를 이용할 수 있는 자동차에 대한 설명 중 맞는 것은?

① 11인승 승합 자동차는 승차 인원에 관계없이 통행이 가능하다.
② 9인승 승용자동차는 6인 이상 승차한 경우에 통행이 가능하다.
③ 15인승 이상 승합자동차만 통행이 가능하다.
④ 45인승 이상 승합자동차만 통행이 가능하다.

> **해설** 고속도로 버스전용차로를 통행할 수 있는 자동차는 9인승 이상 승용자동차 및 승합자동차이며, 6인 이상 승차한 경우에 한하여 통행이 가능하다.

542 다음 교통상황에서 서행하여야 하는 경우로 맞는 것은?

① 신호기의 신호가 황색 점멸 중인 교차로
② 신호기의 신호가 적색 점멸 중인 교차로
③ 교통정리를 하고 있지 아니하고 좌·우를 확인할 수 없는 교차로
④ 교통정리를 하고 있지 아니하고 교통이 빈번한 교차로

> **해설** 신호기가 황색 점멸 중인 교차로에서는 서행해야 한다. 나머지 지문은 일시정지해야 한다.

543 교통사고처리특례법의 목적으로 옳은 것은?

① 고의로 교통사고를 일으킨 운전자를 처벌하기 위한 법이다.
② 구속된 가해자가 사회 복귀를 신속하게 할 수 있도록 도와주기 위한 법이다.
③ 과실로 교통사고를 일으킨 운전자를 신속하게 처벌하기 위한 법이다.
④ 교통사고로 인한 피해의 신속한 회복을 촉진하고 국민 생활의 편익을 증진함을 목적으로 한다.

> **해설** 교통사고처리특례법은 과실로 교통사고를 일으킨 운전자에 대한 형사처벌 등의 특례를 위해 제정한 법률이다. 피해의 신속한 회복을 촉진하고 국민 생활의 편익을 증진함을 목적으로 한다.

544 도로교통법상 전용차로 통행차 외에 전용차로로 통행할 수 있는 경우가 아닌 것은?

① 긴급자동차가 그 본래의 긴급한 용도로 운행되고 있는 경우
② 도로의 파손 등으로 전용차로가 아니면 통행할 수 없는 경우
③ 전용차로 통행차의 통행에 장해를 주지 아니하는 범위에서 택시가 승객을 태우기 위하여 일시 통행하는 경우
④ 택배차가 물건을 내리기 위해 일시 통행하는 경우

> **해설** 전용차로 통행차 외에 전용차로로 통행할 수 있는 경우는 긴급자동차가 긴급한 용도로 운행 중이거나, 도로의 파손으로 전용차로가 아니면 통행할 수 없는 경우, 통행의 흐름을 방해하지 않는 범위에서 택시가 승객을 태우기 위해 일시통행하는 경우이다.

| 정답 | 541 ② 542 ① 543 ④ 544 ④

545 자동차전용도로에서 자동차의 최고 속도와 최저 속도는?

① 매시 110킬로미터, 매시 50킬로미터
② 매시 100킬로미터, 매시 40킬로미터
③ 매시 90킬로미터, 매시 30킬로미터
④ 매시 80킬로미터, 매시 20킬로미터

해설 자동차전용도로에서 자동차의 최고 속도는 매시 90킬로미터, 최저 속도는 30킬로미터이다.

546 다음 중 도로교통법상 반드시 서행하여야 하는 장소로 맞는 것은?

① 교통정리가 행하여지고 있는 교차로
② 도로가 구부러진 부근
③ 비탈길의 오르막
④ 교통이 빈번한 터널 내

해설 운전자가 서행해야 할 장소로는 도로가 구부러진 부근, 교통정리를 하고 있지 아니하는 교차로, 비탈길의 고갯마루 부근, 가파른 비탈길의 내리막 등이며 이곳에서는 서행을 하는 것이 안전하다.

547 보행자 신호등이 설치되지 않은 횡단보도를 건너던 초등학생을 충격하는 교통사고를 일으킨 경우 처벌과 조치 방법으로 가장 옳은 설명은?

① 교통사고처리특례법상 처벌의 특례 예외에 해당되어 형사처벌을 받는다.
② 종합보험에 가입되어 있으면 형사처벌을 받지 않는다.
③ 피해자가 어린이기 때문에 보호자에게 연락만 하면 된다.
④ 피해자에게 직접 연락처 등 인적 사항을 알려 주면 된다.

해설 어린이보호구역에서 주의의무 위반은 교통사고처리특례법상 처벌의 특례 예외 조항이며, 어린이의 신체에 상해를 일으킨 경우 해당 운전자는 형사처벌을 받게 된다.

548 다음 중 도로교통법상 무면허운전이 아닌 경우는?

① 운전면허시험에 합격한 후 면허증을 교부받기 전에 운전하는 경우
② 연습면허를 받고 도로에서 운전연습을 하는 경우
③ 운전면허 효력 정지 기간 중 운전하는 경우
④ 운전면허가 없는 자가 단순히 군 운전면허를 가지고 군용차량이 아닌 일반차량을 운전하는 경우

해설 연습면허를 받고 도로에서 운전연습을 할 때, 동승석에 운전면허를 취득한 지 2년이 경과된 사람과 동승하는 경우 무면허 운전이 아니다.

549 도로교통법상 정비불량차량 발견 시 (　　)일의 범위 내에서 그 사용을 정지시킬 수 있다. (　　) 안에 기준으로 맞는 것은?

① 5
② 7
③ 10
④ 14

해설 시·도경찰청장은 제2항에도 불구하고 정비 상태가 매우 불량하여 위험발생의 우려가 있는 경우에는 그 차의 자동차등록증을 보관하고 운전의 일시정지를 명할 수 있다. 이 경우 필요하면 10일의 범위에서 정비기간을 정하여 그 차의 사용을 정지시킬 수 있다.

| 정답 | 545 ③ | 546 ② | 547 ① | 548 ② | 549 ③

550 신호에 대한 설명으로 맞는 2가지는?

① 황색 등화의 점멸 - 차마는 다른 교통 또는 안전표지에 주의하면서 진행할 수 있다.
② 적색의 등화 - 보행자는 횡단보도를 주의하면서 횡단할 수 있다.
③ 녹색 화살 표시의 등화 - 차마는 화살표 방향으로 진행할 수 있다.
④ 황색의 등화 - 차마가 이미 교차로에 진입하고 있는 경우에는 교차로 내에 정지해야 한다.

해설
- 적색의 등화 : 차마는 정지선, 횡단보도 및 교차로의 직전에서 정지하여야 한다. 다만, 신호에 따라 진행하는 다른 차마의 교통을 방해하지 아니하고 우회전할 수 있다.
- 황색의 등화 : 차마는 정지선이 있거나 횡단보도가 있을 때에는 그 직전이나 교차로의 직전에 정지하여야 하며, 이미 교차로에 진입하고 있는 경우에는 신속히 교차로 밖으로 진행하여야 한다. 차마는 우회전을 할 수 있고, 우회전하는 경우에는 보행자의 횡단을 방해하지 못한다.

551 도로교통법상 '자동차'에 해당하는 2가지는?

① 덤프트럭
② 노상안정기
③ 자전거
④ 유모차

해설 덤프트럭, 아스팔트살포기, 노상안정기, 콘크리트믹서트럭, 콘크리트펌프, 천공기 등 건설기계는 자동차에 포함된다.

552 다음 중 도로교통법상 경찰공무원을 보조하는 사람의 범위에 포함되는 사람으로 맞는 2가지는?

① 모범운전자
② 녹색어머니회 회원
③ 해병전우회 회원
④ 긴급한 용도로 운행하는 소방차를 유도하는 소방공무원

해설 경찰공무원을 보조하는 사람의 범위는 모범운전자, 군사훈련 및 작전에 동원되는 부대의 이동을 유도하는 군사경찰, 본래의 긴급한 용도로 운행하는 소방차·구급차를 유도하는 소방공무원이 있다.

553 도로교통법상 "차로"를 설치할 수 있는 곳 2가지는?

① 교차로
② 터널 안
③ 횡단보도
④ 다리 위

해설 차로를 설치할 수 있는 곳은 터널 안, 다리 위 등이 있고, 교차로나 횡단보도는 보행자 통행이 우선이기 때문에 차로를 설치할 수 없다.

정답 | 550 ①, ③   551 ①, ②   552 ①, ④   553 ②, ④

554 승용차가 해당 도로에서 법정 속도를 위반하여 운전하고 있는 경우 2가지는?

① 편도 2차로인 일반도로를 매시 85킬로미터로 주행 중이다.
② 서해안 고속도로를 매시 90킬로미터로 주행 중이다.
③ 자동차 전용도로를 매시 95킬로미터로 주행 중이다.
④ 편도 1차로인 고속도로를 매시 75킬로미터로 주행 중이다.

해설
- 일반도로: 편도 1차로 매시 60킬로미터 이내, 편도 2차로 이상 매시 80킬로미터 이내
- 중부선 고속도로: 최저 매시 60킬로미터, 최고 매시 110킬로미터
- 자동차 전용도로: 최저 매시 30킬로미터, 최고 매시 90킬로미터
- 고속도로: 편도 1차로 최저 매시 40킬로미터, 최고 매시 80킬로미터

555 길가장자리 구역에 대한 설명으로 맞는 2가지는?

① 경계 표시는 하지 않는다.
② 보행자의 안전 확보를 위하여 설치한다.
③ 보도와 차도가 구분되지 아니한 도로에 설치한다.
④ 도로가 아니다.

해설 길가장자리 구역이란 보도와 차도가 구분되지 아니한 도로에서 보행자의 안전을 위하여 안전표지 등으로 경계를 표시한 도로의 가장자리 부분을 말한다.

556 다음 중 교통사고처리 특례법상 처벌의 특례에 대한 설명으로 맞는 것은?

① 차의 교통으로 중과실치상죄를 범한 운전자에 대해 자동차 종합보험에 가입되어 있는 경우 무조건 공소를 제기할 수 없다.
② 차의 교통으로 업무상과실치상 죄를 범한 운전자에 대해 피해자와 민사합의를 하여도 공소를 제기할 수 있다.
③ 차의 운전자가 교통사고로 인하여 형사처벌을 받게 되는 경우 5년 이하의 금고 또는 2천만 원 이하의 벌금형을 받는다.
④ 규정 속도보다 매시 20킬로미터를 초과한 운행으로 인명피해 사고발생 시 종합보험에 가입되어 있으면 공소를 제기할 수 없다.

해설 교통사고처리 특례법은 과실로 교통사고를 일으킨 운전자에 대한 형사처벌 등의 특례를 위해 제정한 법률이다. 그리하여 차의 운전자가 교통사고로 인하여 업무상과실·중과실의 죄를 범한 때에는 5년 이하의 금고 또는 2천만 원 이하의 벌금에 처한다.

557 도로교통법상 보행보조용 의자차(식품의약품 안전처장이 정하는 의료기기의 규격)로 볼 수 없는 것은?

① 수동휠체어
② 전동휠체어
③ 의료용 스쿠터
④ 전기자전거

해설 "행정안전부령이 정하는 보행보조용 의자차"란 식품의약품안전처장이 정하는 의료기기의 규격에 따른 수동휠체어, 전동휠체어 및 의료용 스쿠터의 기준에 적합한 것을 말한다.

정답 554 ①, ③ 555 ②, ③ 556 ③ 557 ④

558 초보운전자에 관한 설명 중 옳은 것은?

① 원동기장치자전거 면허를 받은 날로부터 1년이 지나지 않은 경우를 말한다.
② 연습 운전면허를 받은 날로부터 1년이 지나지 않은 경우를 말한다.
③ 처음 운전면허를 받은 날로부터 2년이 지나기 전에 취소되었다가 다시 면허를 받는 경우 취소되기 전의 기간을 초보운전자 경력에 포함한다.
④ 처음 제1종 보통면허를 받은 날부터 2년이 지나지 않은 사람은 초보운전자에 해당한다.

해설 "초보운전자"란 처음 운전면허를 받은 날(처음 운전면허를 받은 날부터 2년이 지나기 전에 운전면허의 취소처분을 받은 경우에는 그 후 다시 운전면허를 받은 날)부터 2년이 지나지 아니한 사람을 말한다. 이 경우 원동기장치자전거면허만 받은 사람이 원동기장치자전거면허 외의 운전면허를 받은 경우에는 처음 운전면허를 받은 것으로 본다.

559 다음 중 도로교통법상 원동기장치자전거에 대한 설명으로 옳은 것은?

① 모든 이륜자동차를 말한다.
② 자동차관리법에 의한 250시시 이하의 이륜자동차를 말한다.
③ 배기량 150시시 이상의 원동기를 단 차를 말한다.
④ 전기를 동력으로 사용하는 경우는 최고정격출력 11킬로와트 이하의 원동기를 단 차(전기자전거 제외)를 말한다.

해설 원동기장치자전거는 배기량 125cc 이하, 전기를 동력으로 하는 경우 최고정격출력 11킬로와트 이하(전기자전거 제외)의 이륜자동차를 말한다.

560 다음 중 교통사고처리 특례법상 교통사고에 해당하지 않는 것은?

① 4.5톤 화물차와 승용자동차가 충돌하여 운전자가 다친 경우
② 철길건널목에서 보행자가 기차에 부딪혀 다친 경우
③ 오토바이를 타고 횡단보도를 횡단하다가 신호위반한 자동차와 부딪혀 오토바이 운전자가 다친 경우
④ 보도에서 자전거를 타고 가다가 보행자를 충격하여 보행자가 다친 경우

해설 교통사고처리 특례법은 과실로 교통사고를 일으킨 "운전자"에 대한 형사처벌 등의 특례를 위해 제정한 법률이다.

561 도로의 구간 또는 장소에 선으로 설치되는 노면표시(선)의 색에 대한 설명으로 맞는 것은?

① 중앙선 표시, 노상 장애물 중 도로중앙장애물 표시는 백색이다.
② 버스전용차로 표시, 안전지대 표시는 황색이다.
③ 소방시설 주변 정차 주차금지 표시는 적색이다.
④ 주차 금지표시, 정차 주차금지 표시 및 안전지대는 적색이다.

해설 ① 중앙선은 노란색, 안전지대는 노란색이나 흰색이다. ② 버스 전용차로 표시는 파란색이다. ④ 주차 금지표시 및 정차 주차금지 표시는 노란색이다.

562 도로교통법상 "앞지르기"에 대한 설명으로 맞는 것은?

① 교차로에서 우회전하는 경우 다른 차의 뒤를 따라가는 것
② 차로를 변경하여 그 차로로 계속하여 주행하는 것
③ 차의 운전자가 앞서가는 다른 차의 옆을 지나서 그 차의 앞으로 나가는 것
④ 회전하여 반대 방향으로 주행하는 것

해설 앞지르기란 차의 운전자가 앞서가는 다른 차의 옆을 지나서 그 차의 앞으로 나가는 것을 말한다.

563 다음 중 도로교통법상 자동차가 아닌 것은?

① 승용자동차
② 원동기장치자전거
③ 특수자동차
④ 승합자동차

해설 도로교통법상 자동차는 승용차, 승합자동차, 화물 자동차, 특수 자동차 등이 있으며, 원동기장치자전거는 배기량 125cc 이하, 전기를 동력으로 하는 경우 최고정격출력 11킬로와트 이하(전기자전거 제외)의 이륜차며, 도로교통법상 자동차에 해당하지 않는다.

564 다음 중 교통사고처리 특례법상 피해자의 명시된 의사에 반하여 공소를 제기할 수 있는 속도위반 교통사고는?

① 최고속도가 100킬로미터인 고속도로에서 매시 110킬로미터로 주행하다가 발생한 교통사고
② 최고속도가 80킬로미터인 편도 3차로 일반도로에서 매시 95킬로미터로 주행하다가 발생한 교통사고
③ 최고속도가 90킬로미터인 자동차전용도로에서 매시 100킬로미터로 주행하다가 발생한 교통사고
④ 최고속도가 60킬로미터인 편도 1차로 일반도로에서 매시 82킬로미터로 주행하다가 발생한 교통사고

해설 제한속도를 시속 20킬로미터 초과하여 운전한 경우 피해자의 명시적인 의사에 반하여 공소를 제기할 수 있다. 이외에 신호기가 표시하는 신호 또는 지시를 위반하여 운전한 경우, 중앙선을 침범하거나 불법유턴 또는 후진을 한 경우도 포함된다.

565 도로교통법상 4색 등화의 횡형신호등 배열 순서로 맞는 것은?

① 우로부터 적색 → 녹색화살표 → 황색 → 녹색
② 좌로부터 적색 → 황색 → 녹색화살표 → 녹색
③ 좌로부터 황색 → 적색 → 녹색화살표 → 녹색
④ 우로부터 녹색화살표 → 황색 → 적색 → 녹색

해설 4색등화의 횡형신호등 배열 순서는 좌로부터 적색 → 황색→ 녹색화살표 → 녹색 이다.

566 도로교통법상 적성검사 기준을 갖추었는지를 판정하는 서류가 아닌 것은?

① 국민건강보험법에 따른 건강검진 결과통보서
② 의료법에 따라 의사가 발급한 진단서
③ 병역법에 따른 징병 신체검사 결과 통보서
④ 대한 안경사협회장이 발급한 시력검사서

해설 적성검사 기준을 갖추었는지를 판정하는 서류는 의원, 병원 및 종합병원에서 발행한 신체검사서, 건강검진 결과통보서, 의사가 발급한 진단서, 병역판정 신체검사 결과 통보서가 있다.

567 다음 중 사용하는 사람 또는 기관등의 신청에 의하여 시·도경찰청장이 지정할 수 있는 긴급자동차로 맞는 것은?

① 혈액공급차량
② 경찰용 자동차 중 범죄수사, 교통단속, 그 밖의 긴급한 경찰업무 수행에 사용되는 자동차
③ 전파감시업무에 사용되는 자동차
④ 수사기관의 자동차 중 범죄수사를 위하여 사용되는 자동차

해설 도로교통법이 정하는 긴급자동차는 혈액공급차량이 있다. 경찰차 중 범죄수사나 교통단속 그 밖의 긴급한 경찰업무 수행이나 수사기관 자동차 중 범죄수사를 위하여 사용되는 자동차는 대통령령이 지정한다. 전파감시업무는 시·도경찰청장이 긴급자동차로 지정한다.

568 다음 중 긴급자동차의 준수사항으로 옳은 것 2가지는?

① 속도에 관한 규정을 위반하는 자동차 등을 단속하는 긴급자동차는 자동차의 안전운행에 필요한 기준에서 정한 긴급자동차의 구조를 갖추어야 한다.
② 국내외 요인에 대한 경호업무수행에 공무로 사용되는 긴급자동차는 사이렌을 울리거나 경광등을 켜지 않아도 된다.
③ 일반자동차는 전조등 또는 비상표시등을 켜서 긴급한 목적으로 운행되고 있음을 표시하여도 긴급자동차로 볼 수 없다.
④ 긴급자동차는 원칙적으로 사이렌을 울리거나 경광등을 켜야만 우선통행 및 법에서 정한 특례를 적용받을 수 있다.

해설 긴급자동차는 경호업무수행 등 공무로 사용될 때 사이렌이나 경광등을 켜지 않아도 된다. 다만 우선통행 및 법에서 정한 특례를 적용받으려면 사이렌이나 경광등을 켜야 한다.

| 정답 | 566 ④ 567 ③ 568 ②,④

569 다음은 도로교통법에서 정의하고 있는 용어이다. 알맞은 내용 2가지는?

① "차로"란 연석선, 안전표지 또는 그와 비슷한 인공구조물을이용하여 경계(境界)를 표시하여 모든 차가 통행할 수 있도록 설치된 도로의 부분을 말한다.
② "차선"이란 차로와 차로를 구분하기 위하여 그 경계지점을 안전표지로 표시한 선을 말한다.
③ "차도"란 차마가 한 줄로 도로의 정하여진 부분을 통행하도록 차선으로 구분한 도로의 부분을 말한다.
④ "보도"란 연석선 등으로 경계를 표시하여 보행자가 통행할 수 있도록 한 도로의 부분을 말한다.

해설
- 차로란 차가 한 줄로 정하여진 부분을 통행하도록 차선으로 구분한 찻길의 부분이다.
- 차선이란 차로와 차로를 구분하기 위하여 그 경계지점을 안전표시로 표시한 선을 말한다.
- 차도란 보행자와 구분하여 자동차만 통행할 수 있는 길이다.
- 보도란 연석선 등으로 경계를 표시하여 보행자가 통행할 수 있도록 한 도로의 부분을 말한다.

570 자전거 1대에 운전자와 동승자 등 2명이 탑승하고 자전거도로를 주행할 때 반드시 인명보호장구를 착용해야 하는 사람은?

① 운전자와 동승자 모두 착용한다.
② 운전자만 착용한다.
③ 동승자만 착용한다.
④ 인명보호 장구를 착용하지 않아도 된다.

해설 자전거도로를 주행할 때 인명보호 장구는 운전자와 동승자 모두 착용해야 한다.

571 자전거 운전자가 인명보호장구를 착용하지 않았을 때 처벌 규정으로 맞는 것은?

① 처벌규정이 없다.
② 범칙금 2만 원
③ 과태료 2만 원
④ 범칙금 3만 원

해설 자전거 운전자가 인명보호장구를 착용하지 않았을 때는 처벌 규정이 없다.

572 다음 중 앞서 진행하고 있는 자전거를 따라갈 때 주의해야 할 가장 큰 위험 요인은?

① 자전거에 실려 있는 짐이 도로에 떨어질 수 있다.
② 자전거는 속도가 느리므로 크게 신경 쓰지 않아도 된다.
③ 자전거가 갑자기 차로를 바꿀 수 있다.
④ 자전거는 움직임이 크지 않으므로 주의할 필요가 없다.

해설 자전거를 따라갈 때는 자전거 운전자 또한 주변의 위험에 대처한다는 것을 염두에 두어야 한다. 자전거를 탄 사람은 도로에 움푹 파인 곳을 피하기 위해 흔들거리거나 차로를 이탈할 수 있다. 또한 잠재적인 위험을 확인하고 갑자기 차로를 바꿀 수도 있다. 운전자는 자전거와 가까이 따라가거나 조급하게 속도를 높이지 않는 것이 좋다.

| 정답 | 569 ②,④ 570 ① 571 ① 572 ③

573 다음 중 도로교통법상 자전거를 타고 보도 통행을 할 수 없는 사람은?

① 「장애인복지법」에 따라 신체장애인으로 등록된 사람
② 어린이
③ 신체의 부상으로 석고붕대를 하고 있는 사람
④ 「국가유공자 등 예우 및 지원에 관한 법률」에 따른 국가유공자로서 상이등급 제1급부터 제7급까지에 해당하는 사람

해설 자전거는 통행이 가능한 신체장애인이 이용할 수 있다. 신체 부상으로 석고붕대 등 신체의 원활한 움직임이 불가능한 사람은 통행하지 않도록 주의한다.

574 전방에 자전거를 끌고 도로를 횡단하는 사람이 있을 때 가장 안전한 운전 방법은?

① 자전거가 도로를 무단 횡단하는 것까지 보호할 의무는 없다.
② 안전거리를 두고 일시정지하여 안전하게 횡단할 수 있도록 한다.
③ 자전거와 안전거리를 두고 신속하게 통과한다.
④ 자전거를 예의 주시하면서 서행한다.

해설 전방에 자전거를 끌고 도로를 횡단하는 사람이 있을 때 가장 안전한 운전 방법은 안전거리를 두고 일시정지하여 자전거 운전자가 안전하게 횡단할 수 있도록 한다.

575 어린이 보호구역 내의 차로가 설치되지 않은 좁은 도로에서 자전거를 주행하여 보행자 옆을 지나갈 때 안전한 거리를 두지 않고 서행하지 않은 경우 범칙 금액은?

① 10만 원   ② 8만 원
③ 4만 원   ④ 2만 원

해설 차로가 설치되지 않은 좁은 도로에서 자전거 주행 시, 보행자와 안전거리를 두고 서행해야 한다. 이를 어길 시 범칙금 4만 원이 부과된다.

576 자전거가 보도로 통행할 수 있는 경우 2가지는?

① 어린이가 자전거를 운전하는 경우
② 임산부가 자전거를 운전하는 경우
③ 노인이 자전거를 운전하는 경우
④ 우편집배원이 자전거를 운전하는 경우

해설 어린이, 노인, 그 밖에 행정안전부령으로 정하는 신체장애인이 자전거를 운전하는 경우 보도를 통행할 수 있다.

| 정답 | 573 ③   574 ②   575 ③   576 ①, ③

577 자전거 통행방법에 대한 설명으로 맞는 2가지는?

① 자전거 운전자는 안전표지로 통행이 허용된 경우를 제외하고는 2대 이상이 나란히 차도를 통행하여서는 아니 된다.
② 자전거 운전자가 횡단보도를 이용하여 도로를 횡단할 때에는 자전거를 끌고 통행하여야 한다.
③ 자전거 운전자는 도로의 파손, 도로 공사나 그 밖의 장애 등으로 도로를 통행할 수 없는 경우에도 보도를 통행할 수 없다.
④ 자전거 운전자는 자전거 도로가 설치되지 아니한 곳에서는 도로 중앙으로 붙어서 통행하여야 한다.

해설 자전거 운전자는 자전거 도로로 통행하여야 하고, 자전거 도로가 설치되지 아니한 곳에서는 도로 우측 가장자리에 붙어 통행해야 한다. 도로의 파손이나 도로공사 등의 장애로 도로를 통행할 수 없는 경우에는 보도로 통행할 수 있다.

578 자전거 이용 활성화에 관한 법률상 (   )세 미만은 전기자전거를 운행할 수 없다. (   ) 안에 기준으로 알맞은 것은?

① 10 ② 13
③ 15 ④ 18

해설 자전거 이용 활성화에 관한 법률 제22조의 2(전기자전거 운행 제한) 13세 미만인 어린이의 보호자는 어린이가 전기자전거를 운행하게 하여서는 아니 된다.

579 자전거 운전자는 자전거도로가 설치되지 아니한 곳에서는 도로의 어느 부분으로 통행을 하여야 하는가?

① 우측 가장자리에 붙어서 통행하여야 한다.
② 좌측 가장자리에 붙어서 통행하여야 한다.
③ 차로 중앙으로 통행하여야 한다.
④ 보도로 통행하여야 한다.

해설 자전거의 운전자는 자전거도로가 설치되지 아니한 곳에서는 도로 우측 가장자리에 붙어서 통행하여야 한다.

580 자전거 운전자가 길가장자리구역을 통행할 때 유의사항으로 맞는 것은?

① 보행자의 통행에 방해가 될 때는 서행하거나 일시정지한다.
② 노인이나 어린이가 자전거를 운전하는 경우에만 길가장자리구역을 통행할 수 있다.
③ 안전표지로 자전거의 통행이 금지된 구간에서는 자전거를 끌고 갈 수도 없다.
④ 길가장자리구역에서는 2대 이상의 자전거가 나란히 통행할 수 있다.

해설 자전거 운전자가 길가장자리구역을 통행할 때 보행자의 통행에 방해가 될 때에는 서행하거나 일시정지해야 한다. 2대 이상의 자전거가 나란히 통행할 수 없다.

581 자전거(전기자전거 제외) 운전자의 도로 통행 방법으로 가장 바람직하지 않은 것은?

① 어린이가 자전거를 타고 보도를 통행하였다.
② 안전표지로 자전거 통행이 허용된 보도를 통행하였다.
③ 도로의 파손으로 부득이하게 보도를 통행하였다.
④ 통행 차량이 없어 도로 중앙으로 통행하였다.

해설 자전거 운전자는 도로 중앙으로 통행할 수 없다. 길가장자리로 통행해야 한다.

582 자전거 운전자의 횡단보도 통행방법으로 올바른 것은?

① 자전거에서 내려서 횡단보도 내로 자전거를 끌고 간다.
② 자전거를 타고 횡단보도 우측으로 서행한다.
③ 자전거를 타고 횡단보도 가장자리로 통행한다.
④ 자전거에서 내려서 횡단보도 밖으로 보행한다.

해설 자전거 운전자는 횡단보도 통행 시 자전거에서 내려서 자전거를 끌고 횡단보도 안으로 보행하여야 한다.

583 자전거 운전자의 교차로 좌회전 통행방법에 대한 설명이다. 맞는 것은?

① 도로의 우측 가장자리로 붙어 서행하면서 교차로의 가장자리 부분을 이용하여 좌회전하여야 한다.
② 도로의 좌측 가장자리로 붙어 서행하면서 교차로의 가장자리 부분을 이용하여 좌회전하여야 한다.
③ 도로의 1차로 중앙으로 서행하면서 교차로의 중앙을 이용하여 좌회전하여야 한다.
④ 도로의 가장 하위차로를 이용하여 서행하면서 교차로의 중심 안쪽으로 좌회전하여야 한다.

해설 자전거 운전자가 교차로에서 좌회전하려는 경우, 도로의 우측 가장자리로 붙어 서행하면서 교차로의 가장자리 부분을 이용하여 좌회전하여야 한다.

584 승용차가 자전거 전용차로를 통행하다 단속되는 경우 도로교통법상 처벌은?

① 1년 이하 징역에 처한다.
② 300만 원 이하 벌금에 처한다.
③ 범칙금 4만 원의 통고처분에 처한다.
④ 처벌할 수 없다.

해설 승용차는 자전거 전용차로로 통행하거나 주·정차할 수 없다. 통행하다가 단속되는 경우 범칙금 4만 원이 부과된다.

정답 581 ④ 582 ① 583 ① 584 ③

585 자전거 도로를 주행할 수 있는 전기자전거의 기준으로 옳지 않은 것은?

① 부착된 장치의 무게를 포함한 자전거 전체 중량이 40킬로그램 미만인 것
② 시속 25킬로미터 이상으로 움직일 경우 전동기가 작동하지 아니할 것
③ 전동기만으로는 움직이지 아니할 것
④ 모터 출력은 350와트 이하이며, 전지 정격전압은 직류 48볼트(DC 48V)를 넘지 않을 것

해설 자전거도로 주행 가능한 "전기자전거"의 기준은
첫째. 부착된 장치의 무게를 포함한 자전거 전체중량이 30킬로그램 미만일 것
둘째. 시속 25킬로미터 이상으로 움직일 경우 전동기가 작동하지 아니할 것
셋째. 전동기만으로는 움직이지 아니할 것
넷째. 모터출력은 350W 이하여야 하며, 전지 정격전압은 DC 48V를 넘지 아니할 것

586 자전거 운전자가 밤에 도로를 통행할 때 올바른 주행 방법과 가장 거리가 먼 것은?

① 레이저포인터를 다른 차량 운전자 눈에 비추며 주행한다.
② 야광띠 등 발광장치를 착용하고 주행한다.
③ 반사조끼 등을 착용하고 주행한다.
④ 전조등과 미등을 켜고 주행한다.

해설 자전거 운전자는 야간 도로주행 시 안전을 위하여 야광띠, 반사조끼, 발광장치 등을 착용하고 전조등과 미등을 켜고 주행해야 한다.

587 도로교통법상 자전거 운전자가 법규를 위반한 경우 범칙금 대상이 아닌 것은?

① 신호위반
② 중앙선침범
③ 횡단보도 보행자의 통행을 방해
④ 규정 속도를 위반

해설 자전거 운전자가 도로주행시 신호위반, 중앙선 침범, 횡단보도 보행자의 통행방해시 각각 범칙금 3만 원, 3만 원, 2만 원이 부과되고, 속도위반 규정은 없다.

588 화물차가 골목길에서 자전거를 탄 어린이와 부딪히는 사고가 발생하였다. 화물차 운전자의 조치로 맞는 2가지는?

① 경미한 타박상으로 판단되어 어린이에게 약값을 주고 돌려보냈다.
② 어린이가 괜찮다고 하여 별다른 조치 없이 사고현장을 떠났다.
③ 어린이의 부상 여부를 모르므로 119에 신고하였다.
④ 교통사고이므로 112에 신고를 하고 어린이의 부모에게 연락하였다.

해설 어린이는 어른에 비해 상황 판단 능력이 낮으므로 사고 발생후 어린이가 괜찮다고 하여도 무조건 관계기관에 신고를 하거나 어린이의 부모에게 사고 사실을 알려야 한다. 별다른 조치 없이 현장을 떠나게 되면 도주에 해당된다.

정답 585 ① 586 ① 587 ④ 588 ③, ④

589 전방 우측 도로에서 자전거가 교차로 방향으로 진행하고 있다. 운전자의 안전운전방법 2가지는?

① 자전거가 일시 정지할 것이라 예상하고 그대로 통과한다.
② 자전거가 교차로에 접근 시 일시 정지한다.
③ 속도를 줄이고 자전거의 진행방향을 확인한다.
④ 교차로 내에서 자전거를 피해서 신속히 통과한다.

> **해설** 우측도로에서 접근해 오는 자전거가 안전하게 통과할 수 있도록, 운전자는 자전거의 진행방향을 확인하고, 자전거가 교차로에 접근 시 서행하거나 일시정지한 후 통과한다.

590 연료의 소비 효율이 가장 높은 운전방법은?

① 최고속도로 주행한다.
② 최저속도로 주행한다.
③ 경제속도로 주행한다.
④ 안전속도로 주행한다.

> **해설** 자동차의 연료 소비 효율을 높일 수 있는 안전운전 방법은 경제속도로 주행하는 것이다.

591 친환경 경제운전 방법으로 가장 적절한 것은?

① 가능한 빨리 가속한다.
② 내리막길에서는 시동을 끄고 내려온다.
③ 타이어 공기압을 낮춘다.
④ 급감속은 되도록 피한다.

> **해설** 급가감속은 자동차 연비를 낮추는 원인이다. 내리막길에서 시동을 끄게 되면 브레이크와 조향 시스템이 작동되지 않아 위험하다. 타이어 공기압을 적정 수준 이상으로 낮추면 타이어의 직경이 줄어들어 연비가 낮아진다.

592 자동차 에어컨 사용 방법 및 점검에 관한 설명으로 가장 타당한 것은?

① 에어컨은 처음 켤 때 고단으로 시작하여 저단으로 전환한다.
② 에어컨 냉매는 6개월마다 교환한다.
③ 에어컨의 설정 온도는 섭씨 16도가 가장 적절하다.
④ 에어컨 사용 시 가능하면 외부 공기 유입 모드로 작동하면 효과적이다.

> **해설** 자동차 에어컨을 효율적으로 사용하는 방법은 처음 켤 때 고단으로 시작하여 저단으로 전환하는 것이 좋다. 에어컨 냉매는 교환하지 않고, 필요에 따라 충전할 수 있다. 온도설정은 외부온도와 온도차가 크지 않게 설정하는 것이 효율적이다. 에어컨 가동 시 내부순환 모드로 작동하면 효과적이다.

| 정답 | 589 ②, ③ 590 ③ 591 ④ 592 ①

593 다음 중 자동차 연비 향상 방법으로 가장 바람직한 것은?

① 주유할 때 항상 연료를 가득 주유한다.
② 엔진오일 교환 시 오일필터와 에어필터를 함께 교환해 준다.
③ 정지할 때에는 한 번에 강한 힘으로 브레이크 페달을 밟아 제동한다.
④ 가속페달과 브레이크 페달을 자주 사용한다.

해설 엔진오일은 엔진 내부의 윤활 및 냉각, 밀봉, 청정작용 등을 통한 엔진 성능의 향상과 수명을 연장시키는 기능을 하고 있다. 엔진오일 교환 시 오일필터와 에어필터를 함께 교환해 주면 깨끗한 오일이 순환되므로 연비향상에 도움이 된다.

594 주행 중에 가속 페달에서 발을 떼거나 저단으로 기어를 변속하여 차량의 속도를 줄이는 운전 방법은?

① 기어 중립
② 풋 브레이크
③ 주차 브레이크
④ 엔진 브레이크

해설 엔진 브레이크는 가속 페달에서 발을 떼거나 저단으로 기어 변속하여 차량의 속도를 줄이는 방법이다.

595 다음 중 자동차 연비를 향상시키는 운전방법으로 가장 바람직한 것은?

① 자동차 고장에 대비하여 각종 공구 및 부품을 싣고 운행한다.
② 법정속도에 따른 정속 주행한다.
③ 급출발, 급가속, 급제동 등을 수시로 한다.
④ 연비 향상을 위해 타이어 공기압을 30퍼센트로 줄여서 운행한다.

해설 법정속도에 따른 정속 주행하는 것이 연비 향상에 도움을 준다. 짐을 많이 싣고 다니거나 급가감속 등을 수시로 하거나 공기압을 줄여서 운행하면 연비가 안 좋아진다.

596 다음 중 운전습관 개선을 통한 친환경 경제운전이 아닌 것은?

① 공회전을 많이 한다.
② 출발은 부드럽게 한다.
③ 정속주행을 유지한다.
④ 경제속도를 준수한다.

해설 친환경 경제운전 방법은 출발을 부드럽게 하고, 정속주행 유지, 관성주행 활용, 공조 시스템 사용자제, 경제속도를 준수하여 운행하는 것이 좋다. 공회전을 많이 할수록 연비가 안 좋아진다.

597 다음 중 자동차의 친환경 경제운전 방법은?

① 타이어 공기압을 낮게 한다.
② 에어컨 작동은 저단으로 시작한다.
③ 엔진오일을 교환할 때 오일필터와 에어클리너는 교환하지 않고 계속 사용한다.
④ 자동차 연료는 절반 정도만 채운다.

해설 자동차는 무게가 가벼워질수록 연비가 좋아진다. 연료를 가득 채우면 무게가 무거워지기 때문에 절반 정도 채우는 것이 연비향상에 도움 된다.

| 정답 | 593 ② 594 ④ 595 ② 596 ① 597 ④

598 친환경 경제운전과 교통사고 예방 효과 2가지를 동시에 거두기 위한 방법이 아닌 것은?

① 급출발 안하기
② 정속운행 안하기
③ 급제동 안하기
④ 급가속 안하기

해설 국토교통부와 한국교통안전공단이 제시하는 경제운전은 급출발, 급제동, 급가속 안하기다. 경제운전 및 교통사고 예방효과도 매우 높아진다.

599 다음 중 경제운전에 대한 운전자의 올바른 운전습관으로 가장 바람직하지 않은 것은?

① 내리막길 운전 시 가속페달 밟지 않기
② 경제적 절약을 위해 유사연료 사용하기
③ 출발은 천천히, 급정지하지 않기
④ 주기적 타이어 공기압 점검하기

해설 유사연료 및 가짜석유제품은 사용하거나 판매해서는 아니된다. 사용할 시 차량의 고장을 초래한다.

600 친환경 경제운전 실천방법으로 가장 옳은 것은?

① 타이어 공기압을 낮춘다.
② 연료는 수시로 보충하여 가득 채운다.
③ 가능한 저단 기어를 사용하여 운전한다.
④ 불필요한 짐은 휴대하지 않는다.

해설 자동차는 가벼울수록 연비가 좋아진다. 평소 불필요한 짐은 휴대하지 않는 것이 좋다. 공기압을 임의로 낮추거나 연료를 가득 채우거나 저단기어만 사용하여 운전하면 차량 연비에 좋지 않다.

601 자동차의 배기가스 색이 흰색인 경우는?

① 불완전 연소가 일어나고 있다.
② 엔진오일이 함께 연소되고 있다.
③ 유사 휘발유가 섞인 연료를 사용하고 있다.
④ 냉각수와 함께 연소되고 있다.

해설 정상 연소 시 배기가스는 무색, 회색(수증기 증발 현상)이고, 휘발유 엔진의 차량은 무색이거나 매우 엷은 자주색, 디젤엔진은 무색이거나 약간의 검은색을 동반한다. 배기가스의 색깔이 검은색일 경우 불완전 연소가 일어나고 있는 경우이고, 흰색일 경우 엔진오일이 함께 연소되는것이므로 점검이 필요하다.

602 다음 중 자동차 배기가스의 미세먼지를 줄이기 위한 가장 적절한 운전방법은?

① 출발할 때는 가속페달을 힘껏 밟고 출발한다.
② 급가속을 하지 않고 부드럽게 출발한다.
③ 주행할 때는 수시로 가속과 정지를 반복한다.
④ 정차 및 주차할 때는 시동을 끄지 않고 공회전한다.

해설 친환경 운전은 급출발, 급제동, 급가속을 삼가야 하고, 주행할 때에는 정속주행을 하되 수시로 가속과 정지를 반복하는 것은 바람직하지 못하다. 또한 정차 및 주차할 때에는 계속 공회전하지 않아야 한다.

| 정답 | 598 ② 599 ② 600 ④ 601 ② 602 ②

603 친환경 경제운전을 하는 행동으로 맞는 2가지는?

① 교통 체증이 없더라도 경제속도로 정속 주행한다.
② 불필요한 공회전을 자제한다.
③ 타이어의 접지면적을 증가시키기 위해 공기압을 5퍼센트 정도 낮게 유지한다.
④ 주행 안정성을 위해 트렁크에 약 10킬로그램 정도의 짐을 항상 유지한다.

> **해설** 친환경 경제운전을 위해 급출발·급가속·급제동을 하지 않고, 경제속도를 유지하고, 불필요한 공회전을 자제하며 타이어 적정 공기압을 유지하고 자동차 무게를 가볍게 하는 것이 좋다.

604 다음 사례 중 친환경 운전에 해당하는 2가지는?

① 타이어 공기압을 적정하게 유지한다.
② 정속 주행을 생활화하고 브레이크 페달을 자주 밟지 않는다.
③ 연료가 떨어질 때를 대비해 가득 주유한다.
④ 에어컨을 항상 저단으로 켜 둔다.

> **해설** 친환경 운전은 타이어 적정 공기압을 유지하고, 정속주행을 생활화하며 불필요한 브레이크 페달을 밟지 않는 것이다. 연료를 가득 채우면 무게가 무거워지기 때문에 절반 정도 채우는 것이 좋고, 에어컨은 고단에서 저단으로 낮추는 것이 효율적이다.

605 다음 중 유해한 배기가스를 가장 많이 배출하는 자동차는?

① 전기자동차
② 수소자동차
③ LPG자동차
④ 노후된 디젤자동차

> **해설** 전기차, 수소차, LPG차는 친환경 자동차이다. 노후된 디젤 자동차는 많은 유해가스를 배출하기 때문에 주의해야 한다.

606 친환경 경제운전 중 관성 주행(fuel cut) 방법이 아닌 것은?

① 교차로 진입 전 미리 가속 페달에서 발을 떼고 엔진브레이크를 활용한다.
② 평지에서는 속도를 줄이지 않고 계속해서 가속 페달을 밟는다.
③ 내리막길에서는 엔진브레이크를 적절히 활용한다.
④ 오르막길 진입 전에는 가속하여 관성을 이용한다.

> **해설** 관성주행은 연료 공급 차단 기능을 적극 활용하여 일정한 속도를 유지할 때 가속페달을 밟지 않는 것을 말한다.

607 다음 중 자동차 배기가스 재순환장치(Exhaust Gas Recirculation, EGR)가 주로 억제하는 물질은?

① 질소산화물(NO_x)
② 탄화수소(HC)
③ 일산화탄소(CO)
④ 이산화탄소(CO_2)

> **해설** 배기가스 재순환장치(Exhaust Gas Recirculation, EGR)는 내연기관에서 발생하는 대기오염 물질을 줄이기 위한 장치이다. 불활성인 배기가스의 일부를 흡입 계통으로 재순환시키고, 엔진에 흡입되는 혼합 가스에 혼합되어서 연소 시의 최고 온도를 내려 유해한 오염물질인 NO_x(질소산화물)을 주로 억제한다.

| 정답 | 603 ①,② 604 ①,② 605 ④ 606 ② 607 ① |

608 다음 중 연료를 절감하는 친환경 경제운전 방법이 아닌 것은?

① 불필요한 공회전을 하지 않는다.
② 유사연료를 사용하지 않는다.
③ 트렁크에는 필요한 짐만 싣는다.
④ 과속과 감속 운전을 많이 한다.

해설 친환경 운전은 급출발, 급제동, 급가속을 삼가야 하고, 불필요한 공회전을 하지 않으며, 불필요한 짐을 싣고 다니지 않도록 한다. 유사연료는 사용하면 안 된다.

609 수동변속기 차의 친환경 경제운전 방법으로 적절하지 아니한 것은?

① 기어변속은 도로 여건에 맞추어 적절하게 실시한다.
② 신호대기 중에는 기어를 중립에 위치한다.
③ 급격한 속도변화를 피하고 정속 주행한다.
④ 저단기어로 계속 주행한다.

해설 수동변속기 차를 운전할 때 계속해서 저단기어로 주행하게 되면 엔진에 무리가 가고, 연료 소비가 늘어나기 때문에 친환경 경제운전을 위해서는 속도에 맞게 적절한 기어 단수로 운전해야 한다.

610 다음 중 친환경 경제운전 방법이 아닌 것은?

① 속도 변화가 큰 운전은 하지 않는다.
② 에어컨을 사용할 때 오르막에서는 잠시 끄고 내리막에서는 켠다.
③ 주기적으로 타이어 공기압을 점검한다.
④ 수시로 차로 변경을 한다.

해설 에어컨 사용 시 연료소비가 높아지기 때문에 오르막에서는 잠시 끄고 내리막에서 켜는 것이 효율적이다. 불필요한 차로변경을 자주 하게 되면 급가속, 급감속을 하게 되므로 친환경 경제운전 방법과 거리가 멀다.

611 화물을 적재한 덤프트럭이 내리막길을 내려오는 경우 다음 중 가장 안전한 운전 방법은?

① 기어를 중립에 놓고 주행하여 연료를 절약한다.
② 브레이크 페달을 나누어 밟으면 제동의 효과가 없어 한 번에 밟는다.
③ 앞차의 급정지를 대비하여 충분한 차간 거리를 유지한다.
④ 경음기를 크게 울리고 속도를 높이면서 신속하게 주행한다.

해설 짐을 실은 덤프트럭은 적재물의 무게로 인해 브레이크 장치의 파열 우려가 있으므로 저단기어를 유지하여 엔진브레이크를 사용하며 브레이크 페달을 나누어 밟으며 안전거리를 충분히 유지하여야 한다.

612 다음 중 화물의 적재불량 등으로 인한 교통사고를 줄이기 위한 운전자의 조치사항으로 가장 알맞은 것은?

① 화물을 싣고 이동할 때는 반드시 덮개를 씌운다.
② 예비 타이어 등 고정된 부착물은 점검할 필요가 없다.
③ 화물의 신속한 운반을 위해 화물은 느슨하게 묶는다.
④ 가까운 거리를 이동하는 경우에는 화물을 고정할 필요가 없다.

해설 화물 적재불량 교통사고를 줄이기 위해서는 화물을 싣고 이동할 때 반드시 덮개를 씌우거나 화물을 튼튼히 고정하여 유동이 없도록 하고, 출발 전 예비 타이어 등 부착물을 점검 확인하고 시정하여 출발하도록 한다.

613 화물자동차의 화물 적재에 대한 설명 중 가장 옳지 않은 것은?

① 화물을 적재할 때는 적재함 가운데부터 좌우로 적재한다.
② 화물자동차는 무게 중심이 앞쪽에 있기 때문에 적재함의 뒤쪽부터 적재한다.
③ 적재함 아래쪽에 상대적으로 무거운 화물을 적재한다.
④ 화물을 모두 적재한 후에는 화물이 차량 밖으로 낙하하지 않도록 고정한다.

해설 화물 적재함에 화물을 적재 시 아래쪽에 무거운 화물부터 적재하도록 하며, 앞뒤로 무게가 치우치지 않도록 균형되게 적재해야 한다.

614 대형 및 특수 자동차의 제동특성에 대한 설명이다. 잘못된 것은?

① 하중의 변화에 따라 달라진다.
② 타이어의 공기압과 트레드가 고르지 못하면 제동거리가 달라진다.
③ 차량 중량에 따라 달라진다.
④ 차량의 적재량이 커질수록 실제 제동거리는 짧아진다.

해설 차량의 중량(적재량)이 커질수록 실제 제동거리는 길어지므로, 안전거리를 유지하는 것이 좋다.

615 다음 중 저상버스의 특성에 대한 설명이다. 가장 거리가 먼 것은?

① 노약자나 장애인이 쉽게 탈 수 있다.
② 차체바닥의 높이가 일반버스보다 낮다.
③ 출입구에 계단 대신 경사판이 설치되어 있다.
④ 일반버스에 비해 차체의 높이가 1/2이다.

해설 저상버스는 차체바닥의 높이가 일반버스보다 낮고 계단이 없다. 거동이 불편한 교통약자들의 이동권을 보장하기 위해 도입된 이동수단이다.

616 도로교통법상 운행기록계를 설치하지 않은 견인형 특수자동차(화물자동차 운수사업법에 따른 자동차에 한함)를 운전한 경우 운전자 처벌 규정은?

① 과태료 10만 원
② 범칙금 10만 원
③ 과태료 7만 원
④ 범칙금 7만 원

해설 운행기록계가 설치되지 않은 견인형 특수자동차를 운전한 경우 범칙금 7만 원, 운행기록장치를 부착하지 않은 경우에는 과태료 50~150만 원이 부과된다.

617 다음은 대형화물자동차의 특성에 대한 설명이다. 가장 알맞은 것은?

① 화물의 적재량에 따라 하중의 변화가 크다.
② 앞축의 하중은 조향성과 무관하다.
③ 승용차에 비해 앞축의 하중이 적다.
④ 승용차보다 차축의 구성형태가 단순하다.

해설 대형화물차는 적재량에 따라 하중의 변화가 크고, 앞축의 하중에 따라 조향성이 영향을 받으며, 승용차에 비해 앞축의 하중이 크고 차축의 구성형태가 복잡하다.

| 정답 | 613 ② 614 ④ 615 ④ 616 ④ 617 ①

618 유상운송을 목적으로 등록된 사업용 화물자동차 운전자가 반드시 갖추어야 하는 것은?

① 차량정비기술 자격증
② 화물운송종사 자격증
③ 택시운전자 자격증
④ 제1종 특수면허

해설 사업용(영업용) 화물자동차(용달 개별 일반) 운전자는 반드시 화물운송종사자격을 취득 후 운전하여야 한다.

619 다음은 대형화물자동차의 특성에 대한 설명이다. 가장 알맞은 것은?

① 화물의 종류에 따라 선회 반경과 안정성이 크게 변할 수 있다.
② 긴 축간거리 때문에 안정도가 현저히 낮다.
③ 승용차에 비해 핸들복원력이 원활하다.
④ 차체의 무게는 가벼우나 크기는 승용차보다 크다.

해설 대형화물차는 승용차에 비해 차체가 무겁고 긴 축거 때문에 안정도가 높으며, 핸들복원력이 원활하지 못하다. 그래서 화물의 종류에 따라 선회 반경과 안정성이 크게 변할 수 있다.

620 다음 중 운송사업용 자동차 등 도로교통법상 운행기록계를 설치하여야 하는 자동차 운전자의 바람직한 운전행위는?

① 운행기록계가 설치되어 있지 아니한 자동차 운전행위
② 고장 등으로 사용할 수 없는 운행기록계가 설치된 자동차 운전행위
③ 운행기록계를 원래의 목적대로 사용하지 아니하고 자동차를 운전하는 행위
④ 주기적인 운행기록계 관리로 고장 등을 사전에 예방하는 행위

해설 운행기록계가 설치된 자동차는 고장 등을 사전에 예방하기 위하여 주기적인 관리를 해주는 것이 좋다. 운행기록계가 고장났거나 다른 목적으로 사용하거나 설치되지 않은 자동차를 운전할 시 범칙금 7만 원, 과태료 50~150만 원이 부과된다.

621 제1종 대형면허의 취득에 필요한 청력기준은 (단, 보청기 사용자 제외)?

① 25데시벨
② 35데시벨
③ 45데시벨
④ 55데시벨

해설 제1종 대형면허 또는 특수면허를 취득하려는 경우 필요한 청력기준은 55데시벨(보청기를 사용하는 사람은 40데시벨)의 소리를 들을 수 있어야 한다.

| 정답 | 618 ② 619 ① 620 ④ 621 ④

622 다음 중 대형화물자동차의 특징에 대한 설명으로 가장 알맞은 것은?

① 적재화물의 위치나 높이에 따라 차량의 중심위치는 달라진다.
② 중심은 상·하(上下)의 방향으로는 거의 변화가 없다.
③ 중심높이는 진동특성에 거의 영향을 미치지 않는다.
④ 진동특성이 없어 대형화물자동차의 진동각은 승용차에 비해 매우 작다.

> 해설 대형화물차는 적재화물의 위치나 높이에 따라 차량의 중심위치가 달라지기 때문에 화물 적재 시 무게중심을 균일하게 적재하는 것이 좋다.

623 다음 중 대형화물자동차의 운전특성에 대한 설명으로 가장 알맞은 것은?

① 무거운 중량과 긴 축거 때문에 안정도는 낮다.
② 고속주행 시에 차체가 흔들리기 때문에 순간적으로 직진안정성이 나빠지는 경우가 있다.
③ 운전대를 조작할 때 소형승용차와는 달리 핸들복원이 원활하다.
④ 운전석이 높아서 이상기후일 때에는 시야가 더욱 좋아진다.

> 해설 대형화물차는 무거운 중량과 긴 축거 때문에 안정도가 높지만 고속주행 시 차체가 흔들리기 때문에 순간적으로 직진 안정성이 나빠지는 경우가 있기 때문에 주의하도록 한다.

624 다음 중 대형화물자동차의 사각지대와 제동 시 하중변화에 대한 설명으로 가장 알맞은 것은?

① 사각지대는 보닛이 있는 차와 없는 차가 별로 차이가 없다.
② 앞, 뒷바퀴의 제동력은 하중의 변화와는 관계없다.
③ 운전석 우측보다는 좌측 사각지대가 훨씬 넓다.
④ 화물 하중의 변화에 따라 제동력에 차이가 발생한다.

> 해설 대형화물차는 화물 하중의 변화에 따라 제동력에 차이가 발생한다. 사각지대는 운전석 우측이 훨씬 넓다.

625 다음 중 대형화물자동차의 적재량과 실제의 제동거리에 대한 설명으로 가장 알맞은 것은?

① 브레이크가 작동하기 시작하여 바퀴가 정지할 때까지의 시간은 차량의 중량에 따라 달라진다.
② 하중의 변화에 따라 앞·뒤 바퀴가 정지하는 시간의 차이는 없다.
③ 타이어의 공기압과 트레드가 고르지 못해도 제동거리에는 큰 차이가 없다.
④ 차량의 중량(적재량)이 커질수록 실제의 제동거리는 짧아진다.

> 해설 대형화물차는 차량의 중량에 따라 제동거리가 다르며, 중량이 무거울수록 제동거리가 길어진다. 타이어의 공기압과 트레드가 고르지 못하면 제동거리에 영향을 주며, 하중의 변화에 따라 앞뒤 바퀴의 정지시간 차이가 발생한다.

정답 | 622 ① 623 ② 624 ④ 625 ①

626 다음 제1종 특수면허에 대한 설명 중 가장 옳은 것은?

① 소형견인차 면허는 적재중량 3.5톤의 견인형 특수자동차를 운전할 수 있다.
② 소형견인차 면허는 적재중량 4톤의 화물자동차를 운전할 수 있다.
③ 구난차 면허는 승차정원 12명인 승합자동차를 운전할 수 있다.
④ 대형 견인차 면허는 적재중량 10톤의 화물자동차를 운전할 수 있다.

해설 제1종 특수면허는 대형견인차, 소형견인차, 구난차가 있다. 대형 견인차 면허는 견인형 특수자동차를 운전할 수 있고, 소형 견인차 면허는 총중량 3.5톤 이하의 견인형 특수자동차를 운전할 수 있다. 구난차 면허는 구난형 특수자동차를 운전할 수 있다.

627 대형차의 운전특성에 대한 설명이다. 잘못된 것은?

① 무거운 중량과 긴 축거 때문에 안정도는 높으나, 핸들을 조작할 때 소형차와 달리 핸들 복원이 둔하다.
② 소형차에 비해 운전석이 높아 차의 바로 앞만 보고 운전하게 되므로 직진 안정성이 좋아진다.
③ 화물의 종류와 적재 위치에 따라 선회 특성이 크게 변화한다.
④ 화물의 종류와 적재 위치에 따라 안정성이 크게 변화한다.

해설 대형차는 소형차에 비해 운전석이 높고 사각지대가 많으므로 앞뒤좌우를 잘 확인하며 운전해야 하고, 고속주행 시 차체가 흔들리기 때문에 순간적으로 직진 안정성이 나빠질 수 있다.

628 자동차 및 자동차부품의 성능과 기준에 관한 규칙에 따라 자동차(연결자동차 제외)의 길이는 ( )미터를 초과하여서는 아니 된다. ( )에 기준으로 맞는 것은?

① 10 ② 11
③ 12 ④ 13

해설
- 길이 : 13미터(연결자동차의 경우에는 16.7미터를 말한다)
- 너비 : 2.5미터(간접시계장치·환기장치 또는 밖으로 열리는 창의 경우 이들 장치의 너비는 승용자동차에 있어서는 25센티미터, 기타의 자동차에 있어서는 30센티미터. 다만, 피견인자동차의 너비가 견인자동차의 너비보다 넓은 경우 그 견인자동차의 간접시계 장치에 한하여 피견인자동차의 가장 바깥쪽으로 10센티미터를 초과할 수 없다)
- 높이 : 4미터

629 대형승합자동차 운행 중 차내에서 승객이 춤추는 행위를 방치하였을 경우 운전자의 처벌은?

① 범칙금 9만 원, 벌점 30점
② 범칙금 10만 원, 벌점 40점
③ 범칙금 11만 원, 벌점 50점
④ 범칙금 12만 원, 벌점 60점

해설 차내 소란행위 방치운전의 경우 범칙금 10만 원에 벌점 40점이 부과된다.

630 4.5톤 화물자동차의 화물 적재함에 사람을 태우고 운행한 경우 범칙금액은?

① 5만 원 ② 4만 원
③ 3만 원 ④ 2만 원

해설 4톤 초과 화물자동차의 화물 적재함에 승객이 탑승하면 범칙금 5만 원이 부과된다.

정답 | 626 ② 627 ② 628 ④ 629 ② 630 ①

631 고속버스가 밤에 도로를 통행할 때 켜야 할 등화에 대한 설명으로 맞는 것은?

① 전조등, 차폭등, 미등, 번호등, 실내조명등
② 전조등, 미등
③ 미등, 차폭등, 번호등
④ 미등, 차폭등

해설 고속버스가 야간주행시 켜야 할 등화는 전조등, 차폭등, 미등, 번호등, 실내조명등이다.

632 출발 전 대형승합자동차 운전자의 준수사항으로 올바르지 않은 것은?

① 승객의 안전을 확인하고 출발한다.
② 실내·외 후사경으로만 후방을 확인하고 출발한다.
③ 차량에 승차하기 전에 차의 앞이나 뒤를 살핀다.
④ 좌석안전띠의 착용을 확인하고 출발한다.

해설 운전자는 승차하기 전에 차의 앞이나 뒤를 살피고 본인과 승객의 좌석안전띠를 착용하도록 하여 승객의 안전을 확인하고, 출발 시에도 후사경에 의지하여 후방만 살필 것이 아니라 전·후·좌·우를 잘 살핀 후 출발하여야 한다.

633 분할이 불가능하여 안전기준을 적용할 수 없는 화물의 적재허가를 받은 경우 화물의 양 끝에 너비 30cm, 길이 50cm의 (   ) 헝겊을 부착해야 한다. (   )에 들어갈 낱말은?

① 흰색
② 노란색
③ 빨간색
④ 검은색

해설 안전기준을 넘는 화물의 적재허가를 받은 경우 화물의 길이 또는 폭의 양 끝에 너비 30cm, 길이 50cm 이상의 빨간색의 헝겊으로 된 표시를 달아야 한다.

634 1종 대형면허와 제1종 보통면허의 운전범위를 구별하는 화물자동차의 적재중량 기준은?

① 12톤 미만
② 10톤 미만
③ 4톤 이하
④ 2톤 이하

해설 적재중량 12톤 미만의 화물자동차는 제1종 보통면허로 운전이 가능하고 적재중량 12톤 이상의 화물자동차는 제1종 대형면허를 취득하여야 운전이 가능하다.

635 제1종 보통면허 소지자가 총중량 750kg 초과 3톤 이하의 피견인자동차를 견인하기 위해 추가로 소지하여야 하는 면허는?

① 제1종 소형견인차면허
② 제2종 보통면허
③ 제1종 대형면허
④ 제1종 구난차면허

해설 1종 보통면허 소지자가 총중량 750kg 초과 3톤 이하의 피견인자동차를 견인하기 위해서는 제1종 소형견인차면허 또는 대형견인차 면허를 가지고 있어야 한다.

636 다음 중 총중량 750킬로그램 이하의 피견인자동차를 견인할 수 없는 운전면허는?

① 제1종 보통면허
② 제1종 보통연습면허
③ 제1종 대형면허
④ 제2종 보통면허

해설 연습면허로는 피견인자동차를 견인할 수 없다.

637 고속도로가 아닌 곳에서 총중량이 1천5백킬로그램인 자동차를 총중량 5천킬로그램인 승합자동차로 견인할 때 최고속도는?

① 매시 50킬로미터
② 매시 40킬로미터
③ 매시 30킬로미터
④ 매시 20킬로미터

해설 총중량 2천킬로그램 미만인 자동차를 총중량이 그의 3배 이상인 자동차로 견인하는 경우에는 최고속도 매시 30킬로미터이다.

638 고속도로가 아닌 곳에서 이륜자동차로 총중량 5백킬로그램인 견인되는 차를 견인할 때 최고속도는?

① 매시 30킬로미터
② 매시 25킬로미터
③ 매시 20킬로미터
④ 이륜자동차로는 견인할 수 없다.

해설 이륜자동차가 견인하는 경우에 최고속도는 매시 25킬로미터이다.

639 다음 중 특수한 작업을 수행하기 위해 제작된 총중량 3.5톤 이하의 특수자동차(구난차등은 제외)를 운전할 수 있는 면허는?

① 제1종 보통연습면허
② 제2종 보통연습면허
③ 제2종 보통면허
④ 제1종 소형면허

해설 총중량 3.5톤 이하의 특수자동차(구난차 제외)는 연습면허로는 운전이 불가능하며, 제2종 보통면허로 운전이 가능하다.

640 다음 중 도로교통법상 소형견인차 운전자가 지켜야 할 사항으로 맞는 것은?

① 소형견인차 운전자는 긴급한 업무를 수행하므로 안전띠를 착용하지 않아도 무방하다.
② 소형견인차 운전자는 주행 중 일상 업무를 위한 휴대폰 사용이 가능하다.
③ 소형견인차 운전자는 운행 시 제1종 특수(소형견인차)면허를 취득하고 소지하여야 한다.
④ 소형견인차 운전자는 사고현장 출동 시에는 규정된 속도를 초과하여 운행할 수 있다.

해설 소형견인차를 운전하려면 제1종 특수(소형견인차)면허를 취득하고 소지해야 한다. 운전 중 안전띠 착용은 필수이며 과속과 휴대폰 사용은 금지다.

641 다음 중 편도 3차로 고속도로에서 견인차의 주행 차로는?(버스전용차로 없음)

① 1차로
② 2차로
③ 3차로
④ 모두 가능

해설 1차선 추월차선, 2차선 승용차 및 경형, 소형, 중형 승합차, 3차선 대형승합차, 화물차, 특수자동차 등이 통행할 수 있다. 견인차는 특수자동차에 해당한다.

| 정답 | 637 ③ 638 ② 639 ③ 640 ③ 641 ③

642
급감속 급제동 시 피견인차가 앞쪽 견인차를 직선 운동으로 밀고 나아가면서 연결 부위가 'ㄱ'자처럼 접히는 현상을 말하는 용어는?

① 스윙-아웃(swing-out)
② 잭 나이프(jack knife)
③ 하이드로플래닝(hydropaning)
④ 베이퍼 록(vapor lock)

해설 'jack knife'는 젖은 노면 등의 도로 환경에서 트랙터의 제동력이 트레일러의 제동력보다 클 때 발생할 수 있는 현상으로 트레일러의 관성 운동으로 트랙터를 밀고 나아가면서 트랙터와 트레일러의 연결부가 기역자처럼 접히는 현상을 말한다. 'swing-out'은 불상의 이유로 트레일러의 바퀴만 제동되는 경우 트레일러가 시계추처럼 좌우로 흔들리는 운동을 뜻한다. 'hydroplaning'은 물에 젖은 노면을 고속으로 달릴 때 타이어가 노면과 접촉하지 않아 조종 능력이 상실되거나 또는 불가능한 상태를 말한다. 'vapor lock'은 브레이크액에 기포가 발생하여 브레이크가 제대로 작동하지 않게 되는 현상을 뜻한다.

643
다음 중 도로교통법상 피견인 자동차를 견인할 수 없는 자동차는?

① 화물자동차
② 승합자동차
③ 승용자동차
④ 이륜자동차

해설 피견인 자동차는 제1종 대형면허, 제1종 보통면허 또는 제2종 보통면허를 가지고 있는 사람이 그 면허로 운전할 수 있는 자동차(자동차 관리법 제3조에 따른 이륜자동차는 제외한다)로 견인할 수 있다.

644
다음 중 트레일러 차량의 특성에 대한 설명이다. 가장 적정한 것은?

① 좌회전 시 승용차와 비슷한 회전각을 유지한다.
② 내리막길에서는 미끄럼 방지를 위해 기어를 중립에 둔다.
③ 승용차에 비해 내륜차(內輪差)가 크다.
④ 승용차에 비해 축간 거리가 짧다.

해설 내륜차란 핸들을 꺾는 방향의 내측 바퀴가 갖는 회전 반경의 차이이다. 승용차는 축간 거리가 짧기 때문에 내륜차가 작고, 트레일러와 같은 축간거리가 큰 차는 내륜차가 크다. 그러므로 좌회전 시 승용차보다 넓은 회전각을 유지하여야 한다.

645
화물을 적재한 트레일러 자동차가 시속 50킬로미터로 편도 1차로인 우로 굽은 도로에 진입하려고 한다. 다음 중 가장 안전한 운전 방법은?

① 주행하던 속도를 줄이면 전복의 위험이 있어 속도를 높여 진입한다.
② 회전반경을 줄이기 위해 반대차로를 이용하여 진입한다.
③ 원활한 교통흐름을 위해 현재 속도를 유지하면서 신속하게 진입한다.
④ 원심력에 의해 전복의 위험성이 있어 속도를 줄이면서 진입한다.

해설 화물을 적재한 트레일러 자동차는 커브길에서 원심력에 의한 차량 전복의 위험성이 있어 속도를 줄이면서 안전하게 진입한다.

646 자동차관리법상 유형별로 구분한 특수자동차에 해당되지 않는 것은?

① 견인형
② 구난형
③ 일반형
④ 특수용도형

해설 자동차관리법상 특수자동차의 유형별 구분에는 견인형, 구난형, 특수용도형으로 구분된다.

647 다음 중 트레일러의 종류에 해당되지 않는 것은?

① 풀트레일러
② 저상트레일러
③ 세미트레일러
④ 고가트레일러

해설 트레일러 종류에는 컨테이너 운송 트레일러, 벌크 트레일러, 덤프 트레일러, 평판 트레일러, 저상 트레일러, 세미트레일러, 풀트레일러 등이 있다.

648 자동차 및 자동차부품의 성능과 기준에 관한 규칙상 트레일러의 차량중량이란?

① 공차상태의 자동차의 중량을 말한다.
② 적차상태의 자동차의 중량을 말한다.
③ 공차상태의 자동차의 축중을 말한다.
④ 적차상태의 자동차의 축중을 말한다.

해설 차량중량은 공차상태의 자동차 중량을 말한다. 적차상태의 자동차 중량은 차량총중량이다.

649 도로에서 캠핑트레일러 피견인 차량 운행 시 횡풍 등 물리적 요인에 의해 피견인 차량이 물고기 꼬리처럼 흔들리는 현상은?

① 잭 나이프(jack knife) 현상
② 스웨이(Sway) 현상
③ 수막(Hydroplaning) 현상
④ 휠 얼라이먼트(wheel alignment) 현상

해설 스웨이 현상은 피쉬테일 현상이라고도 불리며, 차량 좌우가 흔들거리면서 중심을 잡기 힘들어지며 대형사고의 원인이 된다.

650 자동차 및 자동차부품의 성능과 기준에 관한 규칙상 견인형 특수자동차의 뒷면 또는 우측면에 표시하여야 하는 것은?

① 차량총중량 최대적재량
② 차량중량에 승차정원의 중량을 합한 중량
③ 차량총중량에 승차정원의 중량을 합한 중량
④ 차량총중량 최대적재량 최대적재용적 적재물품명

해설 견인형 특수자동차의 뒷면 또는 우측면에는 차량중량에 승차정원의 중량을 합한 중량을 표시해야 한다. 화물차는 차량총중량 및 최대적재량을 표시해야 하며, 기타 자동차의 뒷면에는 정하여진 최대적재량을 표시해야 하며, 차량 총중량이 15톤 미만인 경우에는 차량총중량을 표시하지 아니할 수 있다.

651 다음 중 견인차의 트랙터와 트레일러를 연결하는 장치로 맞는 것은?

① 커플러
② 킹핀
③ 아우트리거
④ 붐

해설
- 커플러 : 견인차와 피견인차를 연결하는 장치
- 킹핀 : 앞 차축과 조향너클을 연결하는 핀
- 아우트리거 : 안정을 위하여 길게 설치된 지주
- 붐 : 하중을 지지해주는 구조물

652 자동차 및 자동차부품의 성능과 기준에 관한 규칙상 연결자동차가 초과해서는 안 되는 자동차 길이의 기준은?

① 13.5미터
② 16.7미터
③ 18.9미터
④ 19.3미터

해설 자동차의 길이는 13미터를 초과하여서는 안 되며, 연결자동차의 경우는 16.7미터를 초과하여서는 안 된다.

653 초대형 중량물의 운송을 위하여 단독으로 또는 2대 이상을 조합하여 운행할 수 있도록 되어 있는 구조로서 하중을 골고루 분산하기 위한 장치를 갖춘 피견인자동차는?

① 세미트레일러
② 저상트레일러
③ 모듈트레일러
④ 센터차축트레일러

해설
- 세미트레일러 : 그 일부가 견인자동차의 상부에 실리고, 해당 자동차 및 적재물 중량의 상당 부분을 견인자동차에 분담시키는 구조의 피견인자동차
- 저상 트레일러 : 중량물의 운송에 적합하고 세미트레일러의 구조를 갖춘 것으로서, 대부분의 상면지상고가 1,100밀리미터 이하이며 견인자동차의 커플러 상부 높이보다 낮게 제작된 피견인자동차
- 센터차축트레일러 : 균등하게 적재한 상태에서의 무게중심이 차량 축 중심의 앞쪽에 있고, 견인자동차와의 연결장치가 수직방향으로 굴절되지 아니하며, 차량총중량의 10퍼센트 또는 1천킬로그램보다 작은 하중을 견인자동차에 분담시키는 구조로서 1개 이상의 축을 가진 피견인자동차

| 정답 | 651 ① 652 ② 653 ③

654 차체 일부가 견인자동차의 상부에 실리고, 해당 자동차 및 적재물 중량의 상당 부분을 견인자동차에 분담시키는 구조의 피견인자동차는?

① 풀트레일러
② 세미트레일러
③ 저상트레일러
④ 센터차축트레일러

해설
- 풀트레일러 : 자동차 및 적재물 중량의 대부분을 해당 자동차의 차축으로 지지하는 구조의 피견인자동차
- 저상 트레일러 : 중량물의 운송에 적합하고 세미트레일러의 구조를 갖춘 것으로서, 대부분의 상면지상고가 1,100밀리미터 이하이며 견인자동차의 커플러 상부높이보다 낮게 제작된 피견인자동차
- 센터차축트레일러 : 균등하게 적재한 상태에서의 무게중심이 차량 축 중심의 앞쪽에 있고, 견인자동차와의 연결장치가 수직방향으로 굴절되지 아니하며, 차량총중량의 10퍼센트 또는 1천킬로그램보다 작은 하중을 견인자동차에 분담시키는 구조로서 1개 이상의 축을 가진 피견인자동차

655 트레일러의 특성에 대한 설명이다. 가장 알맞은 것은?

① 차체가 무거워서 제동거리가 일반승용차보다 짧다.
② 급차로변경을 할 때 전도나 전복의 위험성이 높다.
③ 운전석이 높아서 앞 차량이 실제보다 가까워 보인다.
④ 차체가 크기 때문에 내륜차(內輪差)는 크게 관계가 없다.

해설 트레일러는 차체가 무겁고, 길고, 크기 때문에 제동거리가 승용차에 비해 길고, 내륜차와 크게 관계가 있으며, 전도나 전복의 위험성이 높고, 급차로변경 시 잭나이프 현상이 발생할 수 있다. 운전석의 높이가 높아서 앞 차량과의 실제 차간거리보다 멀어보인다.

656 다음 중 대형화물자동차의 선회특성과 진동특성에 대한 설명으로 가장 알맞은 것은?

① 진동각은 차의 원심력에 크게 영향을 미치지 않는다.
② 진동각은 차의 중심높이에 크게 영향을 받지 않는다.
③ 화물의 종류와 적재위치에 따라 선회 반경과 안정성이 크게 변할 수 있다.
④ 진동각도가 승용차보다 작아 추돌사고를 유발하기 쉽다.

해설 대형화물차는 화물의 종류와 적재위치에 따라 선회반경과 안정성이 크게 변할 수 있고 진동각은 차의 원심력과 중심높이에 크게 영향을 미치며, 진동각도가 승용차보다 크다.

657 트레일러 운전자의 준수사항에 대한 설명으로 가장 알맞은 것은?

① 운행을 마친 후에만 차량 일상점검 및 확인을 해야 한다.
② 정당한 이유 없이 화물의 운송을 거부해서는 아니 된다.
③ 차량의 청결상태는 운임요금이 고가일 때만 양호하게 유지한다.
④ 적재화물의 이탈방지를 위한 덮게 포장 등은 목적지에 도착해서 확인한다.

해설 트레일러 운전자는 운행 전 적재화물의 이탈방지를 위한 덮게, 포장을 제대로 하고 항상 청결을 유지하며 차량의 일상점검 및 확인은 운행 전은 물론 운행 후에도 꾸준히 하여야 한다.

정답 : 654 ② 655 ② 656 ③ 657 ②

658 다음 중 편도 3차로 고속도로에서 구난차의 주행 차로는?(버스전용차로 없음)

① 1차로　② 2차로
③ 3차로　④ 모든 차로

해설 편도 3차로 고속도로에서 1차선은 추월차선, 2차선은 승용차 및 경형, 소형, 중형 승합차, 3차선은 대형승합차, 화물차, 특수자동차 등이 통행할 수 있다. 구난차는 특수자동차에 해당한다.

659 다음 중 구난차로 상시 4륜구동 자동차를 견인하는 경우 가장 적절한 방법은?

① 전륜구동 자동차는 뒤를 들어서 견인한다.
② 상시 4륜구동 자동차는 전체를 들어서 견인한다.
③ 구동 방식과 견인하는 방법은 무관하다.
④ 견인되는 모든 자동차의 주차브레이크는 반드시 제동 상태로 한다.

해설 상시 4륜구동 자동차를 견인하는 경우 차량 전체를 들어서 화물칸에 싣고 이동하여야 한다.

660 자동차관리법상 구난형 특수자동차의 세부기준은?

① 피견인차의 견인을 전용으로 하는 구조인 것
② 견인 구난할 수 있는 구조인 것
③ 고장 사고 등으로 운행이 곤란한 자동차를 구난 견인할 수 있는 구조인 것
④ 위 어느 형에도 속하지 아니하는 특수작업용인 것

해설 구난형 특수자동차의 세부기준은 고장, 사고 등으로 운행이 곤란한 자동차를 구난·견인할 수 있는 구조인 것을 말한다.

661 자동차 및 자동차부품의 성능과 기준에 관한 규칙에 따라 연결자동차의 길이 기준은?

① 13.7미터　② 14.7미터
③ 15.7미터　④ 16.7미터

해설 자동차의 길이·너비 및 높이는 다음의 기준을 초과하여서는 아니 된다.
- 길이 : 13미터(연결자동차의 경우에는 16.7미터를 말한다)
- 너비 : 2.5미터(간접시계장치·환기장치 또는 밖으로 열리는 창의 경우 이들 장치의 너비는 승용자동차에 있어서는 25센티미터, 기타의 자동차에 있어서는 30센티미터. 다만, 피견인자동차의 너비가 견인자동차의 너비보다 넓은 경우 그 견인자동차의 간접시계장치에 한하여 피견인자동차의 가장 바깥쪽으로 10센티미터를 초과할 수 없다.)
- 높이 : 4미터

662 교통사고 발생 현장에 도착한 구난차 운전자의 가장 바람직한 행동은?

① 사고차량 운전자의 운전면허증을 회수한다.
② 도착 즉시 사고차량을 견인하여 정비소로 이동시킨다.
③ 운전자와 사고차량의 수리비용을 흥정한다.
④ 운전자의 부상 정도를 확인하고 2차 사고에 대비 안전조치를 한다.

해설 구난차(레커) 운전자는 사고처리 행정업무를 수행할 권한이 없어 사고현장을 보존해야 한다. 다만, 부상자의 구호 및 2차 사고를 대비 주변 상황에 맞는 안전조치를 취할 수 있다.

| 정답 | 658 ③　659 ②　660 ③　661 ④　662 ④

663 구난차 운전자의 가장 바람직한 운전행동은?

① 고장차량 발생 시 신속하게 출동하여 무조건 견인한다.
② 피견인차량을 견인 시 법규를 준수하고 안전하게 견인한다.
③ 견인차의 이동거리별 요금이 고가일 때만 안전하게 운행한다.
④ 사고차량 발생 시 사고현장까지 신호는 무시하고 가도 된다.

해설 구난차 운전자는 준법운전을 하고 차주의 의견을 무시하거나 사고현장을 훼손하는 경우가 있어서는 안 된다.

664 구난차가 갓길에서 고장차량을 견인하여 본 차로로 진입할 때 가장 주의해야 할 사항으로 맞는 것은?

① 고속도로 전방에서 정속 주행하는 차량에 주의
② 피견인자동차 트렁크에 적재되어있는 화물에 주의
③ 본 차로 뒤쪽에서 빠르게 주행해오는 차량에 주의
④ 견인자동차는 눈에 확 띄므로 크게 신경 쓸 필요가 없다.

해설 갓길에서 본 차로로 진입할 때 본차로 뒤쪽에서 빠르게 주행해오는 차량에 가장 주의하여야 한다.

665 부상자가 발생한 사고현장에서 구난차 운전자가 취한 행동으로 가장 적절하지 않은 것은?

① 부상자의 의식 상태를 확인하였다.
② 부상자의 호흡 상태를 확인하였다.
③ 부상자의 출혈상태를 확인하였다.
④ 바로 견인준비를 하며 합의를 종용하였다.

해설 구난차 운전자는 사고현장에서 부상자의 구호를 도와야 하며, 사고차량 당사자에게 사고처리 하지 않도록 유도하거나 사고에 대한 합의를 종용해서는 안 된다.

666 다음 중 구난차의 각종 장치에 대한 설명으로 맞는 것은?

① 크레인 본체에 달려 있는 크레인의 팔 부분을 후크(hook)라 한다.
② 구조물을 견인할 때 구난차와 연결하는 장치를 PTO스위치라고 한다.
③ 작업 시 안정성을 확보하기 위하여 전방과 후방 측면에 부착된 구조물을 아우트리거라고 한다.
④ 크레인에 장착되어 있으며 갈고리 모양으로 와이어 로프에 달려서 중량물을 거는 장치를 붐(boom)이라 한다.

해설
• 크레인의 붐(boom) : 크레인 본체에 달려 있는 크레인의 팔 부분
• 견인삼각대 : 구조물을 견인할 때 구난차와 연결하는 장치
• PTO스위치 : 크레인 및 구난 윈치에 소요되는 동력은 차량의 PTO(동력인출장치)로부터 나오게 된다.
• 아우트리거 : 작업 시 안정성을 확보하기 위하여 전방과 후방 측면에 부착된 구조물
• 후크(hook) : 크레인에 장착되어 있으며 갈고리 모양으로 와이어 로프에 달려서 중량물을 거는 장치

정답 | 663 ② 664 ③ 665 ④ 666 ③

667 구난차 운전자가 FF방식(Front engine Front wheel drive)의 고장난 차를 구난하는 방법으로 가장 적절한 것은?

① 차체의 앞부분을 들어 올려 견인한다.
② 차체의 뒷부분을 들어 올려 견인한다.
③ 앞과 뒷부분 어느 쪽이든 관계없다.
④ 반드시 차체 전체를 들어 올려 견인한다.

해설 FF방식(Front engine Front wheel drive)의 앞바퀴 굴림방식의 차량은 엔진이 앞에 있고, 앞바퀴 굴림방식이기 때문에 손상을 방지하기 위하여 차체의 앞부분을 들어 올려 견인한다.

668 구난차 운전자가 교통사고현장에서 한 조치이다. 가장 바람직한 것은?

① 교통사고 당사자에게 민사합의를 종용했다.
② 교통사고 당사자 의사와 관계없이 바로 견인 조치했다.
③ 주간에는 잘 보이므로 별다른 안전조치 없이 견인준비를 했다.
④ 사고당사자에게 일단 심리적 안정을 취할 수 있도록 도와줬다.

해설 구난차 운전자는 교통사고 현장에서 사고 당사자의 구호를 도와야 하며, 당사자에게 합의를 종용하는 등 사고처리에 관여해서는 아니 된다.

669 구난차 운전자가 교통사고 현장에서 부상자를 발견하였을 때 대처방법으로 가장 바람직한 것은?

① 말을 걸어보거나 어깨를 두드려 부상자의 의식 상태를 확인한다.
② 부상자가 의식이 없으면 인공호흡을 실시한다.
③ 골절 부상자는 즉시 부목을 대고 구급차가 올 때까지 기다린다.
④ 심한 출혈의 경우 출혈 부위를 심장 아래쪽으로 둔다.

해설 말을 걸어보거나 어깨를 두드려 부상자의 의식상태를 확인하며, 부상자가 의식이 없으면 가슴압박을 실시하며, 심한 출혈의 경우 출혈 부위를 심장 위쪽으로 둔다.

670 교통사고 발생 현장에 도착한 구난차 운전자가 부상자에게 응급조치를 해야 하는 이유로 가장 거리가 먼 것은?

① 부상자의 빠른 호송을 위하여
② 부상자의 고통을 줄여주기 위하여
③ 부상자의 재산을 보호하기 위하여
④ 부상자의 구명률을 높이기 위하여

해설 구난차 운전자는 교통사고 현장에서 부상자의 구명률을 높이기 위해 구호를 도와야 한다.

정답 | 667 ① 668 ④ 669 ① 670 ③

671 다음 중 자동차의 주행 또는 급제동 시 자동차의 뒤쪽 바디가 좌우로 떨리는 현상을 뜻하는 용어는?

① 피쉬테일링(fishtaling)
② 하이드로플래닝(hydroplaning)
③ 스탠딩 웨이브(standing wave)
④ 베이퍼락(vapor lock)

해설 'fishtailing'은 주행이나 급제동 시 뒤쪽 차체가 물고기 꼬리지느러미처럼 좌우로 흔들리는 현상이다. 'hydroplaning'은 물에 젖은 노면을 고속으로 달릴 때 타이어가 노면과 접촉하지 않아 조종 능력이 상실되거나 또는 불가능한 상태를 말한다. 'standing wave'는 자동차가 고속 주행할 때 타이어 접지부에 열이 축적되어 변형이 나타나는 현상이다. 'vapor lock'은 브레이크 액에 기포가 발생하여 브레이크가 제대로 작동하지 않게 되는 현상을 뜻한다.

672 다음 중 구난차 운전자의 가장 바람직한 행동은?

① 화재발생 시 초기진화를 위해 소화 장비를 차량에 비치한다.
② 사고현장에 신속한 도착을 위해 중앙선을 넘어 주행한다.
③ 경미한 사고는 운전자 간에 합의를 종용한다.
④ 교통사고 운전자와 동승자를 사고차량에 승차시킨 후 견인한다.

해설 구난차 운전자는 사고현장에 가장 먼저 도착할 수 있으므로 차량 화재발생 시 초기진압할 수 있는 소화 장비를 비치하는 것이 바람직하다.

673 구난차량 운전자가 구난을 위해 제한속도 매시 100킬로미터인 편도 2차로 고속도로에서 매시 145킬로미터로 주행하다 과속으로 적발되었다. 벌점과 범칙금액은?

① 벌점 70점, 범칙금 14만 원
② 벌점 60점, 범칙금 13만 원
③ 벌점 30점, 범칙금 10만 원
④ 벌점 15점, 범칙금 7만 원

해설 매시 100킬로미터인 2차로 고속도로에서 145킬로미터로 과속했을 때 41킬로미터 초과 60킬로미터 미만에 해당하며, 견인자동차는 범칙금 13만 원, 벌점 60점이 부과된다.

674 다음 중 구난차 운전자가 자동차에 도색(塗色)이나 표지를 할 수 있는 것은?

① 교통단속용자동차와 유사한 도색 및 표지
② 범죄수사용자동차와 유사한 도색 및 표지
③ 긴급자동차와 유사한 도색 및 표지
④ 응급상황 발생 시 연락할 수 있는 운전자 전화번호

해설 응급상황 발생 시 연락할 수 있는 운전자 전화번호는 필수로 남겨놓아야 한다. 어떤 자동차든 교통단속용자동차, 범죄수사용자동차나 그 밖의 긴급자동차와 유사한 도색이나 표지 등을 하여서는 아니 된다.

675 구난차 운전자가 RR방식(Rear engine Rear wheel drive)의 고장난 차를 구난하는 방법으로 가장 적절한 것은?

① 차체의 앞부분을 들어 올려 견인한다.
② 차체의 뒷부분을 들어 올려 견인한다.
③ 앞과 뒷부분 어느 쪽이든 관계없다.
④ 반드시 차체 전체를 들어 올려 견인한다.

해설 RR방식(Rear engine Rear wheel drive)은 엔진이 뒤에 있고, 뒷바퀴 굴림방식이기 때문에 차체의 뒷부분을 들어 올려 견인한다.

676 교통사고 현장에 출동하는 구난차 운전자의 마음가짐이다. 가장 바람직한 것은?

① 신속한 도착이 최우선이므로 반대차로로 주행한다.
② 긴급자동차에 해당됨으로 최고 속도를 초과하여 주행한다.
③ 고속도로에서 차량 정체 시 경음기를 울리면서 갓길로 주행한다.
④ 신속한 도착도 중요하지만 교통사고 방지를 위해 안전운전 한다.

해설 구난차 운전자는 신속한 도착도 중요하지만 교통사고 방지를 위해 안전운전해야 한다.

677 다음 중 자동차관리법상 특수자동차의 종류가 아닌 것은?

① 견인형 특수자동차
② 특수용도형 특수자동차
③ 구난형 특수자동차
④ 도시가스 응급복구용 특수자동차

해설 자동차관리법상 특수자동차의 유형별 구분에는 견인형, 구난형, 특수용도형으로 구분된다.

678 제1종 특수면허 중 소형견인차면허의 기능시험에 대한 내용이다. 맞는 것은?

① 소형견인차 면허 합격기준은 100점 만점에 90점 이상이다.
② 소형견인차 시험은 굴절, 곡선, 방향전환, 주행코스를 통과하여야 한다.
③ 소형견인차 시험 코스통과 기준은 각 코스마다 5분 이내 통과하면 합격이다.
④ 소형견인차 시험 각 코스의 확인선 미접촉 시 각 5점씩 감점이다.

해설 소형견인차면허의 기능시험은 굴절코스, 곡선코스, 방향전환코스를 통과해야 하며, 각 코스마다 3분 초과 시, 검지선 접촉 시, 방향전환코스의 확인선 미접촉 시 각 10점이 감점된다. 합격기준은 90점 이상이다.

679 구난차로 고장차량을 견인할 때 견인되는 차가 켜야 하는 등화는?

① 전조등, 비상점멸등
② 전조등, 미등
③ 미등, 차폭등, 번호등
④ 좌측방향지시등

해설 견인되는 차는 안전을 위하여 미등, 차폭등, 번호등을 켜야 한다.

| 정답 | 675 ② 676 ④ 677 ④ 678 ① 679 ③

680 구난차 운전자가 지켜야 할 사항으로 맞는 것은?

① 구난차 운전자의 경찰무선 도청은 일부 허용된다.
② 구난차 운전자는 도로교통법을 반드시 준수해야 한다.
③ 교통사고 발생 시 출동하는 구난차의 과속은 무방하다.
④ 구난차는 교통사고 발생 시 신호를 무시하고 진행할 수 있다.

> **해설** 구난차 운전자는 도로교통법을 준수하여 안전운전해야 한다. 경찰무선 도청은 불법이며 과속, 난폭운전, 신호위반을 해선 아니 된다.

| 정답 | 680 ②

Chapter 02 사진형 문제

100문항 | 5지2답

681 소형 회전교차로에서 중앙 교통섬을 이용할 수 있는 차의 종류 2가지를 고르시오?

① 좌회전하는 승용자동차
② 대형 긴급자동차
③ 대형 트럭
④ 오토바이 등 이륜자동차
⑤ 자전거

해설 회전반경이 부족한 대형차(긴급차, 트럭 등)은 소형 회전교차로의 중앙 교통섬을 이용하여 통행할 수 있다.

682 편도 3차로 도로에서 우회전하기 위해 차로를 변경하려 한다. 가장 안전한 운전방법 2가지는?

① 차로 변경 중 2차로로 끼어드는 화물차는 주의할 필요가 없다.
② 차로 변경은 신속하게 하는 것이 다른 차에 방해가 되지 않는다.
③ 차로 변경 중 다른 차의 끼어들기로 인해 앞차가 급정지할 수 있음을 예상하고 안전하게 차로를 변경한다.
④ 방향지시등을 켠 후 3차로를 주행하는 차들과 충분한 거리를 확보하고 차로를 변경한다.
⑤ 앞차와의 안전거리만 확보하면 된다.

해설 편도 3차로에서 우회전 차선으로 차로변경 시 방향지시등 점멸 후 3차로를 주행하는 차들과 충분한 거리를 확보하며 안전하게 차로를 변경해야 한다.

| 정답 | 681 ②, ③ 682 ③, ④

683 다음 상황에서 가장 안전한 운전 방법 2가지는?

① 정지선 직전에 일시정지하여 전방차량 신호와 보행자 안전을 확인한 후 진행한다.
② 경음기를 울려 보행자가 빨리 횡단하도록 한다.
③ 서행하면서 보행자와 충돌하지 않도록 보행자를 피해 나간다.
④ 신호기가 없으면 주행하던 속도 그대로 진행한다.
⑤ 횡단보도 부근에서 무단 횡단하는 보행자에 대비한다.

해설 자동차 운전자는 정지선 직전에 일시정지하여 무단횡단하는 보행자 등을 대비하여 신호에 주의하며 안전운전해야 한다.

684 교차로를 통과하던 중 차량 신호가 녹색에서 황색으로 변경된 경우 가장 안전한 운전 방법 2가지는?

① 교차로 밖으로 신속하게 빠져나가야 한다.
② 즉시 정지하여야 한다.
③ 서행하면서 진행하여야 한다.
④ 일시정지 후 진행하여야 한다.
⑤ 주위를 살피며 신속히 진행하여야 한다.

해설 이미 교차로에 진입한 경우 운전자는 주위를 살피며 신속히 교차로 밖으로 진행하여야 한다.

| 정답 | 683 ①, ⑤   684 ①, ⑤

685 다음 상황에서 가장 안전한 운전 방법 2가지는?

① 전방 도로에 설치된 노면표시는 횡단보도가 있음을 알리는 것이므로 속도를 줄여 진행한다.
② 전방에 설치된 노면표시는 신호등이 있음을 알리는 것이므로 속도를 줄여 진행한다.
③ 속도 규제가 없으므로 매시 90킬로미터 정도의 속도로 진행한다.
④ 전방 우측 버스 정류장에 사람이 있으므로 주의하며 진행한다.
⑤ 좌측으로 급차로 변경하여 진행한다.

해설 전방의 마름모 모양 노면표시는 횡단보도가 있음을 알리는 것이므로 감속해야 하고, 우측 버스정류장에 사람이 서 있으므로 주의하여 진행해야 한다.

686 다음의 교차로를 통과하려 한다. 가장 안전한 운전 방법 2가지는?

① 어린이 보호 안전표지가 있으므로 특히 주의한다.
② 경음기를 울리면서 횡단보도 내에 정지한다.
③ 속도를 높여 신속히 통과한다.
④ 정지선 직전에서 일시정지한다.
⑤ 서행하며 빠져나간다.

해설 전방에 횡단보도가 있고 황색등화가 점멸되었으며, 어린이보호 안전표지가 있으므로 감속하면서 정지선 직전에서 일시정지해야 한다.

| 정답 | 685 ①, ④　686 ①, ④

687 화물차를 뒤따라가는 중이다. 충분한 안전거리를 두고 운전해야 하는 이유 2가지는?

① 전방 시야를 확보하는 것이 위험에 대비할 수 있기 때문에
② 화물차에 실린 적재물이 떨어질 수 있으므로
③ 뒤 차량이 앞지르기하는 것을 방해할 수 있으므로
④ 신호가 바뀔 경우 교통 흐름에 따라 신속히 빠져나갈 수 있기 때문에
⑤ 화물차의 뒤를 따라 주행하면 안전하기 때문에

해설 화물차 뒤에서 안전거리를 두고 운전해야 되는 이유는 전방 시야 확보와 화물차에 실린 적재물이 낙하할 수도 있기 때문이다.

688 비보호좌회전 하는 방법에 관한 설명 중 맞는 2가지는?

① 반대편 직진 차량의 진행에 방해를 주지 않을 때 좌회전한다.
② 반대편에서 진입하는 차량이 있으므로 일시 정지하여 안전을 확인한 후 좌회전한다.
③ 비보호좌회전은 우선권이 있으므로 신속하게 좌회전한다.
④ 비보호좌회전이므로 좌회전해서는 안 된다.
⑤ 적색 등화에서 좌회전한다.

해설 비보호좌회전은 반대편 직진 차량의 진행에 방해를 주지 않을 때 하는 것이며, 보기의 사진은 반대편에서 진입하는 차량이 있으므로 일시정지하여 안전을 확인한 후 좌회전 해야 한다.

| 정답 | 687 ①, ②   688 ①, ②

689 다음 상황에 관한 설명 중 맞는 2가지는?

① 비보호좌회전을 할 수 있는 교차로이다.
② 유턴을 할 수 있는 교차로이다.
③ 전방 차량 신호기에는 좌회전 신호가 없다.
④ 녹색 신호에 따라 직진할 수 있다.
⑤ 녹색 신호에 따라 유턴할 수 있다.

해설 유턴 가능 표지판이 있고, 녹색 신호에 따라 직진할 수 있다.

690 고장 난 신호기가 있는 교차로에서 가장 안전한 운전방법 2가지는?

① 좌회전 차량에게 경음기를 사용하여 정지시킨 후 교차로를 통과한다.
② 직진 차량이 통행 우선순위를 가지므로 교차로에 진입하여 좌회전 차량을 피해 통과한다.
③ 교차로에 진입하여 정지한 후 좌회전 차량이 지나가면 통과한다.
④ 반대편 좌회전 차량이 먼저 교차로에 진입하였으므로 좌회전 차량에게 차로를 양보한 후 통과한다.
⑤ 교차로 직전에서 일시정지한 후 안전을 확인하고 통과한다.

해설 교차로에 먼저 진입한 차에게 차로를 양보하고 교차로에서 접근하는 다른 차량이 없는지 확인한 후 통과해야 한다.

| 정답 | 689 ②, ④   690 ④, ⑤

691 다음 상황에서 가장 올바른 운전방법 2가지는?

① 최고 속도에 대한 특별한 규정이 없는 경우 시속 70킬로미터 이내로 주행해야 한다.
② 전방에 비보호좌회전 표지가 있으므로 녹색 신호에 좌회전할 수 있다.
③ 오르막길을 올라갈 때는 최고 속도의 100분의 20으로 감속해야 한다.
④ 횡단보도 근처에는 횡단하는 보행자들이 있을 수 있으므로 주의한다.
⑤ 앞서 가는 차량이 서행으로 갈 경우 앞지르기를 한다.

해설 전방에 비보호좌회전 표시가 있으므로 녹색등화일 때 진행할 수 있다. 횡단보도가 있으므로 보행자에 주의하며 운전한다.

692 다음 상황에서 가장 안전한 운전방법 2가지는?

① 이 도로는 주차와 정차가 금지된 도로이므로 속도를 높인다.
② 우측 전방의 승용차 옆을 지날 때 차문을 열고 나오는 사람이 있을 수 있으므로 서행한다.
③ 반대편에서 주행하는 택시들은 교차로 통행 방법 위반이므로 경음기를 사용하여 경고를 한다.
④ 좌·우측 보도 위에서 보행자가 뛰어나올 수 있으므로 속도를 줄인다.
⑤ 전방에 차량이 없으므로 가급적 속도를 높인다.

해설 주·정차된 차들을 앞질러 갈 때는 차 문을 열고 나오는 사람이 있을 수 있으므로 주의해야 하며, 횡단보도가 없는 곳에서는 무단 횡단하는 보행자들이 있을 수 있다는 생각을 해야 한다. 한편 길 가장자리 선이 황색 점선이므로 주차가 금지되며, 정차는 허용된다. 중앙선을 넘어오는 택시는 중앙선 침범에 해당되며, 복잡한 도로일수록 속도를 줄이고 주행해야 한다.

| 정답 | 691 ②, ④ 692 ②, ④

693 다음 상황에서 가장 안전한 운전방법 2가지는?

① 반대편 버스에서 내린 승객이 버스 앞으로 뛰어나올 가능성이 있으므로 속도를 줄인다.
② 반대편 버스가 갑자기 출발할 경우 택시가 중앙선을 넘을 가능성이 크기 때문에 주의한다.
③ 전방에 횡단보도가 없는 것으로 보아 무단 횡단자는 없을 것이므로 속도를 높인다.
④ 내 앞에 주행하는 차가 없으므로 속도를 높여 주행한다.
⑤ 편도 1차로 도로이므로 시속 80킬로미터 속도로 주행한다.

해설 버스에서 내린 승객은 버스 앞이나 뒤로 뛰어나올 가능성이 높으며, 버스가 출발할 경우 택시들은 중앙선을 넘을 가능성이 많다. 한편 편도 1차로에 횡단보도가 없을 때 무단 횡단자를 염두에 두어야 하며, 버스 뒷부분에 보이지 않는 공간이 있으므로 서행하여야 한다.

694 신호등 없는 교차로에서 앞차를 따라 좌회전 중이다. 가장 안전한 운전방법 2가지는?

① 반대 방향에서 직진 차량이 올 수 있으므로 신속히 앞차를 따라 진행한다.
② 앞차가 급정지할 수 있으므로 서행한다.
③ 교차로에 진입했으므로 속도를 높여 앞만 보고 진행한다.
④ 교차로 부근에 보행자가 있을 수 있으므로 안전을 확인하며 진행한다.
⑤ 이미 좌회전 중이므로 전방 상황을 고려하지 않고 진행한다.

해설 신호 없는 교차로에서는 방어 운전을 하고 보행자에 주의하면서 좌회전하여야 한다.

정답 | 693 ①, ② 694 ②, ④

695 혼잡한 교차로에서 직진할 때 가장 안전한 운전방법 2가지는?

① 교차로 안에서 정지할 우려가 있을 때에는 녹색신호일지라도 교차로에 진입하지 않는다.
② 앞차의 주행방향으로 따라만 가면 된다.
③ 앞지르기해서 신속히 통과한다.
④ 다른 교통에 주의하면서 그대로 진행한다.
⑤ 정체된 차들 사이에서 무단횡단 할 수 있는 보행자에 주의한다.

해설 혼잡한 교차로에서는 녹색신호일지리도 진입하지 않는다.

696 교차로에 진입하기 전에 황색신호로 바뀌었다. 가장 안전한 운전 방법 2가지는?

① 속도를 높여 신속하게 지나간다.
② 정지선 또는 횡단보도 직전에 정지한다.
③ 앞에 있는 자전거나 횡단하려는 보행자에 유의한다.
④ 주행하는데 방해가 되는 전방의 자전거가 비켜나도록 경음기를 울린다.
⑤ 앞에 정차한 차량이 있으므로 왼쪽 차로로 차로 변경 후 진행한다.

해설 전방에 자전거와 정차된 차량이 있고, 횡단보도 앞이기 때문에 보행자의 안전을 유의하며 정지선 안쪽에서 정지한다.

정답 | 695 ①, ⑤   696 ②, ③

697 회전교차로에 진입하고 있다. 가장 안전한 운전 방법 2가지는?

① 좌측에서 회전하는 차량이 우선이므로 회전 차량이 통과한 후 진입한다.
② 진입차량이 우선이므로 신속히 진입한다.
③ 일시정지 후 안전을 확인하면서 진입한다.
④ 우측 도로에 있는 차가 우선이므로 그대로 진입한다.
⑤ 회전차량이 멈출 수 있도록 경음기를 울리며 진입한다.

해설 회전교차로는 선 진입한 차량에게 우선 통행권이 있다. 우측 차량이 회전교차로를 통과한 후 안전을 확인하면서 진입한다.

698 교차로에서 우회전하려고 한다. 가장 안전한 운전 방법 2가지는?

① 차량신호등이 적색이므로 우회전을 하지 못한다.
② 보도에 있는 보행자에 주의하면서 서행으로 우회전한다.
③ 최대한 빠른 속도로 우회전한다.
④ 보도에 있는 보행자가 차도로 나오지 못하게 경음기를 계속 울린다.
⑤ 반대편에서 좌회전하고 있는 차량에 주의하면서 우회전한다.

해설 보도에 있는 보행자와 반대편에서 좌회전하고 있는 차량에 주의하며 진행한다.

정답 | 697 ①, ③   698 ②, ⑤

699 전방에 공사 중인 차로로 주행하고 있다. 다음 중 가장 안전한 운전 방법 2가지는??

① 좌측 차로로 신속하게 끼어들기 한다.
② 좌측 방향지시기를 작동하면서 좌측 차로로 안전하게 차로 변경한다.
③ 공사구간이 보도이므로 진행 중인 차로로 계속 주행한다.
④ 공사관계자들이 비킬 수 있도록 경음기를 울린다.
⑤ 좌측 차로가 정체 중일 경우 진행하는 차로에 일시 정지한다.

해설 좌측 방향지시등 점멸 후 좌측 차로로 차로변경해야 하고, 좌측차로가 정체 중일 경우 일시 정지한다.

700 내 차 앞에 무단 횡단하는 보행자가 있다. 가장 안전한 운전 방법 2가지는?

① 일시 정지하여 횡단하는 보행자를 보호한다.
② 무단횡단자는 보호할 의무가 없으므로 신속히 진행한다.
③ 급정지 후 차에서 내려 무단 횡단하는 보행자에게 화를 낸다.
④ 비상점멸등을 켜서 뒤차에게 위험상황을 알려 준다.
⑤ 경음기를 울려 무단 횡단하는 보행자가 횡단하지 못하도록 한다.

해설 무단횡단자도 보호해야 할 의무가 있다. 비상점멸등 작동 후 뒤차에게 위험상황을 알리며 일시 정지하여 보행자를 보호해야 한다.

| 정답 | 699 ②, ⑤ 700 ①, ④

701 다음 상황에서 우회전하는 경우 가장 안전한 운전 방법 2가지는?

① 전방 우측에 주차된 차량의 출발에 대비하여야 한다.
② 전방 우측에서 보행자가 갑자기 뛰어나올 것에 대비한다.
③ 신호에 따르는 경우 전방 좌측의 진행 차량에 대비할 필요는 없다.
④ 서행하면 교통 흐름에 방해를 줄 수 있으므로 신속히 통과한다.
⑤ 우측에 불법 주차된 차량에서는 사람이 나올 수 없으므로 속도를 높여 주행한다.

해설 우측에 주차된 차량과 보행자의 갑작스러운 출현에 대비하여야 한다.

702 전방에 고장 난 버스가 있는 상황에서 가장 안전한 운전 방법 2가지는?

① 경음기를 울리며 급제동하여 정지한다.
② 버스와 거리를 두고 안전을 확인한 후 좌측 차로를 이용해 서행한다.
③ 좌측 후방에 주의하면서 좌측 차로로 서서히 차로 변경을 한다.
④ 비상 점멸등을 켜고 속도를 높여 좌측 차로로 차로 변경을 한다.
⑤ 좌측 차로로 차로 변경한 후 그대로 빠르게 주행해 나간다.

해설 버스와 거리를 두고 안전을 확인한 후 좌측 차로로 서서히 차로 변경을 한다.

정답 | 701 ①, ② 702 ②, ③

703 다음과 같은 도로에서 가장 안전한 운전 방법 2가지는?

① 앞서가는 자전거가 갑자기 도로 중앙 쪽으로 들어올 수 있으므로 자전거의 움직임에 주의한다.
② 자전거 앞 우측의 차량은 주차되어 있어 특별히 주의할 필요는 없다.
③ 한적한 도로이므로 도로의 좌·우측 상황은 무시하고 진행한다.
④ 자전거와의 안전거리를 충분히 유지하며 서행 한다.
⑤ 경음기를 울려 자전거에 주의를 주고 앞지른다.

> 해설 앞서가는 자전거 운전자가 갑자기 도로 중앙쪽으로 들어올 수 있으므로 자전거와의 안전거리를 충분히 유지하며 서행한다. 전방 우측 차량의 움직임은 알 수 없으므로 주의해야 한다.

704 다음 상황에서 가장 안전한 운전방법 2가지는?

① 주차된 차량들 중에서 갑자기 출발하는 차가 있을 수 있으므로 좌우를 잘 살피면서 서행한다.
② 주차 금지 구역이긴 하나 전방 우측의 흰색 차량 뒤에 공간이 있으므로 주차하면 된다.
③ 반대 방향에서 언제든지 차량이 진행해 올 수 있으므로 우측으로 피할 수 있는 준비를 한다.
④ 뒤따라오는 차량에게 불편을 주지 않도록 최대한 빠르게 통과하거나 주차한다.
⑤ 중앙선을 넘어서 주행해 오는 차량이 있을 수 있으므로 자신이 먼저 중앙선을 넘어 신속히 통과한다.

> 해설 주차된 차량 중에서 갑자기 출발하는 차가 있을 수 있으므로 좌우를 잘 살피면서 서행해야 하고, 반대 방향에서 오는 차량을 대비하여 우측으로 피할 수 있는 준비를 한다.

| 정답 | 703 ①, ④ 704 ①, ③

705 다음과 같은 도로 상황에서 가장 안전한 운전방법 2가지는?

① 속도를 줄여 과속방지턱을 통과한다.
② 과속방지턱을 신속하게 통과한다.
③ 서행하면서 과속방지턱을 통과한 후 가속하며 횡단보도를 통과한다.
④ 계속 같은 속도를 유지하며 빠르게 주행한다.
⑤ 속도를 줄여 횡단보도를 안전하게 통과한다.

해설 내리막길은 평지보다 속도가 빠르게 올라가기 때문에 속도를 줄여 과속방지턱을 통과한 후 횡단보도를 안전하게 통과한다.

706 다음 상황에서 가장 안전한 운전방법 2가지는?

① 빗길에서는 브레이크 페달을 여러 번 나누어 밟는 것보다는 급제동하는 것이 안전하다.
② 물이 고인 곳을 지날 때에는 보행자나 다른 차에게 물이 튈 수 있으므로 속도를 줄여서 주행한다.
③ 과속방지턱 직전에서 급정지한 후 주행한다.
④ 전방 우측에 우산을 들고 가는 보행자가 차도로 들어올 수 있으므로 충분한 거리를 두고 서행 한다.
⑤ 우산을 쓰고 있는 보행자는 보도 위에 있으므로 신경 쓸 필요가 없다.

해설 물이 고인 곳을 지날 때 보행자나 다른차에게 물이 튈 수 있으므로 속도를 줄여서 주행해야 하고, 보도 위 보행자를 주의해야 한다. 빗길에서는 제동력이 낮아지기 때문에 브레이크를 여러 번 나누어 밟는 것이 좋다.

| 정답 | 705 ①, ⑤ 706 ②, ④

707 보행자가 횡단보도를 건너는 중이다. 가장 안전한 운전방법 2가지는?

① 보행자가 안전하게 횡단하도록 정지선에 일시 정지한다.
② 빠른 속도로 빠져나간다.
③ 횡단보도 우측에서 갑자기 뛰어드는 보행자에 주의한다.
④ 횡단보도 접근 시 보행자의 주의를 환기하기 위해 경음기를 여러 번 사용한다.
⑤ 좌측 도로에서 차량이 접근할 수 있으므로 경음기를 반복하여 사용한다.

해설 보행자가 횡단보도를 통행하고 있는 때에는 그 횡단보도 앞에서 일시정지하여야 하며 우측에서 갑자기 뛰어드는 보행자에 주의한다.

708 전방에 마주 오는 차량이 있는 상황에서 가장 안전한 운전방법 2가지는?

① 상대방이 피해 가도록 그대로 진행한다.
② 전조등을 번쩍거리면서 경고한다.
③ 통과할 수 있는 공간을 확보하여 준다.
④ 경음기를 계속 사용하여 주의를 주면서 신속하게 통과하게 한다.
⑤ 골목길에서도 보행자가 나올 수 있으므로 속도를 줄인다.

해설 주택가 이면 도로에서는 돌발 상황 예측, 방어 운전, 양보 운전이 중요하다.

709 다음 상황에서 가장 안전한 운전방법 2가지는?

① 보행자의 횡단이 끝나가므로 그대로 통과한다.
② 반대 차의 전조등에 현혹되지 않도록 하고 보행자에 주의한다.
③ 전조등을 상하로 움직여 보행자에게 주의를 주며 통과한다.
④ 서행하며 횡단보도 앞에서 일시정지하여야 한다.
⑤ 시야 확보를 위해 상향등을 켜고 운전한다.

> **해설** 야간에는 주간보다 시야가 좁아지고 가시거리가 짧아지기 때문에 보행자 등 주변 상황을 잘 살피고 안전 운전해야 한다. 반대편 차량의 시야를 방해하지 않도록 하향등을 키고 운전해야 한다.

710 비오는 날 횡단보도에 접근하고 있다. 다음 상황에서 가장 안전한 운전방법 2가지는?

① 물방울이나 습기로 전방을 보기 어렵기 때문에 신속히 통과한다.
② 비를 피하기 위해 서두르는 보행자를 주의한다.
③ 차의 접근을 알리기 위해 경음기를 계속해서 사용하며 진행한다.
④ 우산에 가려 차의 접근을 알아차리지 못하는 보행자를 주의한다.
⑤ 빗물이 고인 곳을 통과할 때는 미끄러질 위험이 있으므로 급제동하여 정지한 후 통과한다.

> **해설** 우산에 가려 차의 접근을 알아차리지 못하거나, 비를 피하기 위해 서두르는 보행자를 주의하며 안전 운전해야 한다.

| 정답 | 709 ②, ④   710 ②, ④

711 편도 2차로 오르막 커브 길에서 가장 안전한 운전 방법 2가지는?

① 앞차와의 거리를 충분히 유지하면서 진행한다.
② 앞차의 속도가 느릴 때는 2대의 차량을 동시에 앞지른다.
③ 커브 길에서의 원심력에 대비해 속도를 높인다.
④ 전방 1차로 차량의 차로 변경이 예상되므로 속도를 줄인다.
⑤ 전방 1차로 차량의 차로 변경이 예상되므로 속도를 높인다.

해설 커브길에서는 원심력에 대비해 속도를 줄이며 전방 1차로 차량의 차로 변경이 예상되므로 속도를 줄이며 안전거리를 유지한다.

712 다음과 같은 지방 도로를 주행 중이다. 가장 안전한 운전 방법 2가지는?

① 언제든지 정지할 수 있는 속도로 주행한다.
② 반대편 도로에 차량이 없으므로 전조등으로 경고하면서 그대로 진행한다.
③ 전방 우측 도로에서 차량 진입이 예상되므로 속도를 줄이는 등 후속 차량에도 이에 대비토록 한다.
④ 전방 우측 도로에서 진입하고자 하는 차량이 우선이므로 모든 차는 일시정지하여 우측 도로 차에 양보한다.
⑤ 직진 차가 우선이므로 경음기를 계속 울리면서 진행한다.

해설 지방도로는 편도 1차로인 경우가 많기 때문에 우측 도로의 차량진입을 예상하여 속도를 줄이며 운전해야 한다.

| 정답 | 711 ①, ④ 712 ①, ③

713 다음 상황에서 가장 안전한 운전방법 2가지는?

① 반대편 차량의 앞지르기는 불법이므로 경음기를 사용하면서 그대로 주행한다.
② 반대편 앞지르기 중인 차량이 통과한 후 우측의 보행자에 주의하면서 커브길을 주행한다.
③ 커브길은 신속하게 진입해서 천천히 빠져나가는 것이 안전하다.
④ 커브길은 중앙선에 붙여서 운행하는 것이 안전하다.
⑤ 반대편 앞지르기 중인 차량이 안전하게 앞지르기 할 수 있도록 속도를 줄이며 주행한다.

해설 불법으로 앞지르기하는 차량이라도 안전하게 앞지르기할 수 있도록 속도를 줄여야 하고, 커브길은 속도를 줄여 신속하게 빠져나가는 것이 좋고, 전방의 상황을 알 수 없으므로 중앙선의 반대쪽에 붙여 주행하는 것이 좋다.

714 Y자형 교차로에서 좌회전해야 하는 경우 가장 안전한 운전방법 2가지는?

① 반대편 도로에 차가 없을 경우에는 황색 실선의 중앙선을 넘어가도 상관없다.
② 교차로 직전에 좌측 방향 지시등을 작동한다.
③ 교차로를 지나고 나서 좌측 방향 지시등을 작동한다.
④ 교차로에 이르기 전 30미터 이상의 지점에서 좌측 방향 지시등을 작동한다.
⑤ 좌측 방향지시등 작동과 함께 주변 상황을 충분히 살펴 안전을 확인한 후 통과한다.

해설 교차로에서 차로 변경할 때에는 교차로 이르기 전 30미터 전방에서 신호를 하고, 속도를 줄여 주변의 안전을 확인한 후 통과하여야 한다.

715 다음 상황에서 시내버스가 출발하지 않을 때 가장 안전한 운전방법 2가지는?

① 정차한 시내버스가 빨리 출발할 수 있도록 경음기를 반복하여 사용한다.
② 정지 상태에서 고개를 돌려 뒤따르는 차량이 진행해 오는지 확인한다.
③ 좌측 방향지시등을 켜고 후사경을 보면서 안전을 확인한 후 차로 변경한다.
④ 좌측 차로에서 진행하는 차와 사고가 발생할 수 있기 때문에 급차로 변경한다.
⑤ 버스에서 내린 사람이 무단 횡단할 수 있으므로 버스 앞으로 빠르게 통과한다.

해설 승객을 안전하게 태우기 위해서 시내버스가 오래 정차할 수도 있다. 이런 경우 정지 상태에서 좌측 차선의 차량진행을 확인한 후 좌측 방향지시등을 점등하며 후사경을 보며 안전하게 차로 변경한다.

716 다음과 같은 도로 상황에서 가장 안전한 운전방법 2가지는?

① 앞차가 앞지르기 금지 구간에서 앞지르기하고 있으므로 경음기를 계속 사용하여 이를 못하게 한다.
② 앞차가 앞지르기를 하고 있으므로 교통 흐름을 원활하게 하기 위해 자신도 그 뒤를 따라 앞지르기한다.
③ 중앙선이 황색 실선 구간이므로 앞지르기해서는 안 된다.
④ 교통 흐름상 앞지르기하고 있는 앞차를 바싹 따라가야 한다.
⑤ 전방 우측에 세워진 차량이 언제 출발할지 알 수 없으므로 주의하며 운전한다.

해설 황색 실선의 중앙선 구간에서는 앞지르기를 할 수 없다. 우측에 세워진 차량의 갑작스러운 움직임을 대비하여 안전운전 해야 한다.

717 고갯마루 부근에서 가장 안전한 운전방법 2가지는?

① 현재 속도를 그대로 유지한다.
② 무단 횡단하는 사람 등이 있을 수 있으므로 주의하며 주행한다.
③ 속도를 높여 진행한다.
④ 내리막이 보이면 기어를 중립에 둔다.
⑤ 급커브와 연결된 구간이므로 속도를 줄여 주행 한다.

해설 오르막길에서는 전방 상황을 확인하기가 어렵고, 급커브와 연결된 구간이므로 속도를 줄여 진행하고 보행자의 통행에도 주의하면서 진행해야 한다.

718 회전교차로에서 가장 안전한 운전방법 2가지는?

① 회전하는 차량이 우선이므로 진입차량이 양보한다.
② 직진하는 차량이 우선이므로 그대로 진입한다.
③ 회전하는 차량에 경음기를 사용하며 진입한다.
④ 회전차량은 진입차량에 주의하면서 회전한다.
⑤ 첫 번째 회전차량이 지나간 다음 바로 진입한다.

해설 회전교차로에서는 회전하는 차량이 우선이므로, 직진하는 차량은 회전차량에 양보해야 하며, 회전차량은 진입차량에 주의하면서 회전하여야 한다.

정답 | 717 ②, ⑤ 718 ①, ④

719 전방버스를 앞지르기 하고자 한다. 가장 안전한 운전방법 2가지는?

① 앞차의 우측으로 앞지르기 한다.
② 앞차의 좌측으로 앞지르기 한다.
③ 전방버스가 앞지르기를 시도할 경우 동시에 앞지르기 하지 않는다.
④ 뒤차의 진행에 관계없이 급차로 변경하여 앞지르기 한다.
⑤ 법정속도 이상으로 앞지르기 한다.

해설 앞지르기는 좌측 차선으로 해야 한다. 전방버스가 앞지르기를 시도할 경우 동시에 앞지르지 않도록 한다. 또한 앞지르기를 할 때는 전방상황을 예의 주시하며 법정속도 이내에서만 앞지르기를 해야 한다.

720 황색점멸신호의 교차로에서 가장 안전한 운전방법 2가지는?

① 주변차량의 움직임에 주의하면서 서행한다.
② 위험예측을 할 필요가 없이 진행한다.
③ 교차로를 그대로 통과한다.
④ 전방 좌회전하는 차량은 주의하지 않고 그대로 진행한다.
⑤ 횡단보도를 건너려는 보행자가 있는지 확인한다.

해설 주변차량의 움직임에 주의하면서 서행하며, 교차로를 지나 횡단보도를 건너려는 보행자가 있는지 안전에 주의해야 한다.

| 정답 | 719 ②, ③   720 ①, ⑤

721 오르막 커브길 우측에 공사 중 표지판이 있다. 가장 안전한 운전방법 2가지는?

① 공사 중이므로 전방 상황을 잘 주시한다.
② 차량 통행이 한산하기 때문에 속도를 줄이지 않고 진행한다.
③ 커브길이므로 속도를 줄여 진행한다.
④ 오르막길이므로 속도를 높인다.
⑤ 중앙분리대와의 충돌위험이 있으므로 차선을 밟고 주행한다.

해설 오르막 커브길에서는 전방 상황을 알 수 없으므로 속도를 줄이고 전방 상황을 주시해야 한다.

722 교외지역을 주행 중 다음과 같은 상황에서 안전한 운전방법 2가지는?

① 우로 굽은 길의 앞쪽 상황을 확인할 수 없으므로 서행한다.
② 우측에 주차된 차량을 피해 재빠르게 중앙선을 넘어 통과한다.
③ 제한속도 범위를 초과하여 빠르게 빠져 나간다.
④ 원심력으로 중앙선을 넘어갈 수 있기 때문에 길 가장자리 구역선에 바싹 붙어 주행한다.
⑤ 주차된 차량 뒤쪽에서 사람이 갑자기 나타날 수도 있으므로 서행으로 통과한다.

해설 교외지역에 비정상적으로 주차된 차량을 피해 통과하려면 도로 전방 상황을 충분히 잘 살피며 서행하고, 주차 차량 주변에서 사람이 갑자기 나타날 수 있음을 충분히 예상하고 안전운전하여야 한다.

정답 | 721 ①, ③ 722 ①, ⑤

723 고속도로를 주행 중 다음과 같은 상황에서 가장 안전한 운전 방법 2가지는?

① 터널 입구에서는 횡풍(옆바람)에 주의하며 속도를 줄인다.
② 터널에 진입하기 전 야간에 준하는 등화를 켠다.
③ 색안경을 착용한 상태로 운행한다.
④ 옆 차로의 소통이 원활하면 차로를 변경한다.
⑤ 터널 속에서는 속도감을 잃게 되므로 빠르게 통과한다.

해설 터널 주변에서는 횡풍(옆에서 부는 바람)에 주의하여야 하며, 터널 안에서는 야간에 준하는 등화를 켜야 한다. 또한 흰색 실선 구간이므로 차로변경을 할 수 없다.

724 고속도로를 주행 중 다음과 같은 상황에서 가장 안전한 운전 방법 2가지는?

① 제한속도 90킬로미터 미만으로 주행한다.
② 최고속도를 초과하여 주행하다가 무인 단속 장비 앞에서 속도를 줄인다.
③ 안전표지의 제한속도보다 법정속도가 우선이므로 매시 100킬로미터로 주행한다.
④ 화물차를 앞지르기 위해 매시 100킬로미터의 속도로 신속히 통과한다.
⑤ 전방의 화물차가 갑자기 속도를 줄이는 것에 대비하여 안전거리를 확보한다.

해설 안전표지 제한속도를 준수하면서, 전방의 화물차가 무인 단속 장비 앞에서 갑자기 속도를 줄이는 것에 대비하여 안전거리를 확보한다.

| 정답 | 723 ①, ② 724 ①, ⑤

725 다음과 같은 교외지역을 주행할 때 가장 안전한 운전 방법 2가지는?

① 앞차가 매연이 심하기 때문에 그 차의 앞으로 급차로 변경하여 정지시킨다.
② 속도를 높이면 우측 방호벽에 부딪힐 수도 있으므로 속도를 줄인다.
③ 좌측 차량이 원심력으로 우측으로 넘어올 수도 있으므로 속도를 높여 그 차보다 빨리 지나간다.
④ 앞쪽 도로가 3개 차로로 넓어지기 때문에 속도를 높여 주행하여야 한다.
⑤ 좌측차로에서 주행 중인 차량으로 인해 진행 차로의 앞쪽 상황을 확인하기 어렵기 때문에 속도를 줄여 주행한다.

해설 커브길에서는 원심력으로 인한 쏠림과 전방 시야확보가 힘들므로 서행하도록 한다.

726 진출로로 나가려고 할 때 가장 안전한 운전방법 2가지는?

① 안전지대에 일시정지한 후 진출한다.
② 백색점선 구간에서 진출한다.
③ 진출로를 지나치면 차량을 후진해서라도 진출을 시도한다.
④ 진출하기 전 미리 감속하여 진입한다.
⑤ 진출 시 앞 차량이 정체되면 안전지대를 통과해서 빠르게 진출을 시도한다.

해설 진출로로 나가려고 할 때엔 미리 감속한 후 백색점선 구간에서 진입한다.

정답 | 725 ②, ⑤ 726 ②, ④

727 3차로에서 2차로로 차로를 변경하려고 한다. 가장 안전한 운전방법 2가지는?

① 2차로에 진입할 때는 속도를 최대한 줄인다.
② 2차로에서 주행하는 차량의 위치나 속도를 확인 후 진입한다.
③ 다소 위험하더라도 급차로 변경을 한다.
④ 2차로에 진입할 때는 경음기를 사용하여 경고 후 진입한다.
⑤ 차로를 변경하기 전 미리 방향지시등을 켜고 안전을 확인한 후 진입한다.

해설 본선에 진입하고자 할 때엔 방향지시등 조작 후 2차로에서 주행하는 차량의 위치나 속도를 확인한 후 안전하게 진입한다.

728 지하차도 입구로 진입하고 있다. 가장 안전한 운전방법 2가지는?

① 지하차도 안에서는 앞차와 안전거리를 유지하면서 주행한다.
② 전조등을 켜고 전방을 잘 살피면서 안전한 속도로 주행한다.
③ 지하차도 안에서는 교통 흐름을 고려하여 속도가 느린 다른 차를 앞지르기한다.
④ 지하차도 안에서는 속도감이 빠르게 느껴지므로 앞차의 전조등에 의존하며 주행한다.
⑤ 다른 차가 끼어들지 못하도록 앞차와의 거리를 좁혀 주행한다.

해설 지하차도는 터널과 마찬가지이므로 주간이라도 전조등을 켜고 앞차와의 안전거리를 유지하면서 안전한 속도로 주행해야 한다.

| 정답 | 727 ②, ⑤   728 ①, ②

729 다음 상황에서 가장 안전한 운전방법 2가지는?

① 2차로에 화물 차량이 주행하고 있으므로 버스 전용차로를 이용하여 앞지르기한다.
② 2차로에 주행 중인 화물 차량 앞으로 신속하게 차로변경한다.
③ 운전 연습 차량의 진행에 주의하며 감속 운행한다.
④ 2차로의 화물 차량 뒤쪽으로 안전하게 차로 변경한 후 주행한다.
⑤ 운전 연습 차량이 속도를 높이도록 경음기를 계속 사용한다.

해설 운전연습 차량의 운전자는 운전실력이 미숙하기 때문에 안전하게 진행할 수 있도록 양보와 배려를 해주어야 하며, 2차로의 화물 차량 뒤쪽으로 안전하게 차로 변경한 후 주행한다.

730 차로 변경하려는 차가 있을 때 가장 안전한 운전방법 2가지는?

① 경음기를 계속 사용하여 차로 변경을 못하게 한다.
② 가속하여 앞차 뒤로 바싹 붙는다.
③ 사고 예방을 위해 좌측 차로로 급차로 변경한다.
④ 차로 변경을 할 수 있도록 공간을 확보해 준다.
⑤ 후사경을 통해 뒤차의 상황을 살피며 속도를 줄여 준다.

해설 차로를 변경하고자 하는 차량이 있다면 속도를 서서히 줄여 안전하게 차로 변경을 할 수 있도록 도와줘야 하며, 후사경을 통해 뒤따라오는 차량의 상황도 살피는 것이 중요하다.

| 정답 | 729 ③, ④   730 ④, ⑤

731 전방 교차로를 지나 우측 고속도로 진입로로 진입하고자 할 때 가장 안전한 운전방법 2가지는?

① 교차로 우측 도로에서 우회전하는 차량에 주의한다.
② 계속 직진하다가 진입로 직전에서 차로 변경하여 진입한다.
③ 진입로 입구 횡단보도에서 일시정지한 후 천천히 진입한다.
④ 진입로를 지나쳐 통과했을 경우 비상 점멸등을 켜고 후진하여 진입한다.
⑤ 교차로를 통과한 후 우측 후방의 안전을 확인하고 천천히 우측으로 차로를 변경하여 진입한다.

해설 교차로를 지나 우측 고속도로 진입로로 진입할 땐 교차로 우측 도로에서 우회전하는 차량에 주의하며 안전을 확인한 후 우측으로 천천히 차로 변경하여 진입한다.

732 다음 상황에서 가장 안전한 운전방법 2가지는?

① 전방 우측 차가 신속히 진입할 수 있도록 내 차의 속도를 높여 먼저 통과한다.
② 전방 우측 차가 안전하게 진입할 수 있도록 속도를 줄이며 주행한다.
③ 전방 우측 차가 급진입 시 미끄러질 수 있으므로 안전거리를 충분히 두고 주행한다.
④ 전방 우측에서는 진입할 수 없는 차로이므로 경음기를 사용하며 주의를 환기시킨다.
⑤ 진입 차량이 양보를 해야 하므로 감속 없이 그대로 진행한다.

해설 비 오는 날은 노면이 미끄럽기 때문에 미끄러짐에 주의해야 한다. 우측 차량이 안전하게 진입할 수 있도록 속도를 줄이며 안전거리를 충분히 두고 주행해야 한다.

| 정답 | 731 ①, ⑤ 732 ②, ③

733 다음 자동차 전용도로(주행차로 백색실선)에서 차로변경에 대한 설명으로 맞는 2가지는?

① 2차로를 주행 중인 화물차는 1차로로 차로변경을 할 수 있다.
② 2차로를 주행 중인 화물차는 3차로로 차로변경을 할 수 없다.
③ 3차로에서 가속 차로로 차로변경을 할 수 있다.
④ 가속 차로에서 3차로로 차로변경을 할 수 있다.
⑤ 모든 차로에서 차로변경을 할 수 있다.

해설 백색 점선 구간에서는 차로 변경이 가능하지만 백색 실선 구간에서는 차로 변경이 불가하다. 또한 점선과 실선이 복선일 때도 점선이 있는 쪽에서만 차로 변경이 가능하다.

734 다음 상황에서 가장 안전한 운전방법 2가지는?

① 우측 전방의 화물차가 갑자기 진입할 수 있으므로 경음기를 사용하며 속도를 높인다.
② 신속하게 본선차로로 차로를 변경한다.
③ 본선 후방에서 진행하는 차에 주의하면서 차로를 변경한다.
④ 속도를 높여 본선차로에 진행하는 차의 앞으로 재빠르게 차로를 변경한다.
⑤ 우측 전방에 주차된 화물차의 앞 상황에 주의하며 진행한다.

해설 고속도로 본선에 진입하려고 할 때에는 방향지시등으로 진입 의사를 표시한 후 가속차로에서 충분히 속도를 높이고 주행하는 다른 차량의 흐름을 살펴 안전을 확인한 후 진입한다. 진입 시 전방 우측에 주차된 화물차의 앞 상황에 주의한다.

정답 | 733 ②, ④ 734 ③, ⑤

735 다음과 같은 지하차도 부근에서 금지되는 운전행동 2가지는?

① 앞지르기
② 전조등 켜기
③ 차폭등 및 미등 켜기
④ 경음기 사용
⑤ 차로변경

해설 하얀색 실선은 차로변경 및 앞지르기를 할 수 없다.

736 다음 상황에서 안전한 진출방법 2가지는?

① 우측 방향지시등으로 신호하고 안전을 확인한 후 차로를 변경한다.
② 주행차로에서 서행으로 진행한다.
③ 주행차로에서 충분히 가속한 후 진출부 바로 앞에서 빠져나간다.
④ 감속차로를 이용하여 서서히 감속하여 진출부로 빠져 나간다.
⑤ 우측 승합차의 앞으로 나아가 감속차로로 진입한다.

해설 우측 방향지시등으로 신호하고 안전을 확인한 후 감속차로로 차로를 변경하여 서서히 속도를 줄이면서 진출부로 나아간다. 이때 주행차로에서 감속을 하면 뒤따르는 차의 교통흐름 방해를 주기 때문에 감속차로를 이용하여 감속하여야 한다.

| 정답 | 735 ①, ⑤   736 ①, ④

737 편도 2차로 고속도로를 진행 중이다. 안전한 운전방법 2가지는?

① 전방의 화물차와 충분한 안전거리를 확보한다.
② 우측 차로의 승용차가 합류할 수 있으므로 속도를 줄인다.
③ 전방 화물차를 앞지르기 위해서 우측 승용차 앞으로 차로 변경을 한다.
④ 합류도로 근처이므로 안전거리를 확보할 필요가 없다.
⑤ 우측 차로의 승용차가 진입할 수 없도록 전방 화물차와 거리를 좁힌다.

해설 사고를 대비하여 전방 화물차와 충분한 안전거리를 확보하며 합류도로 부근을 주행하는 경우, 진입차량이 주행차로로 진입할 수 있음을 예상하여 주의해야 한다.

738 전방의 저속화물차를 앞지르기 하고자 한다. 안전한 운전 방법 2가지는?

① 경음기나 상향등을 연속적으로 사용하여 앞차가 양보하게 한다.
② 전방 화물차의 우측으로 신속하게 차로변경 후 앞지르기 한다.
③ 좌측 방향지시등을 미리 켜고 안전거리를 확보한 후 좌측 차로로 진입하여 앞지르기 한다.
④ 좌측 차로에 차량이 많으므로 무리하게 앞지르기를 시도하지 않는다.
⑤ 전방 화물차에 최대한 가깝게 다가간 후 앞지르기 한다.

해설 앞지르기는 좌측으로 차로 변경하여 진행해야 한다. 좌측도로에 차량이 많으므로 무리하게 앞지르기를 시도하지 않도록 한다.

| 정답 | 737 ①, ②   738 ③, ④

739 자동차 전용도로에서 우측도로로 진출하고자 한다. 안전한 운전방법 2가지는?

① 진출로를 지나친 경우 즉시 비상점멸등을 켜고 후진하여 진출로로 나간다.
② 급가속하며 우측 진출방향으로 차로를 변경한다.
③ 우측 방향지시등을 켜고 안전거리를 확보하며 상황에 맞게 우측으로 진출한다.
④ 진출로를 오인하여 잘못 진입한 경우 즉시 비상점멸등을 켜고 후진하여 가고자 하는 차선으로 들어온다.
⑤ 진출로에 진행차량이 보이지 않더라도 우측 방향지시등을 켜고 진입해야 한다.

해설 진출로로 나가는 경우 진행차량이 보이지 않더라도 우측 방향지시등을 켜고 안전거리를 확보하며 진행한다.

740 다음과 같은 상황에서 운전자의 올바른 판단 2가지는?

① 3차로를 주행하는 승용차와 차간거리를 충분히 둘 필요가 없다.
② 2차로를 주행하는 차량이 공항방향으로 진출하기 위해 3차로로 끼어들 것에 대비한다.
③ 2차로를 주행하는 자동차가 앞차와의 충돌을 피하기 위해 3차로로 급진입할 것에 대비한다.
④ 2차로의 자동차가 끼어들기 할 수 있으므로 3차로의 앞차와 거리를 좁혀야 한다.
⑤ 2차로로 주행하는 승용차는 3차로로 절대 차로변경하지 않을 것이라 믿는다.

해설 옆 차선에서 차선변경 할 것을 대비하여 차간거리를 충분히 두며 안전운전해야 한다.

정답 | 739 ③, ⑤ 740 ②, ③

741 고속도로에서 운전 중인 다음 상황에서 가장 안전한 운전 방법 2가지는?

① 급차로 변경하여 가속한다.
② 앞 차량과의 추돌을 예방하기 위하여 안전거리를 확보한다.
③ 안전을 확인한 후 차로를 변경한다.
④ 서행하는 앞 차량으로 인해 시야 방해를 받지 않기 위해서 우측으로 앞지르기한다.
⑤ 속도를 줄인 후 서행한다.

> **해설** 앞 차량과의 추돌 방지를 위하여 안전거리를 확보하고, 좌측으로 차로를 변경한다. 고속도로에서 속도를 줄이며 서행하게 되면 뒤따라오는 차량에게 피해가 가므로 가급적 도로흐름을 유지하도록 한다.

742 다음 상황에서 가장 안전한 운전 방법 2가지는?

① 전방에 교통 정체 상황이므로 안전거리를 확보하며 주행한다.
② 상대적으로 진행이 원활한 차로로 변경한다.
③ 음악을 듣거나 담배를 피운다.
④ 내 차 앞으로 다른 차가 끼어들지 못하도록 앞차와의 거리를 좁힌다.
⑤ 앞차의 급정지 상황에 대비해 전방 상황에 더욱 주의를 기울이며 주행한다.

> **해설** 통행량이 많은 도로에서는 앞차의 급정지 상황에 대비해 전방상황에 더욱 주의를 기울이며 안전거리를 확보하여 주행한다.

| 정답 | 741 ②, ③ 742 ①, ⑤

743 다음 상황에서 가장 안전한 운전 방법 2가지는?

① 우측으로 앞지르기를 시도한다.
② 경음기를 울려 앞차를 3차로로 유도한 후 주행한다.
③ 전조등을 번쩍거리며 차선을 준수토록 한다.
④ 전방 상황을 알 수가 없으므로 시야가 확보될 때까지 안전거리를 유지한다.
⑤ 대형차 앞의 상황을 알 수 없으므로 속도를 충분히 줄인다.

해설 대형차 앞의 전방상황을 알 수가 없으므로 속도를 충분히 줄인 후 시야확보가 될 때까지 안전거리를 유지한다.

744 고속도로를 주행 중이다. 가장 안전한 운전 방법 2가지는?

① 우측 방향지시등을 켜고 우측으로 차로 변경 후 앞지르기 한다.
② 앞서 가는 화물차와의 안전거리를 좁히면서 운전한다.
③ 앞차를 앞지르기 위해 좌측 방향지시등을 켜고 전후방의 안전을 살핀 후에 좌측으로 앞지르기한다.
④ 앞서 가는 화물차와의 안전거리를 충분히 유지하면서 운전한다.
⑤ 경음기를 계속 울리며 빨리 가도록 재촉한다.

해설 대형차 전방상황을 알 수 없으므로, 안전거리를 유지하며 좌측 방향지시등을 켜고 전후방의 안전을 살핀 후에 좌측으로 앞지르기 한다.

| 정답 | 743 ④, ⑤   744 ③, ④

745 눈이 녹은 교량 위의 다음 상황에서 가장 안전한 운전방법 2가지는?

① 전방 우측의 앞차가 브레이크 페달을 밟아 감속하고 있으므로 정상적으로 앞지르기한다.
② 눈이 녹아 물기만 있고 얼어붙은 경우가 아니라면 별도로 감속하지 않는다.
③ 교량 위에서는 사고 위험성이 크기 때문에 전방 우측의 앞차를 앞지르기하지 않는다.
④ 2차로로 안전하게 차로를 변경하여 진행한다.
⑤ 결빙된 구간 등에 주의하며 감속하여 주행한다.

해설 교량, 터널 등은 온도차가 크기 때문에 블랙아이스 등 결빙 구간 발생 확률이 높다. 따라서 최고속도의 100분의 20을 줄인 속도로 운전해야 하며 백색 실선 구간은 앞지르기 금지이다.

746 다음 중 고속도로에서 안전하게 진출하는 방법 2가지는?

① 방향지시등을 이용하여 진출의사를 표시한다.
② 진출로를 지나간 경우 즉시 후진하여 빠져 나간다.
③ 진출로가 가까워졌으므로 백색 실선으로 표시된 우측 갓길로 미리 주행해 나간다.
④ 노면 상태가 양호하므로 속도를 높여 신속히 빠져나간다.
⑤ 진출로를 지나치지 않도록 주의하면서 주행한다.

해설 고속도로에서 진출 시 방향지시등을 이용하여 진출의사를 표시한 후 진출로를 지나치지 않도록 주의하면서 주행한다.

정답 | 745 ③, ⑤ 746 ①, ⑤

747 고속도로를 장시간 운전하여 졸음이 오는 상황이다. 가장 안전한 운전방법 2가지는?

① 가까운 휴게소에 들어가서 휴식을 취한다.
② 졸음 방지를 위해 차로를 자주 변경한다.
③ 갓길에 차를 세우고 잠시 휴식을 취한다.
④ 졸음을 참으면서 속도를 높여 빨리 목적지까지 운행한다.
⑤ 창문을 열어 환기하고 가까운 휴게소가 나올 때까지 안전한 속도로 운전한다.

[해설] 장시간 운전으로 졸음이 올 때에는 창문을 열어 환기하고 가까운 휴게소나 졸음쉼터에 들어가서 휴식을 취한 후 운전하는 것이 바람직하다.

748 다음 상황에서 가장 안전한 운전방법 2가지는?

① 터널 밖의 상황을 잘 알 수 없으므로 터널을 빠져나오면서 속도를 높인다.
② 터널을 통과하면서 강풍이 불 수 있으므로 핸들을 두 손으로 꽉 잡고 운전한다.
③ 터널 내에서 충분히 감속하며 주행한다.
④ 터널 내에서 가속을 하여 가급적 앞차를 바싹 뒤따라간다.
⑤ 터널 내에서 차로를 변경하여 가고 싶은 차로를 선택한다.

[해설] 터널 안에서는 충분한 감속을 해야 하며, 터널을 나올 때엔 강풍이 부는 경우가 많으므로 핸들을 두손으로 꽉 잡고 운전하는 것이 안전하다.

| 정답 | **747** ①, ⑤　　**748** ②, ③

749 다음과 같이 고속도로 요금소 하이패스 차로를 이용하여 통과하려고 할 때 가장 안전한 운전방법 2가지는?

① 하이패스 전용차로 이용 시 영업소 도착 직전에 비어 있는 하이패스 전용차로로 차로변경 한다.
② 하이패스 이용차량이 아닌 경우에도 하이패스 전용차로의 소통이 원활하므로 영업소 입구까지 하이패스 전용차로로 주행한 뒤 차로변경 한다.
③ 하이패스 이용차량은 앞차의 감속에 대비하여 안전거리를 유지하며 진입한다.
④ 하이패스 이용차량은 영업소 통과 시 정차할 필요가 없으므로 앞차와의 안전거리를 확보하지 않고 빠른 속도로 주행한다.
⑤ 하이패스 전용차로를 이용하지 않는 차량은 미리 다른 차로로 차로를 변경한다.

해설 고속도로 요금소 진입 전 하이패스 이용차량은 전용차로를 이용하며 앞차의 감속에 대비하여 안전거리를 유지하며 진입해야 한다. 하이패스 이용차량이 아닌 경우 미리 다른 차로로 변경해야 한다.

750 다리 위를 주행하는 중 강한 바람이 불어와 차체가 심하게 흔들릴 경우 가장 안전한 운전방법 2가지는?

① 빠른 속도로 주행한다.
② 감속하여 주행한다.
③ 핸들을 느슨히 잡는다.
④ 핸들을 평소보다 꽉 잡는다.
⑤ 빠른 속도로 주행하되 핸들을 꽉 잡는다.

해설 강풍으로 인해 차체가 심하게 흔들릴 경우 핸들을 꽉 잡고 감속하며 주행해야 한다.

751 다음 상황에서 가장 안전한 운전 방법 2가지는?

① 차로를 변경하지 않고 현재 속도를 유지하면서 통과한다.
② 미끄러지지 않도록 감속 운행한다.
③ 장애인 전동차가 갑자기 방향을 바꿀 수 있으므로 주의한다.
④ 전방 우측에 정차 중인 버스 옆을 신속하게 통과한다.
⑤ 별다른 위험이 없어 속도를 높인다.

해설 노면에 습기가 있으므로 미끄러지지 않도록 감속하면서 앞서가는 장애인 전동차의 방향전환에 대비하여 안전거리를 두고 서행으로 통과하여야 한다.

752 전방 정체 중인 교차로에 접근 중이다. 가장 안전한 운전 방법 2가지는?

① 차량 신호등이 녹색이므로 계속 진행한다.
② 횡단보도를 급히 지나 앞차를 따라서 운행한다.
③ 정체 중이므로 교차로 직전 정지선에 일시정지한다.
④ 보행자에게 빨리 지나가라고 손으로 알린다.
⑤ 보행자의 움직임에 주의한다.

해설 차량 신호가 진행신호라도 교차로 내에서 정체 중이라면 진행하지 말고 정지선 앞에 일시정지하여야 한다. 또한 횡단보도 앞이기 때문에 보행자의 움직임에 주의한다.

정답 | 751 ②, ③   752 ③, ⑤

753 다음 상황에서 가장 안전한 운전방법 2가지는?

① 작업 중인 건설 기계나 작업 보조자가 갑자기 도로로 진입할 수 있으므로 대비한다.
② 도로변의 작업 차량보다 도로를 통행하는 차가 우선권이 있으므로 경음기를 사용하여 주의를 주며 그대로 통과한다.
③ 건설 기계가 도로에 진입할 경우 느린 속도로 뒤따라 가야 하므로 빠른 속도로 진행해 나간다.
④ 어린이 보호구역이 시작되는 구간이므로 시속 30킬로미터 이내로 서행하여 갑작스러운 위험에 대비한다.
⑤ 어린이 보호구역의 시작 구간이지만 도로에 어린이가 없으므로 현재 속도를 유지한다.

해설 어린이 보호구역을 알리는 표지와 전방 우측에 작업하는 건설기계를 잘 살피면서 시속 30킬로미터 이내로 주행하고, 주변 상황을 잘 살피며 운전해야 한다.

754 어린이 보호구역에 대한 설명 중 맞는 2가지는?

① 어린이 보호구역에서 자동차의 통행속도는 시속 50킬로미터 이내로 제한된다.
② 교통사고의 위험으로부터 어린이를 보호하기 위해 어린이 보호구역을 지정할 수 있다.
③ 어린이 보호구역에서는 주·정차가 허용된다.
④ 어린이 보호구역에서는 어린이들이 주의하기 때문에 사고가 발생하지 않는다.
⑤ 통행속도를 준수하고 어린이의 안전에 주의하면서 운행하여야 한다.

해설 어린이 보호구역 내 자동차 통행속도는 시속 30킬로미터 이내이다. 교통사고 위험으로부터 어린이를 보호하기 위해 지정된 구역이며 운전자는 통행속도를 준수하고 안전운전 해야 한다.

| 정답 | 753 ①, ④　754 ②, ⑤

755 다음 상황에서 가장 안전한 운전방법 2가지는?

① 시속 30킬로미터 이하로 서행한다.
② 주·정차를 해서는 안 된다.
③ 내리막길이므로 빠르게 주행한다.
④ 주차는 할 수 없으나 정차는 할 수 있다.
⑤ 횡단보도를 통행할 때는 경음기를 사용하며 주행한다.

해설 어린이 보호구역 내 자동차 통행속도는 시속 30킬로미터 이내여야 한다. 또한 주·정차 금지이며 교통사고 시 보험가입이나 합의 여부 관계없이 형사처벌 된다.

756 어린이 보호구역의 지정에 대한 설명으로 가장 옳은 것 2가지는?

① 어린이 보호구역에서 자동차의 통행속도는 시속 60킬로미터 이하이다.
② 유치원 시설의 주변도로를 어린이 보호구역으로 지정할 수 있다.
③ 초등학교의 주변도로를 어린이 보호구역으로 지정할 수 있다.
④ 특수학교의 주변도로는 어린이 보호구역으로 지정할 수 없다.
⑤ 어린이 보호구역으로 지정된 어린이집 주변도로에서 통행 속도는 시속 10킬로미터 이하로 해야 한다.

해설 어린이 보호구역 내 자동차 통행속도는 시속 30킬로미터 이하이다. 유치원이나 초등학교 등의 주변도로는 어린이 보호구역으로 지정할 수 있다.

| 정답 | 755 ①, ② 756 ②, ③

757 학교 앞 횡단보도 부근에서 지켜야 하는 내용으로 맞는 2가지는?

① 차의 통행이 없는 때 주차는 가능하다.
② 보행자의 움직임에 주의하면서 전방을 잘 살핀다.
③ 제한속도보다 빠르게 진행한다.
④ 차의 통행에 관계없이 정차는 가능하다.
⑤ 보행자가 횡단할 때에는 일시정지한다.

해설 어린이보호구역 내 횡단보도 앞에서는 통행속도를 준수하고 주·정차는 금지이며 보행자의 움직임에 주의하면서 보행자가 횡단할 때엔 반드시 일시정지한 후 보행자의 횡단이 끝나면 안전을 확인하고 통과해야 한다.

758 다음 상황에서 가장 안전한 운전방법 2가지는?

① 비어있는 차로로 속도를 높여 통과한다.
② 별다른 위험이 없으므로 다른 차들과 같이 통과한다.
③ 노면표시에 따라 주행속도를 줄이며 진행한다.
④ 보행자가 갑자기 뛰어 나올 수 있으므로 경음기를 사용하면서 통과한다.
⑤ 다른 차에 가려서 안 보일 수 있는 보행자 등에 주의한다.

해설 속도를 줄이라는 표시와 전방 횡단보도가 있기 때문에 속도를 줄여 서행해야 하며, 다른 차량에 가려 안 보이는 보행자가 있을 수 있어 주의해야 한다.

정답 | 757 ②, ⑤   758 ③, ⑤

759 다음 상황에서 가장 안전한 운전 방법 2가지는?

① 차로를 변경하기 어려울 경우 버스 뒤에 잠시 정차하였다가 버스의 움직임을 보며 진행한다.
② 하차하는 승객이 갑자기 차도로 뛰어들 수 있으므로 급정지한다.
③ 뒤따르는 차량과 버스에서 하차하는 승객들의 움직임을 살피는 등 안전을 확인하며 주행한다.
④ 다른 차량들의 움직임을 살펴보고 별 문제가 없으면 버스를 그대로 앞질러 주행한다.
⑤ 경음기를 울려 주변에 주의를 환기하며 신속히 좌측 차로로 차로 변경을 한다.

해설 정차 중인 버스 주위로 보행자가 갑자기 뛰어나올 수 있다. 차로를 안전하게 변경할 수 없을 때는 버스 뒤에 잠시 정차하였다가 버스가 움직일 때 진행하여야 한다.

760 교차로에서 우회전을 하려는 상황이다. 가장 안전한 운전 방법 2가지는?

① 우산을 쓴 보행자가 갑자기 횡단보도로 내려올 가능성이 있으므로 감속 운행한다.
② 보행자가 횡단을 마친 상태로 판단되므로 신속하게 우회전한다.
③ 비오는 날은 되도록 앞차에 바싹 붙어 서행으로 운전한다.
④ 도로변의 웅덩이에서 물이 튀어 피해를 줄 수 있으므로 주의 운전한다.
⑤ 교차로에서 우회전을 할 때에는 브레이크 페달을 세게 밟는 것이 안전하다.

해설 물이 고인 곳을 운행할 때에는 보행자에게 피해를 주지 않도록 해야 하며, 우천 시에는 보행자의 시야도 좁아지므로 돌발행동에 주의하면서 감속 운행하여야 한다.

정답 | 759 ①, ③ 760 ①, ④

761 다음 상황에서 가장 안전한 운전 방법 2가지는?

① 경음기를 계속 울려 차가 접근하고 있음을 보행자에게 알린다.
② 보행자 뒤쪽으로 서행하며 진행해 나간다.
③ 횡단보도 직전 정지선에 일시정지한다.
④ 보행자가 신속히 지나가도록 전조등을 번쩍이면서 재촉한다.
⑤ 보행자가 횡단을 완료한 것을 확인한 후 출발한다.

해설 횡단보도에서 보행자가 보행 중일 때 모든 운전자는 보행자가 횡단을 완료할 때까지 정지선에서 일시정지하여야 한다.

762 다음과 같은 도로상황에서 가장 안전한 운전방법 2가지는?

① 안전표지가 표시하는 속도를 준수한다.
② 어린이가 갑자기 뛰어 나올 수 있으므로 주위를 잘 살피면서 주행한다.
③ 차량이 없으므로 도로우측에 주차할 수 있다.
④ 어린이 보호구역이라도 어린이가 없을 경우에는 일반도로와 같다.
⑤ 어린이 보호구역으로 지정된 구간은 위험하므로 신속히 통과한다.

해설 어린이 보호구역의 제한속도 30킬로미터를 준수하며, 어린이가 갑자기 뛰어 나올 수 있으므로 주위를 잘 살피면서 주행한다.

| 정답 | 761 ③, ⑤   762 ①, ②

763 다음과 같은 어린이 보호구역을 통과할 때 예측할 수 있는 가장 위험한 요소 2가지는?

① 반대편 길 가장자리 구역에서 전기공사 중인 차량
② 반대편 하위 차로에 주차된 차량
③ 전방에 있는 차량의 급정지
④ 주차된 차량 사이에서 뛰어나오는 보행자
⑤ 진행하는 차로로 진입하려는 정차된 차량

해설 위와 같은 도로 상황에서 위험 요소가 높은 것은 주차된 차량 사이에서 뛰어나오는 보행자와 진행하는 차로로 진입하려는 정차된 차량이다.

764 다음과 같은 도로상황에서 바람직한 통행방법 2가지는?

① 노인이 길 가장자리 구역을 보행하고 있으므로 미리 감속하면서 주의한다.
② 노인이 길 가장자리 구역을 보행하고 있으므로 서행으로 통과한다.
③ 노인이 2차로로 접근하지 않을 것으로 확신하고 그대로 주행한다.
④ 노인에게 경음기를 울려 차가 지나가고 있음을 알리면서 신속히 주행한다.
⑤ 1차로와 2차로의 중간을 이용하여 감속하지 않고 그대로 주행한다.

해설 길 가장자리에 보행자가 보행 중이므로 운전자는 미리 감속하면서 주의해서 통과한다.

정답 | 763 ④, ⑤   764 ①, ②

765 다음과 같은 도로를 통행할 때 주의사항에 대한 설명으로 올바른 것 2가지는?

① 노인보호구역임을 알리고 있으므로 미리 충분히 감속하여 안전에 주의한다.
② 노인보호구역은 보행하는 노인이 보이지 않더라도 서행으로 주행한다.
③ 노인보호구역이라도 건물 앞에서만 서행으로 주행한다.
④ 안전을 위하여 가급적 앞차의 후미를 바싹 따라 주행한다.
⑤ 속도를 높여 신속히 노인보호구역을 벗어난다.

해설 노인보호구역이므로 보행자가 보이지 않더라도 운전자는 안전에 주의하며 서행해야 한다.

766 다음 상황에서 가장 안전한 운전 방법 2가지는?

① 손수레 뒤에 바싹 붙어서 경음기를 울린다.
② 손수레와 거리를 두고 서행한다.
③ 손수레도 후방 교통 상황을 알고 있다고 생각하고 빠르게 지나간다.
④ 다른 교통에 주의하면서 차로를 변경한다.
⑤ 손수레와 동일 차로 내의 좌측 공간을 이용하여 앞지르기 한다.

해설 길 가장자리에 손수레가 있기 때문에 거리를 두고 서행하거나 다른 교통에 주의하면서 차로를 변경하여 안전하게 통과하도록 한다.

정답 | 765 ①, ② 766 ②, ④

767 다음과 같은 눈길 상황에서 가장 안전한 운전방법 2가지는?

① 급제동, 급핸들 조작을 하지 않는다.
② 전조등을 이용하여 마주 오는 차에게 주의를 주며 통과한다.
③ 앞차와 충분한 안전거리를 두고 주행한다.
④ 경음기를 사용하며 주행한다.
⑤ 앞차를 따라서 빠르게 통과한다.

해설 눈길에서 급제동, 급핸들 조작, 급출발 등은 삼가야 하고, 앞차와의 충분한 안전거리를 두고 주행하도록 한다.

768 다음과 같은 상황에서 자동차의 통행 방법으로 올바른 2가지는?

① 좌측도로의 화물차는 우회전하여 긴급자동차 대열로 끼어든다.
② 모든 차량은 긴급자동차에게 차로를 양보해야 한다.
③ 긴급자동차 주행과 관계없이 진행신호에 따라 주행한다.
④ 긴급자동차를 앞지르기하여 신속히 진행 한다.
⑤ 좌측도로의 화물차는 긴급자동차가 통과할 때까지 기다린다.

해설 모든 자동차는 긴급자동차에 양보하여야 한다.

| 정답 | 767 ①, ③   768 ②, ⑤

769 긴급자동차가 출동 중인 경우 가장 바람직한 운전방법 2가지는?

① 긴급자동차와 관계없이 신호에 따라 주행 한다.
② 긴급자동차가 신속하게 진행할 수 있도록 차로를 양보한다.
③ 반대편 도로의 버스는 좌회전 신호가 켜져도 일시 정지하여 긴급자동차에 양보한다.
④ 모든 자동차는 긴급자동차에게 차로를 양보할 필요가 없다.
⑤ 긴급자동차의 주행 차로에 일시정지한다.

해설 모든 운전자는 긴급자동차가 신속하게 진행할 수 있도록 차로를 양보해야 하며, 신호 관계없이 양보해야 한다.

770 다음 상황에서 운전자의 가장 바람직한 운전방법 2가지는?

① 회전 중인 승용차는 긴급자동차가 회전차로에 진입하려는 경우 양보한다.
② 긴급자동차에게 차로를 양보하기 위해 좌·우측으로 피하여 양보한다.
③ 승객을 태운 버스는 차로를 양보할 필요는 없다.
④ 긴급자동차라도 안전지대를 가로질러 앞차를 앞지르기 할 수 없다.
⑤ 안전한 운전을 위해 긴급자동차 뒤를 따라서 운행 한다.

해설 모든 운전자는 긴급자동차에게 차로를 우선 양보해야 한다. 긴급자동차가 뒤따라오는 경우 좌·우측으로 양보해야 하며, 긴급자동차는 앞지르기 규제 적용 대상이 아니다.

| 정답 | 769 ②, ③ 770 ①, ②

771 운전 중 자전거가 차량 앞쪽으로 횡단하려고 한다. 가장 안전한 운전 방법 2가지는?

① 차에서 내려 자전거 운전자에게 횡단보도를 이용하라고 주의를 준다.
② 주행하면서 경음기를 계속 울려 자전거 운전자에게 경각심을 준다.
③ 자전거가 진입하지 못하도록 차량을 버스 뒤로 바짝 붙인다.
④ 일시정지하여 자전거가 안전하게 횡단하도록 한다.
⑤ 차량 좌측에 다른 차량이 주행하고 있으면 수신호 등으로 위험을 알려 정지시킨다.

> 해설 일시정지하여 자전거 운전자가 안전하게 횡단하도록 하는 것이 옳은 방법이며, 차량 좌측에 다른 차량이 주행하고 있으면 수신호 등으로 위험을 알려 주어야 한다.

772 다음 상황에서 가장 안전한 운전 방법 2가지는?

① 경음기를 울려 자전거를 우측으로 피양하도록 유도한 후 자전거 옆으로 주행한다.
② 눈이 와서 노면이 미끄러우므로 급제동은 삼가야 한다.
③ 좌로 급하게 굽은 오르막길이고 노면이 미끄러우므로 자전거와 안전거리를 유지하고 서행한다.
④ 반대 방향에 마주 오는 차량이 없으므로 반대 차로로 주행한다.
⑤ 신속하게 자전거를 앞지르기한다.

> 해설 도로에 눈이 쌓여있고 노면이 미끄러우므로 급제동은 삼가야 한다. 전방 우측에 자전거 운전자가 가장자리로 주행하고 있기 때문에 자전거와 안전거리를 유지하며 서행한다.

| 정답 | 771 ④, ⑤ 772 ②, ③

773 다음 상황에서 가장 안전한 운전방법 2가지는?

① 경음기를 지속적으로 사용해서 보행자의 길 가장자리 통행을 유도한다.
② 주차된 차의 문이 갑자기 열리는 것에도 대비하여 일정 거리를 유지하면서 서행한다.
③ 공회전을 강하게 하여 보행자에게 두려움을 갖게 하면서 진행한다.
④ 보행자나 자전거가 전방에 가고 있을 때에는 이어폰을 사용하는 경우도 있기 때문에 거리를 유지하며 서행한다.
⑤ 전방의 보행자와 자전거가 길 가장자리로 피하게 되면 빠른 속도로 빠져나간다.

> **해설** 주택가 이면도로에서 보행자의 통행이 빈번한 도로를 주행할 때에는 보행자 보호를 최우선으로 생각하면서 운행해야 하며, 이어폰 등으로 음악을 듣고 있는 경우에는 경음기 소리나 차의 엔진 소리를 듣지 못할 가능성이 많으므로 더욱 주의하여 운전해야 한다. 또 주차된 차의 문이 갑자기 열릴 수 있으므로 차 옆을 지날 때는 일정한 간격을 두고 운행해야 한다.

774 두 대의 차량이 합류 도로로 진입 중이다. 가장 안전한 운전방법 2가지는?

① 차량 합류로 인해 뒤따르는 이륜차가 넘어질 수 있으므로 이륜차와 충분한 거리를 두고 주행한다.
② 이륜차는 긴급 상황에 따른 차로 변경이 쉽기 때문에 내 차와 충돌 위험성은 없다.
③ 합류 도로에서는 차가 급정지할 수 있어 앞차와의 거리를 충분하게 둔다.
④ 합류 도로에서 차로가 감소되는 쪽에서 끼어드는 차가 있을 경우 경음기를 사용하면서 같이 주행한다.
⑤ 신호등 없는 합류 도로에서는 운전자가 주의하고 있으므로 교통사고의 위험성이 없다.

> **해설** 합류도로에서는 차가 급정지 할 수 있어 앞차와의 안전거리를 확보하고, 이륜차가 넘어질 수 있으므로 충분한 거리를 두고 주행한다.

| 정답 | 773 ②, ④   774 ①, ③

775 다음과 같은 상황에서 우회전하려고 한다. 가장 안전한 운전방법 2가지는?

① 신속하게 우회전하여 자전거와의 충돌 위험으로부터 벗어난다.
② 경음기를 울려 자전거가 최대한 도로 가장자리로 통행하도록 유도한다.
③ 우회전 시 뒷바퀴보다도 앞바퀴가 길 가장자리 선을 넘으면서 사고를 야기할 가능성이 높다.
④ 우측 자전거가 마주 오는 자전거를 피하기 위해 차도 안쪽으로 들어올 수 있어 감속한다.
⑤ 우회전 시 보이지 않는 좌측 도로에서 직진하는 차량 및 자전거와의 안전거리를 충분히 두고 진행한다.

해설 자동차가 우회전할 때에는 내륜차로 인해 뒷바퀴가 도로 가장자리 선을 침범할 가능성이 높아 이로 인한 교통사고의 위험이 있으므로 위 상황에서는 특히 뒷바퀴와 자전거의 간격(50센티미터 이상)을 충분히 유지해야 한다. 또한 우측 자전거가 마주 오는 자전거를 피하기 위해 차도 안쪽으로 들어올 수 있으므로 안전거리를 두고 진행한다.

776 1·2차로를 걸쳐서 주행 중이다. 이때 가장 안전한 운전 방법 2가지는?

① 1차로로 차로 변경 후 신속히 통과한다.
② 우측 보도에서 횡단보도로 진입하는 보행자가 있는지를 확인한다.
③ 경음기를 울려 자전거 운전자가 신속히 통과하도록 한다.
④ 자전거는 보행자가 아니므로 자전거 뒤쪽으로 통과한다.
⑤ 정지선 직전에 일시정지한다.

해설 2차선 차량에 가려서 안보일 수 있는 보행자의 유무를 확인해야 한다. 또한 횡단보도 앞이므로 정지선 직전에 일시정지하여 보행자가 안전하게 통과할 수 있도록 한다.

| 정답 | 775 ④, ⑤   776 ②, ⑤

777 전방 교차로에서 우회전하기 위해 신호대기 중이다. 가장 안전한 운전 방법 2가지는?

① 길 가장자리 구역을 통하여 우회전한다.
② 앞차를 따라 서행하면서 우회전한다.
③ 교차로 안쪽이 정체되어 있더라도 차량 신호가 녹색 신호인 경우 일단 진입한다.
④ 전방 우측의 자전거 운전자와 보행자에게 계속 경음기를 울리며 우회전한다.
⑤ 전방 우측의 자전거 및 보행자와의 안전거리를 두고 우회전한다.

해설 모든 차의 운전자는 교차로에서 우회전을 하고자 하는 때에는 미리 도로의 우측 가장자리를 서행하면서 우회전하여야 한다. 길 가장자리에 자전거 및 보행자가 있으므로 안전거리를 두고 앞차를 따라 서행하며 진행한다.

778 다음 상황에서 가장 안전한 운전 방법 2가지는?

① 도로 폭이 넓어 충분히 빠져나갈 수 있으므로 그대로 통과한다.
② 서행하면서 자전거의 움직임에 주의한다.
③ 자전거와 교행 시 가속 페달을 밟아 신속하게 통과한다.
④ 경음기를 계속 울려 자전거 운전자에게 경각심을 주면서 주행한다.
⑤ 자전거와 충분한 간격을 유지하면서 충돌하지 않도록 주의한다.

해설 길 가장자리에 자전거 운전자가 있기 때문에 충분한 간격을 유지하며 서행한다.

| 정답 | 777 ②, ⑤   778 ②, ⑤

779 다음 상황에서 가장 안전한 운전 방법 2가지는?

① 자전거가 차도로 진입하지 않은 상태이므로 가속하여 신속하게 통과한다.
② 자전거가 횡단보도에 진입할 것에 대비해 일시정지한다.
③ 자전거가 안전하게 횡단한 후 통과한다.
④ 1차로로 급차로 변경하여 신속하게 통과한다.
⑤ 자전거를 타고 횡단보도를 횡단하면 보행자로 보호받지 못하므로 그대로 통과한다.

해설 자전거가 횡단보도를 통과하려고 대기하고 있는 것을 발견하는 경우 횡단보도 앞에서 일시정지하거나 자전거가 통과한 후 진행한다.

780 자전거 옆을 통과하고자 할 때 가장 안전한 운전 방법 2가지는?

① 연속적으로 경음기를 울리면서 통과한다.
② 자전거와의 안전거리를 충분히 유지한다.
③ 자전거가 갑자기 도로의 중앙으로 들어올 수 있으므로 서행한다.
④ 자전거와의 안전거리를 좁혀 빨리 빠져나간다.
⑤ 대형차가 오고 있을 경우에는 전조등으로 주의를 주며 통과한다.

해설 차로의 구분이 없는 좁은 도로를 통과할 때에는 도로 옆을 통행하는 보행자나 자전거 운전자의 안전에 주의하며 진행해야 한다.

정답 779 ②, ③ 780 ②, ③

Chapter 03 일러스트형 문제

85문항 | 5지2답

781 다음 상황에서 가장 안전한 운전방법 2가지는?

교통상황
- 황색 점멸 교차로
- 교차로의 좌회전 중인 트럭
- 오른쪽 도로의 정지 중인 이륜차

① 트럭 앞의 상황을 알 수 없으므로 서행한다.
② 트럭이 좌회전하므로 연이어 진입해서 통과한다.
③ 일단 진입하면서 우측 이륜차에 주의하며 진행한다.
④ 속도를 높여 트럭 우측 편으로 진행한다.
⑤ 교차로 좌우 도로의 상황에 주의한다.

해설 야간의 교차로에서는 황색 신호를 무시하고 그대로 교차로에 진입하는 차량이 있을 수 있다. 이미 교차로에 진입한 트럭의 전방상황을 알 수 없고 반대차로의 차량이 같이 좌회전해 들어오는 경우가 있을 수 있으므로 주의한다.

782 승합차를 바싹 뒤따라 우회전하는 경우 예상되는 위험 2가지는?

교통상황
- 편도 1차로 일반도로
- 후사경 속의 승용차

① 승합차는 급제동을 함부로 하지 않으므로 오히려 안전하다.
② 앞차의 제동등만 주시하면 대처가 빨리 되므로 위험이 없다.
③ 승합차로 인한 시야 제한으로 전방 상황 대처가 어렵다.
④ 운전에 자신이 있으면 위험 대처가 빠르므로 문제없다.
⑤ 승합차 급정지 시 안전거리가 없어 추돌이 우려된다.

해설 승합차로 인한 시야 제한으로 전방상황 대처가 어렵고 바싹 뒤따라 진행하는 경우, 승합차가 급정지 시 안전거리가 없어 추돌이 우려된다.

정답 781 ①, ⑤ 782 ③, ⑤

783 다음 상황에서 우회전할 때 가장 안전한 운전방법 2가지는?

📎 **교통상황**
- 도로폭 넓음
- 우측 방향지시등을 켜고 우회전하려는 트레일러

① 우회전하는 트레일러는 속도가 느리므로 트레일러 좌측으로 앞질러 우회전한다.
② 도로 폭이 충분하므로 트레일러를 우측으로 앞질러 간다.
③ 트레일러가 교차로 바깥쪽으로 방향 전환을 하고 있어 공간이 넓으므로 트레일러와 옆으로 나란히 우회전한다.
④ 도로 폭이 넓어도 트레일러가 우회전하기에는 충분하지 않으므로 안전거리를 두고 천천히 뒤따라 간다.
⑤ 트레일러가 내륜차(內輪差)로 인해 크게 회전하는 것이므로 진입하지 않고 뒤따라간다.

해설 도로 폭이 넓어도 트레일러는 내륜차가 크기 때문에 크게 회전하더라도 나란히 가는 것은 사고를 유발한다. 그러므로 안전거리를 두고 뒤따라가는 것이 안전하다.

784 다음 상황에서 직진할 때 가장 안전한 운전방법 2가지는?

📎 **교통상황**
- 1, 2차로에서 나란히 주행하는 승용차와 택시
- 택시 뒤를 주행하는 내 차
- 보도에서 손을 흔드는 보행자

① 1차로의 승용차가 내 차량 진행 방향으로 급차로 변경할 수 있으므로 앞차와의 간격을 좁힌다.
② 택시가 손님을 태우기 위하여 급정지할 수도 있으므로 일정한 거리를 유지한다.
③ 승용차와 택시 때문에 전방 상황이 잘 안 보이므로 1, 2차로 중간에 걸쳐서 주행한다.
④ 택시가 손님을 태우기 위해 정차가 예상되므로 신속히 1차로로 급차로 변경한다.
⑤ 택시가 우회전하기 위하여 감속할 수도 있으므로 미리 속도를 감속하여 뒤따른다.

해설 전방 택시는 손님을 태우기 위해 급정지하거나 우회전하기 위하여 감속할 수도 있기 때문에 일정 거리를 유지하며 서행한다.

| 정답 | 783 ④, ⑤   784 ②, ⑤

785 다음과 같이 비보호좌회전 교차로에서 좌회전할 경우 가장 위험한 요인 2가지는?

교통상황
- 전방 신호등은 녹색
- 좌측 횡단보도에 횡단하는 보행자
- 후사경 속의 멀리 뒤따르는 승용차
- 전방에서 직진해 오는 승용차

① 반대 차로 승용차의 좌회전
② 뒤따르는 승용차와의 추돌 위험
③ 보행자 보호를 위한 화물차의 횡단보도 앞 일시정지
④ 반대 방향에서 직진하는 차량과 내 차의 충돌 위험
⑤ 뒤따르는 승용차의 앞지르기

해설 보행자 보호를 위해 화물차의 횡단보도 앞 일시정지는 전방상황을 알 수 없으므로 비보호 좌회전을 하기에 위험하다. 또한 반대 방향에서 직진하는 차량과의 충돌위험도 있다.

786 다음 교차로를 우회전하려고 한다. 가장 안전한 운전방법 2가지는?

교통상황
- 전방 차량 신호는 녹색 신호
- 버스에서 하차한 사람들

① 버스 승객들이 하차 중이므로 일시정지한다.
② 버스로 인해 전방 상황을 확인할 수 없으므로 시야 확보를 위해서 신속히 우회전한다.
③ 버스가 갑자기 출발할 수 있으므로 중앙선을 넘어 우회전한다.
④ 버스에서 하차한 사람들이 버스 앞쪽으로 갑자기 횡단할 수도 있으므로 주의한다.
⑤ 버스에서 하차한 사람들이 버스 뒤쪽으로 횡단을 할 수 있으므로 반대 차로를 이용하여 우회전한다.

해설 교차로 우회전 시 전방 버스에서 내리는 승객들이 버스 앞쪽으로 갑자기 횡단할 수도 있으므로 주의한다. 또한 편도 1차로의 황색 실선 구간에서는 앞지르기 금지이다.

| 정답 | 785 ③, ④   786 ①, ④

787 황색 점멸등이 설치된 교차로에서 우회전하려 할 때 가장 위험한 요인 2가지는?

> 🚦 **교통상황**
> - 전방에서 좌회전 시도하는 화물차
> - 우측 도로에서 우회전 시도하는 승용차
> - 좌회전 대기 중인 승용차
> - 2차로를 주행 중인 내 차
> - 3차로를 진행하는 이륜차
> - 후사경 속의 멀리 뒤따르는 승용차

① 전방 반대 차로에서 좌회전을 시도하는 화물차
② 우측 도로에서 우회전을 시도하는 승용차
③ 좌회전 대기 중인 승용차
④ 후사경 속 승용차
⑤ 3차로 진행 중인 이륜차

> **해설** 별도의 신호 지시가 없는 황색 점멸등의 교차로에서 우회전 시 전방 반대 차로 좌회전 차량과 3차로 진행 중인 이륜차의 움직임에 주의하며 서행하여 진입힌다.

788 직진 중 전방 차량 신호가 녹색 신호에서 황색 신호로 바뀌었다. 가장 위험한 상황 2가지는?

> 🚦 **교통상황**
> - 우측 도로에 신호 대기 중인 승용차
> - 후사경 속의 바싹 뒤따르는 택시
> - 2차로에 주행 중인 승용차

① 급제동 시 뒤차가 내 차를 추돌할 위험이 있다.
② 뒤차를 의식하다가 내 차가 신호 위반 사고를 일으킬 위험이 있다.
③ 뒤차가 앞지르기를 할 위험이 있다.
④ 우측 차가 내 차 뒤로 끼어들기를 할 위험이 있다.
⑤ 우측 도로에서 신호 대기 중인 차가 갑자기 유턴할 위험이 있다.

> **해설** 직진 중 전방 신호가 황색으로 바뀌었을 때, 이미 교차로에 진입했다면 빠르게 진행해야 한다. 급제동 시 바싹 뒤따르는 택시와 추돌 위험이 있기 때문에 비상등을 켜 뒤차의 안전거리를 스스로 유지할 수 있도록 유도한다.

| 정답 | 787 ①, ⑤ 788 ①, ②

789 다음 상황에서 가장 안전한 운전방법 2가지는?

교통상황
- 신호등 없는 교차로
- 좌·우측에 좁은 도로

① 진행하는 방향의 도로가 넓어 우선권이 있으므로 좌·우측의 좁은 도로에서 진입하는 차량보다 먼저 교차로를 통과한다.
② 신호등이 없으므로 안전을 위하여 교차로를 신속히 통과한다.
③ 정지선 직전에 일시정지하여 좌우 안전을 확인한 후 진행한다.
④ 전방 횡단보도에 보행자가 없으므로 신속히 횡단보도를 통과한다.
⑤ 전방의 횡단보도 부근에서 무단 횡단하는 보행자가 있을 수 있으므로 주의한다.

> **해설** 신호등이 없고 좌우 확인이 어려운 교차로를 주행할 때에는 일시정지하여 좌우에서 진입하는 차량들을 확인한 후에 진행해야 한다. 또한 도로 폭이 좁기 때문에 횡단보도뿐만 아니라 횡단보도 부근으로 건너는 보행자가 있을 수 있고, 반대편 도로의 차량으로 인하여 횡단보도 일부가 보이지 않으므로 주의해야 한다.

790 다음 상황에서 비보호좌회전할 때 가장 큰 위험 요인 2가지는?

교통상황
- 현재 차량 신호 녹색(양방향 녹색 신호)
- 반대편 1차로에 좌회전하려는 승합차

① 반대편 2차로에서 승합차에 가려 보이지 않는 차량이 빠르게 직진해 올 수 있다.
② 반대편 1차로 승합차 뒤에 차량이 정지해 있을 수 있다.
③ 좌측 횡단보도로 보행자가 횡단을 할 수 있다.
④ 후방 차량이 갑자기 불법 유턴을 할 수 있다.
⑤ 반대편 1차로에서 승합차가 비보호좌회전을 할 수 있다.

> **해설** 비보호 좌회전 시 반대편 1차로의 승합차에 가려져 빠르게 직진해오는 반대편 2차로 차량을 못 볼 수 있고, 좌측 횡단보도로 보행자가 횡단할 수 있기 때문에 주의한다.

정답 | 789 ③, ⑤   790 ①, ③

791 다음 상황에서 가장 안전한 운전 방법 2가지는?

교통상황
- 교차로에서 직진을 하려고 진행 중
- 전방에 녹색 신호지만 언제 황색으로 바뀔지 모르는 상황
- 왼쪽 1차로에는 좌회전하려는 차량들이 대기 중
- 매시 70킬로미터 속도로 주행 중

① 교차로 진입 전에 황색 신호가 켜지면 신속히 교차로를 통과하도록 한다.
② 속도가 빠를 경우 황색 신호가 켜졌을 때 정지하기 어려우므로 속도를 줄여 황색 신호에 대비한다.
③ 신호가 언제 바뀔지 모르므로 속도를 높여 신호가 바뀌기 전에 통과하도록 노력한다.
④ 뒤차가 가까이 따라올 수 있으므로 속도를 높여 신속히 교차로를 통과한다.
⑤ 1차로에서 2차로로 갑자기 차로를 변경하는 차가 있을 수 있으므로 속도를 줄여 대비한다.

해설 매시 70킬로미터 속도로 교차로 직진 중일 때 안전운전 방법은 황색 신호를 대비하여 감속해야 하고, 급정지 시 뒤 차량과 추돌위험이 있기 때문에 천천히 서행한다. 1차로에서 2차로로 갑자기 차로변경하는 차량이 있을 수 있으므로 주의한다.

792 다음 상황에서 유턴하기 위해 차로를 변경하려고 한다. 가장 안전한 운전방법 2가지는?

교통상황
- 교차로에 좌회전 신호가 켜짐
- 유턴을 하기 위해 1차로로 들어가려함
- 1차로는 좌회전과 유턴이 허용

① 1차로가 비었으므로 신속히 1차로로 차로를 변경한다.
② 차로변경하기 전 30미터 이상의 지점에서 좌측 방향지시등을 켠다.
③ 전방의 횡단보도에 보행자가 있는지 살핀다.
④ 안전지대를 통해 미리 1차로로 들어간다.
⑤ 왼쪽 후사경을 통해 안전지대로 진행해 오는 차가 없는지 살핀다.

해설 차로변경 전 30미터 이상의 지점에서 좌측 방향지시등을 킨 후 왼쪽 후사경을 통하여 안전지대로 진행해 오는 차가 없는지 살피며 점진적으로 천천히 진행한다.

793 다음 교차로에서 우회전하려고 한다. 가장 안전한 운전방법 2가지는?

교통상황
- 전방 교차로
- 헤드폰으로 음악을 듣는 자전거 운전자

① 경음기를 반복하여 사용한다.
② 음악을 듣고 있기 때문에 전조등을 번쩍인다.
③ 자전거를 앞지르며 우회전한다.
④ 자전거를 먼저 통과시킨 후 우회전한다.
⑤ 자전거와 충분한 안전거리를 유지하면서 서행한다.

해설 전방의 자전거 운전자가 헤드폰으로 음악을 듣고 있으므로 후방 상황을 모를 수도 있다. 운전자는 자전거와 안전거리를 유지하며 자전거를 먼저 통과시킨 후 우회전 하는 것이 안전하다.

794 다음 도로상황에서 가장 위험한 요인 2가지는?

교통상황
- 교차로 진입 후 황색신호로 바뀜
- 시속 55킬로미터로 주행 중

① 우측도로에서 우회전 하는 차와 충돌할 수 있다.
② 왼쪽 2차로로 진입한 차가 우회전할 수 있다.
③ 반대편에서 우회전하는 차와 충돌할 수 있다.
④ 반대편에서 미리 좌회전하는 차와 충돌할 수 있다.
⑤ 우측 후방에서 우회전하려고 주행하는 차와 충돌할 수 있다.

해설 교차로 진입 후 황색신호로 바뀌었을 때 운전자는 후미 차량과의 추돌을 방지하기 위해 교차로를 빠르게 빠져나가야 한다. 이때 무리하게 우회전하는 차량과 예측출발하는 좌회전 차량과 충돌 위험이 크다.

| 정답 | 793 ④, ⑤   794 ①, ④

795 다음 도로상황에서 가장 적절한 행동 2가지는?

교통상황
- 고장 난 신호등
- 2차로 주행 중

① 일시정지 후 주위 차량을 먼저 보낸 후 교차로를 통과한다.
② 교차로 통과 후 지구대나 경찰관서에 고장 사실을 신고한다.
③ 신호기가 고장이므로 진행하던 속도로 신속히 통과한다.
④ 신호기가 고장 난 교차로는 통과할 수 없으므로 유턴해서 돌아간다.
⑤ 먼저 진입하려는 차량이 있으면 전조등을 번쩍이며 통과한다.

해설 신호기가 고장 났을 때 적절한 운전요령은 일시정지 후 주위 차량을 먼저 보낸 후 서행으로 교차로를 통과하며, 지구대나 경찰관서에 신호기 고장 사실을 신고하도록 한다.

796 다음 상황에서 가장 안전한 운전방법 2가지는?

교통상황
- 신호등 없는 교차로
- 교차로 내 차량 정체
- 편도 2차로 시내도로

① 신호등 없는 교차로이기 때문에 무조건 진입한다.
② 정지선 직전에 일시정지한다.
③ 앞차가 빨리 진행할 수 있도록 계속 경음기를 울린다.
④ 우측 앞차가 끼어들기 할 수 있으므로 안전에 유의한다.
⑤ 중앙선을 넘어 맞은편 차로로 주행한다.

해설 교차로 내 차량 정체 중인 경우 정체가 해소될 때까지 교차로 내에 진입하지 않고 정지선 직전에 정지하도록 한다. 또한 우측 앞차가 끼어들기 할 수 있으므로 유의한다.

| 정답 | 795 ①, ② 796 ②, ④

797 다음 상황에서 가장 안전한 운전방법 2가지는?

교통상황
- 편도 2차로 시내도로
- 내 차 앞으로 갑자기 끼어드는 화물차
- 후사경 속의 바싹 뒤따르는 대형승합차

① 속도를 낮춰 화물차와의 안전거리를 유지한다.
② 화물차 앞으로 앞지르기 한 후 급정지한다.
③ 우측 차로로 급차로 변경한다.
④ 속도를 높여 화물차를 앞지르기한다.
⑤ 비상점멸등을 켜서 뒤차에게 위험한 상황을 알린다.

해설 전방의 화물차가 갑자기 끼어들었을 경우 속도를 낮춰 앞차와의 안전거리를 유지하며, 바싹 뒤따르는 대형승합차와의 추돌 방지를 위해 위험한 상황을 알리는 비상점멸등을 신속하게 킨다.

798 다음 상황에서 가장 안전한 운전방법 2가지는?

교통상황
- 전방 회전교차로 진입 중
- 교차로 내 회전하고 있는 차량
- 보도에서 횡단하려고 하는 보행자

① 진입하는 승용차가 우선이므로 보행자가 횡단하지 못하도록 경음기를 울린다.
② 진입차량이 우선이므로 빠른 속도로 진입한다.
③ 횡단보도 전에 정지 후 보행자가 횡단하도록 한다.
④ 회전차량이 우선이므로 회전차량이 지나고 진입한다.
⑤ 회전차량이 멈출 수 있도록 전조등을 점멸하면서 진입한다.

해설 정지선 직전에서 일시정지 후 보행자가 횡단할 수 있도록 하고, 회전교차로 내에서는 선 진입한 회전차량이 우선이므로 회전차량이 지나고 진입한다.

| 정답 | 797 ①, ⑤   798 ③, ④

799 야간에 주택가 도로를 시속 40킬로미터로 주행 중 횡단보도에 접근하고 있다. 가장 안전한 운전 방법 2가지는?

교통상황
- 반대 차로의 정지한 차
- 횡단 중인 보행자
- 후사경의 후속 차량

① 보행자가 횡단이 끝나가므로 속도를 높여 통과한다.
② 보행자가 횡단이 끝나가므로 현재의 속도로 통과한다.
③ 불빛으로 앞의 상황을 잘 알 수 없으므로 속도를 줄인다.
④ 횡단하는 보행자가 있으므로 급제동한다.
⑤ 뒤차가 접근하고 있으므로 비상점멸등을 켠다.

해설 반대 차로의 정지한 차 뒤로 보행자가 보행할 수 있으므로, 속도를 줄인 후 비상등을 점멸하여 뒤따르는 차에게도 알려주는 것이 좋다.

800 중앙선을 넘어 불법 유턴을 할 경우, 사고 발생 가능성이 가장 높은 위험요인 2가지는?

교통상황
- 좌우측으로 좁은 도로가 연결
- 전방 우측 도로에 이륜차
- 좌측 도로에 승용차

① 전방 우측 보도 위에서 휴대전화를 사용 중인 보행자
② 우회전하려고 하는 좌측 도로의 차량
③ 갑자기 우회전하려는 앞 차량
④ 가장자리에 정차하려는 뒤쪽의 승용차
⑤ 우측 도로에서 갑자기 불법으로 좌회전하려는 이륜차

해설 중앙선 침범은 12대 중과실에 해당하며 해서는 아니 된다. 중앙선을 넘어 불법 유턴을 할 경우 사고발생 가능성이 가장 높은 요소는 좌측도로에서 우회전하는 차량과, 우측 도로에서 갑자기 불법 좌회전하려는 이륜차다.

| 정답 | 799 ③, ⑤   800 ②, ⑤

801 다음 상황에서 가장 안전한 운전방법 2가지는?

교통상황
- 편도 3차로 도로
- 우측 전방에 택시를 잡으려는 사람
- 좌측 차로에 택시가 주행 중
- 시속 60킬로미터 속도로 주행 중

① 우측 전방의 사람이 택시를 잡기 위해 차도로 내려올 수 있으므로 주의하며 진행한다.
② 우측 전방의 사람이 택시를 잡기 위해 차도로 내려올 수 있으므로 전조등 불빛으로 경고를 준다.
③ 2차로의 택시가 사람을 태우려고 3차로로 급히 들어올 수 있으므로 속도를 줄여 대비한다.
④ 2차로의 택시가 사람을 태우려고 3차로로 급히 들어올 수 있으므로 앞차와의 거리를 좁혀 진행한다.
⑤ 2차로의 택시가 3차로로 들어올 것을 대비해 신속히 2차로로 피해 준다.

해설 우측 전방의 사람이 택시를 잡기 위해 차도로 내려올 수 있고, 2차로로 주행하는 택시가 사람을 태우려고 3차로로 급히 들어올 수 있으므로 미리 감속하여 안전에 대비하도록 한다.

802 도심지 이면 도로를 주행하는 상황에서 가장 안전한 운전방법 2가지는?

교통상황
- 어린이들이 도로를 횡단하려는 중
- 자전거 운전자는 애완견과 산책 중

① 자전거와 산책하는 애완견이 갑자기 도로 중앙으로 나올 수 있으므로 주의한다.
② 경음기를 사용해서 내 차의 진행을 알리고 그대로 진행한다.
③ 어린이가 갑자기 도로 중앙으로 나올 수 있으므로 속도를 줄인다.
④ 속도를 높여 자전거를 피해 신속히 통과한다.
⑤ 전조등 불빛을 번쩍이면서 마주 오는 차에 주의를 준다.

해설 도심지 이면도로에서는 보행자의 보행이 우선이다. 자전거 운전자나 산책하는 애완견, 어린이가 갑자기 도로 중앙으로 나올 수 있으므로 감속하여 주의한다.

| 정답 | 801 ①, ③   802 ①, ③

803 다음 상황에서 가장 안전한 운전방법 2가지는?

교통상황
- 좌측 횡단하는 보행자
- 반대편 정지선 앞 정지 차량
- 우측 보도 위의 보행자들

① 전방 횡단보도 직전에서 속도를 줄여 횡단 보도를 통과한다.
② 횡단보도 좌측에 횡단하는 보행자가 있더라도 사고 가능성이 없다고 판단되면 통과한다.
③ 좌측 보행자가 건너고 있으므로 일시정지하여 보행자의 횡단을 확인 후 횡단보도를 통과한다.
④ 횡단보도 직전에 급정지하면 뒤따르는 차가 추돌할 수 있으므로 그냥 통과한다.
⑤ 우측 보도 위에서 뛰어오는 보행자가 횡단 보도를 건널 수 있으므로 일시정지하여 보행자의 안전을 우선해야 한다.

해설 횡단보도 앞 좌측 보행자가 보행 중이므로 일시정지하여 보행자가 안전하게 횡단할 수 있도록 기다린다. 우측 보도 위의 보행자들은 횡단보도로 횡단할 수 있으므로 보행자의 안전에 주의해야 한다.

804 다음 상황에서 동승자를 하차시킨 후 출발할 때 가장 위험한 상황 2가지는?

교통상황
- 반대편 좌측 도로 위의 사람들
- 반대편에 속도를 줄이는 화물차
- 우측 방향 지시등을 켜고 정차한 앞차

① 좌측 도로 위의 사람들이 서성거리고 있는 경우
② 반대편에 속도를 줄이던 화물차가 우회전하는 경우
③ 정차한 앞 차량 운전자가 갑자기 차문을 열고 내리는 경우
④ 좌측 도로에서 갑자기 우회전해 나오는 차량이 있는 경우
⑤ 내 뒤쪽 차량이 우측에 갑자기 차를 정차시키는 경우

해설 정차한 앞 차량 운전자가 갑자기 차문을 열고 내릴 수 있고, 좌측 도로에서 갑자기 우회전하는 차량과 충돌할 수 있다.

정답 | 803 ③, ⑤   804 ③, ④

805 다음 상황에서 주차된 A차량이 출발할 때 가장 주의해야 할 위험 요인 2가지는?

교통상황
- 우측에 일렬로 주차된 차량
- 전방 좌측 좁은 도로
- 전방 좌측 먼 곳에 주차된 차량

① 내 앞에 주차된 화물차 앞으로 갑자기 나올 수 있는 사람
② 화물차 앞 주차 차량의 출발
③ 반대편 좌측 도로에서 좌회전할 수 있는 자전거
④ A차량 바로 뒤쪽 놀이에 열중하고 있는 어린이
⑤ 반대편 좌측 주차 차량의 우회전

해설 전방에 주차된 차량 앞으로 가려진 보행자가 나타날 수 있고, A차량 바로 뒤에 있는 어린이들을 주의해야 한다.

806 A차량이 우회전하려 할 때 가장 주의해야 할 위험 상황 2가지는?

교통상황
- 우측 도로의 승용차, 이륜차
- 좌측 도로 멀리 진행해 오는 차량
- 전방 우측 보도 위의 보행자

① 좌측 및 전방을 확인하고 우회전하는 순간 우측도로에서 나오는 이륜차를 만날 수 있다.
② 좌측 도로에서 오는 차가 멀리 있다고 생각하여 우회전하는데 내 판단보다 더 빠른 속도로 달려와 만날 수 있다.
③ 우회전하는 순간 전방 우측 도로에서 우회전하는 차량과 만날 수 있다.
④ 우회전하는 순간 좌측에서 오는 차가 있어 정지하는데 내 뒤 차량이 먼저 앞지르기하며 만날 수 있다.
⑤ 우회전하는데 전방 우측 보도 위에 걸어가는 보행자와 만날 수 있다.

해설 좌측 도로에서 직진해오는 차가 내 판단보다 더 빠른 속도로 달려와 만날 수 있고, 우측도로에서 나오는 이륜차를 만날 수 있다. 우회전 시 전방 및 좌·우측을 확인한 후 진행해야 한다.

807 다음 도로상황에서 대비하여야 할 위험 2개를 고르시오.

교통상황
- 횡단보도에서 횡단을 시작하려는 보행자
- 시속 30킬로미터로 주행 중

① 역주행하는 자동차와 충돌할 수 있다.
② 우측 건물 모퉁이에서 자전거가 갑자기 나타날 수 있다.
③ 우회전하여 들어오는 차와 충돌할 수 있다.
④ 뛰어서 횡단하는 보행자를 만날 수 있다.
⑤ 우측에서 좌측으로 직진하는 차와 충돌할 수 있다.

해설 아파트 단지 내에서는 보행자가 많으므로 서행해야 하며, 자전거 운전자나 보행자의 보행을 우선해야 한다.

808 다음 도로상황에서 가장 주의해야 할 위험상황 2가지는?

교통상황
- 보행자가 횡단보도에서 횡단 중
- 일시정지 후 출발하려는 상황
- 우측 후방 보행자

① 뒤쪽에서 앞지르기를 시도하는 차와 충돌할 수 있다.
② 반대편 화물차가 속도를 높일 수 있다.
③ 반대편 화물차가 유턴할 수 있다.
④ 반대편 차 뒤에서 길을 건너는 보행자와 마주칠 수 있다.
⑤ 오른쪽 뒤편에서 횡단보도로 뛰어드는 보행자가 있을 수 있다.

해설 반대편 화물차에 가려진 보행자를 마주칠 수 있고, 우측 후방 보행자가 횡단보도로 뛰어올 수 있으므로 주의해야 한다.

| 정답 | 807 ②, ④ 808 ④, ⑤

809 다음 상황에서 가장 안전한 운전방법 2가지는?

교통상황
- 편도 2차로 일방통행로
- 차량 신호는 녹색
- 제동 중인 차량
- 우산을 쓴 횡단하는 보행자

① 녹색 신호이므로 1차로로 변경을 하여 속도를 내어 진행한다.
② 브레이크 페달을 여러 번 나누어 밟아 정지한다.
③ 추돌 우려가 있으므로 1차로로 변경하여 그대로 진행한다.
④ 급제동하여 정지한다.
⑤ 빗길이므로 핸들을 꽉잡아 방향을 유지한다.

해설 빗길에서 급제동을 하게 되면 차가 미끄러질 수 있으므로 브레이크 페달을 여러 번 나누어 밟아 제동 중인 차량 앞에 정지하고, 앞차에 가려진 보행자가 있을 수 있으므로 보행자의 보행이 완전히 끝난 후 진행하도록 한다.

810 다음 상황에서 직진할 때 가장 안전한 운전방법 2가지는?

교통상황
- 반대편에서 좌회전을 시도하는 화물차
- 좌회전하는 화물차에 의한 시야 제한
- 후사경에 바싹 뒤따르는 승용차

① 내 차가 급정지 시 뒤따르는 차가 추돌할 수 있으므로 서서히 감속하여 정지선 앞에 정지한다.
② 화물차와 충돌할 위험이 있으므로 화물차가 좌회전하자마자 바로 진행한다.
③ 화물차 뒤쪽 상황을 확인할 수 없으므로 일시정지하여 안전을 확인한 후 진행한다.
④ 화물차가 좌회전하고 있고 뒤따르는 차량과의 추돌 위험이 있으므로 반대 차로 부근으로 진행한다.
⑤ 뒤따르는 차량의 추돌 위험이 있으므로 속도를 높여 가장자리 공간을 이용하여 그대로 진행한다.

해설 교통신호가 없는 교차로에서는 먼저 들어가 있는 차에게 차로를 양보해야 한다. 반대편 차선의 화물차 뒤쪽 상황을 확인할 수 없으므로 일시정지하고, 이때 급정지 시 바싹 뒤따르는 차와 추돌할 수 있으므로 서서히 감속하도록 한다.

| 정답 | 809 ②, ⑤   810 ①, ③

811 버스가 우회전하려고 한다. 사고 발생 가능성이 가장 높은 2가지는?

교통상황
- 신호등 있는 교차로
- 우측 도로에 횡단보도

① 우측 횡단보도 보행 신호기에 녹색 신호가 점멸할 경우 뒤늦게 달려들어오는 보행자와의 충돌
② 우측도로에서 좌회전하는 차와의 충돌
③ 버스 좌측 1차로에서 직진하는 차와의 충돌
④ 반대편 도로 1차로에서 좌회전하는 차와의 충돌
⑤ 반대편 도로 2차로에서 직진하려는 차와의 충돌

해설 우측 횡단보도 보행 신호기에 녹색신호가 점멸할 경우 뒤늦게 달려오는 보행자와 충돌가능성이 있고, 우회전 시 반대편 도로 1차로에서 좌회전하려는 차량에 주의해야 한다.

812 경운기를 앞지르기하려 한다. 이때 사고 발생 가능성이 가장 높은 2가지는?

교통상황
- 전방에 우회전하려는 경운기
- 전방 우측 비포장도로에서 좌회전하려는 승용차
- 전방 우측에 보행자
- 반대편 도로에 승용차

① 전방 우측 길 가장자리로 보행하는 보행자와의 충돌
② 반대편에서 달려오는 차량과의 정면충돌
③ 비포장도로에서 나와 좌회전하려고 중앙선을 넘어오는 차량과의 충돌
④ 비포장도로로 우회전하려는 경운기와의 충돌
⑤ 뒤따라오는 차량과의 충돌

해설 황색 실선구간의 편도 1차선 도로에서는 앞지르기 금지이다. 전방 경운기를 앞지르려 할 경우 반대편 차선에서 달려오는 차량과 정면충돌 위험이 있고, 우측 비포장도로에서 좌회전하려는 차량과 충돌위험이 있다.

정답 | 811 ①, ④ 812 ②, ③

813 다음과 같은 도로에서 A차량이 동승자를 내려주기 위해 잠시 정차했다가 출발할 때 사고 발생 가능성이 가장 높은 2가지는?

교통상황
- 신호등 없는 교차로

① 반대편 도로 차량이 직진하면서 A차와 정면충돌
② 뒤따라오던 차량이 A차를 앞지르기하다가 A차가 출발하면서 일어나는 충돌
③ A차량 앞에서 우회전 중이던 차량과 A차량과의 추돌
④ 우측 도로에서 우측 방향지시등을 켜고 대기 중이던 차량과 A차량과의 충돌
⑤ A차량이 출발해 직진할 때 반대편 도로 좌회전 차량과의 충돌

해설 정차 후 출발 시 방향지시등으로 주변차량에게 나의 진행을 알려야 한다. A차량을 앞지르기 위해 뒤따르던 차량과 충돌위험이 있고, 반대편 차선 좌회전 차량과의 충돌위험이 있다. 교차로는 먼저 진입한 차량에게 양보하도록 한다.

814 내리막길을 빠른 속도로 내려갈 때 사고 발생 가능성이 가장 높은 2가지는?

교통상황
- 편도 1차로 내리막길
- 내리막길 끝부분에 신호등 있는 교차로
- 차량 신호는 녹색

① 반대편 도로에서 올라오고 있는 차량과의 충돌
② 교차로 반대편 도로에서 진행하는 차와의 충돌
③ 반대편 보도 위에 걸어가고 있는 보행자와의 충돌
④ 전방 교차로 차량 신호가 바뀌면서 우측 도로에서 좌회전하는 차량과의 충돌
⑤ 전방 교차로 차량 신호가 바뀌면서 급정지하는 순간 뒤따르는 차와의 추돌

해설 내리막길에서 빠른 속도로 내려갈 때 정지거리가 길어지므로 교통사고 위험성이 높아진다. 또한 교차로 신호가 바뀌면서 우측도로에서 좌회전하는 차량과의 충돌위험이 있고, 신호가 바뀌어 급정지하는 순간 뒤따르는 차량과의 추돌 위험이 있다.

| 정답 | 813 ②, ⑤ 814 ④, ⑤

815 A차량이 진행 중이다. 가장 안전한 운전방법 2가지는?

교통상황
- 좌측으로 굽은 편도 1차로 도로
- 반대편 도로에 정차 중인 화물차
- 전방 우측에 상점

① 차량이 원심력에 의해 도로 밖으로 이탈할 수 있으므로 중앙선을 밟고 주행한다.
② 반대편 도로에서 정차 중인 차량을 앞지르기하려고 중앙선을 넘어오는 차량이 있을 수 있으므로 이에 대비한다.
③ 전방 우측 상점 앞 보행자와의 사고를 예방하기 위해 중앙선 쪽으로 신속히 진행한다.
④ 반대편 도로에 정차 중인 차량의 운전자가 갑자기 건너올 수 있으므로 주의하며 진행한다.
⑤ 굽은 도로에서는 주변의 위험 요인을 전부 예측하기가 어렵기 때문에 신속하게 커브 길을 벗어나도록 한다.

해설 굽은 도로에서는 전방상황을 예측하기 힘들므로 서행하며 반대편 도로에 정차 중인 차량을 앞지르기하려고 중앙선을 넘어오는 차량에 대비하며 정차 중인 차량의 운전자가 움직일 수 있으므로 주의한다.

816 다음 상황에서 우선적으로 대비하여야 할 위험 상황 2가지는?

교통상황
- 편도 1차로 도로
- 주차된 차량들로 인해 중앙선을 밟고 주행 중
- 시속 40킬로미터 속도로 주행 중

① 오른쪽 주차된 차량 중에서 고장으로 방치된 차가 있을 수 있다.
② 반대편에서 오는 차와 충돌의 위험이 있다.
③ 오른쪽 주차된 차들 사이로 뛰어나오는 어린이가 있을 수 있다.
④ 반대편 차가 좌측에 정차할 수 있다.
⑤ 왼쪽 건물에서 나오는 보행자가 있을 수 있다.

해설 편도 1차로 도로에서 주차된 차량들로 인해 중앙선을 밟고 주행할 수밖에 없는 상황에서 반대편에서 오는 차량과의 충돌 위험이 있고, 우측 주차된 차량 사이로 뛰어나오는 어린이가 있을 수 있다. 교통사고는 미리 보지 못한 위험과 마주쳤을 때 발생하는 경우가 많기 때문에 주의하도록 한다.

| 정답 | 815 ②, ④ 816 ②, ③

817 다음 상황에서 가장 안전한 운전방법 2가지는?

교통상황
- 편도 1차로 도로
- 전방에 신호등 없는 횡단보도
- 반대편 차로 정체
- 시속 40킬로미터 속도로 주행 중

① 횡단보도 앞에서 일시정지하여 보행자가 있는지 살핀다.
② 횡단보도가 아닌 곳에서도 차 사이로 횡단하는 보행자가 있을 수 있으므로 서행한다.
③ 앞서 가는 차가 멀리 있으므로 앞차와의 거리를 더욱 좁힌다.
④ 반대편 차들이 움직일 때까지 정지하고 기다린다.
⑤ 전방 차량이 멀리 있으므로 속도를 높여 주행한다.

해설 반대편 차선의 정체된 차량에 가려진 보행자가 있을 수 있으므로 횡단보도 앞에서 일시정지하여 보행자의 유무를 살핀다. 횡단보도가 아닌 곳에서도 차량 사이로 횡단하는 보행자가 있을 수 있으므로 언제든지 정지할 수 있는 속도로 서행한다.

818 다음과 같은 야간 도로상황에서 운전할 때 특히 주의하여야 할 위험 2가지는?

교통상황
- 시속 50킬로미터 주행 중

① 도로의 우측부분에서 역주행하는 자전거
② 도로 건너편에서 차도를 횡단하려는 사람
③ 내 차 뒤로 무단횡단 하는 보행자
④ 방향지시등을 켜고 우회전하려는 후방 차량
⑤ 우측 주차 차량 안에 탑승한 운전자

해설 교외도로는 지역주민들에게 생활도로로 보행자들의 도로횡단이 잦으며 자전거 운행이 많은 편이다. 전방의 역주행 자전거를 조심해야 하며 건너편 도로에서 차도를 횡단하려는 보행자에 각별히 주의하도록 한다.

| 정답 | 817 ①, ② 818 ①, ②

819 겨울철에 복공판(철판)이 놓인 지하철 공사장에 들어서고 있다. 가장 안전한 운전방법 2가지는?

> 🔗 **교통상황**
> - 전방 교차로 신호는 녹색
> - 노면은 공사장 복공판(철판)
> - 공사로 편도 1차로로 합쳐지는 도로

① 엔진 브레이크로 감속하며 서서히 1차로로 진입한다.
② 급제동하여 속도를 줄이면서 1차로로 차로를 변경한다.
③ 바로 1차로로 변경하며 앞차와의 거리를 좁힌다.
④ 속도를 높여 앞차의 앞으로 빠져나간다.
⑤ 노면이 미끄러우므로 조심스럽게 핸들을 조작한다.

> **해설** 겨울철에 복공판 등 철판으로 공사 현장을 덮은 구간에서는 살얼음이 많이 끼어 있어 미끄러지기 쉽다. 풋 브레이크로만 감속 시 차가 미끄러질 수도 있고, 급핸들 조작도 위험하다. 따라서 엔진브레이크를 사용하여 서서히 1차로로 진입한다.

820 다음 상황에서 가장 주의해야 할 위험 요인 2가지는?

> 🔗 **교통상황**
> - 고가도로 아래의 그늘
> - 군데군데 젖은 노면
> - 진입 차로로 진입하는 택시

① 반대편 뒤쪽의 화물차
② 내 뒤를 따르는 차
③ 전방의 앞차
④ 고가 밑 그늘진 노면
⑤ 내 차 앞으로 진입하려는 택시

> **해설** 겨울철 햇빛이 비치지 않는 고가도로의 그늘에는 내린 눈이 얼어 있기도 하고 빙판이 되어 있는 경우도 많다. 따라서 고가도로의 그늘을 지날 때는 항상 노면의 상황에 유의하면서 속도를 줄이도록 하고, 전방의 택시를 주의하도록 한다.

| 정답 | 819 ①, ⑤   820 ④, ⑤

821 우측 주유소로 들어가려고 할 때 사고 발생 가능성이 가장 높은 2가지는?

교통상황
- 전방 우측 주유소
- 우측 후방에 차량
- 후방에 승용차

① 주유를 마친 후 속도를 높여 차도로 진입하는 차량과의 충돌
② 우측으로 차로 변경하려고 급제동하는 순간 후방 차량과의 추돌
③ 우측으로 급차로 변경하는 순간 우측 후방 차량과의 충돌
④ 제한속도보다 느리게 주행하는 1차로 차량과의 충돌
⑤ 과속으로 주행하는 반대편 2차로 차량과의 정면충돌

해설 전방의 주유소나 휴게소 등에 들어갈 때에는 미리 속도를 줄이며 방향지시등 점멸 후 안전하게 차로를 변경해야 한다. 이때 급제동을 하게 되면 후방 차량과의 추돌 사고가 발생할 수 있으며, 급차로 변경 시 우측 후방 차량과도 사고가 발생할 수 있다.

822 다음과 같은 도로를 주행할 때 사고 발생 가능성이 가장 높은 경우 2가지는?

교통상황
- 신호등이 없는 교차로
- 전방 우측에 아파트 단지 입구
- 반대편에 진행 중인 화물차

① 직진할 때 반대편 1차로의 화물차가 좌회전하는 경우
② 직진할 때 내 뒤에 있는 후방 차량이 우회전하는 경우
③ 우회전할 때 반대편 2차로의 승용차가 직진하는 경우
④ 직진할 때 반대편 1차로의 화물차 뒤에서 승용차가 아파트 입구로 좌회전하는 경우
⑤ 우회전할 때 반대편 화물차가 직진하는 경우

해설 신호등이 없고 아파트단지 진입로가 있는 교차로에서는 주변 차량의 움직임에 주의해야 하며 교차로에 먼저 진입한 차량에게 양보해야 한다. 직진할 때 반대편 차로에서 좌회전하는 차량들과 사고발생 위험이 높다.

| 정답 | 821 ②, ③ 822 ①, ④

823 다음 상황에서 오르막길을 올라가는 화물차를 앞지르기하면 안 되는 가장 큰 이유 2가지는?

교통상황
- 전방 좌측에 도로
- 반대편 좌측 길 가장자리에 정차 중인 이륜차

① 반대편 길 가장자리에 이륜차가 정차하고 있으므로
② 화물차가 좌측 도로로 좌회전할 수 있으므로
③ 후방 차량이 서행으로 진행할 수 있으므로
④ 반대편에서 내려오는 차량이 보이지 않으므로
⑤ 화물차가 계속해서 서행할 수 있으므로

해설 곡선 오르막 도로는 전방 상황을 예측할 수 없으므로 앞지르기는 절대 금지이며, 전방 화물차가 좌측도로로 좌회전할 수 있으므로 주의해야 한다.

824 다음 상황에서 우선적으로 예측해 볼 수 있는 위험 상황 2가지는?

교통상황
- 좌로 굽은 도로
- 반대편 도로 정체
- 시속 40킬로미터 속도로 주행 중

① 반대편 차량이 급제동할 수 있다.
② 전방의 차량이 우회전할 수 있다.
③ 보행자가 반대편 차들 사이에서 뛰어나올 수 있다.
④ 반대편 도로 차들 중에 한 대가 후진할 수 있다.
⑤ 반대편 차량들 중에 한 대가 불법 유턴할 수 있다.

해설 정체 중인 반대편 도로의 차량에 가려 보이지 않는 보행자가 있을 수 있고, 정체된 도로를 돌아가려 불법 유턴하는 차량이 있을 수 있으므로 주의해야 한다.

| 정답 | 823 ②, ④　824 ③, ⑤

825 대형차의 바로 뒤를 따르고 있는 상황에서 가장 안전한 운전방법 2가지는?

교통상황
- 편도 3차로
- 1차로의 버스는 2차로로 차로 변경을 준비 중

① 대형 화물차가 내 차를 발견하지 못할 수 있기 때문에 대형차의 움직임에 주의한다.
② 전방 2차로를 주행 중인 버스가 갑자기 속도를 높일 수 있기 때문에 주의해야 한다.
③ 뒤따르는 차가 차로를 변경할 수 있기 때문에 주의해야 한다.
④ 마주 오는 차의 전조등 불빛으로 눈부심 현상이 올 수 있기 때문에 상향등을 켜고 운전해야 한다.
⑤ 전방의 상황을 확인할 수 없기 때문에 충분한 안전거리를 확보하고 전방 상황을 수시로 확인하는 등 안전에 주의해야 한다.

해설 대형차는 소형차에 비해 사각지대가 크기 때문에 소형차를 미처 발견하지 못할 수도 있다. 그러므로 대형차를 바싹 뒤따르지 않도록 하고, 대형차에 가려 전방상황을 알 수 없으므로 충분한 안전거리를 확보하는 것이 좋다.

826 다음 상황에서 A차량이 주의해야 할 가장 위험한 요인 2가지는?

교통상황
- 문구점 앞 화물차
- 문구점 앞 어린이들
- 전방에 서 있는 어린이

① 전방의 화물차 앞에서 물건을 운반 중인 사람
② 전방 우측에 제동등이 켜져 있는 정지 중인 차량
③ 우측 도로에서 갑자기 나오는 차량
④ 문구점 앞에서 오락에 열중하고 있는 어린이
⑤ 좌측 문구점을 바라보며 서 있는 우측 전방의 어린이

해설 전방의 어린이는 좌측 문구점을 바라보고 서 있는데, 주변 차량을 생각하지 못하고 도로로 뛰어나올 수 있다. 또한 주변에 도로가 만나는 지점에서 갑자기 나오는 차량에 대비해야 한다.

| 정답 | 825 ①, ⑤   826 ③, ⑤

827 다음 도로상황에서 사고발생 가능성이 가장 높은 2가지는?

교통상황
- 편도 4차로의 도로에서 2차로로 교차로에 접근 중
- 시속 70킬로미터로 주행 중

① 왼쪽 1차로의 차가 갑자기 직진할 수 있다.
② 황색신호가 켜질 경우 앞차가 급제동을 할 수 있다.
③ 오른쪽 3차로의 차가 갑자기 우회전을 시도할 수 있다.
④ 앞차가 3차로로 차로를 변경할 수 있다.
⑤ 신호가 바뀌어 급제동할 경우 뒤차에게 추돌사고를 당할 수 있다.

해설 통행량이 많은 교차로를 접근할 땐 안전거리를 유지하며 속도를 줄여야 한다. 신호가 바뀌어 앞차가 급제동을 할 수도 있고, 내 차가 급제동 할 경우 후방 차량과 추돌사고 위험이 있다.

828 다음 도로상황에서 좌회전하기 위해 불법으로 중앙선을 넘어 전방 좌회전 차로로 진입하는 경우 가장 위험한 이유 2가지는?

교통상황
- 시속 20킬로미터 주행 중
- 직진 좌회전 동시신호
- 앞차가 브레이크 페달을 밟음

① 반대편 차량이 갑자기 후진할 수 있다.
② 앞차가 현 위치에서 유턴할 수 있다.
③ 브레이크 페달을 밟은 앞차 앞으로 보행자가 나타날 수 있다.
④ 브레이크 페달을 밟은 앞차가 갑자기 우측차로로 차로변경할 수 있다.
⑤ 앞차의 선행차가 2차로에서 우회전할 수 있다.

해설 교차로 진입 전 2차로에 직진차량이 많을 때 좌회전 차로로 진입하기 어렵다. 이때 중앙선을 침범하며 포켓차로로 바로 진입하려는 운전자들이 있는데, 포켓차로에서는 좌회전 및 유턴도 가능할 수 있다. 전방 차량은 브레이크를 밟고 유턴을 할지 좌회전을 할지, 전방의 보행자를 만난 것인지 알 수 없기 때문에 앞지르거나 먼저 나아가는 것은 위험하다.

정답 | 827 ②, ⑤   828 ②, ③

829 수동 변속기 차량으로 눈 쌓인 언덕길을 올라갈 때 가장 안전한 운전방법 2가지는?

교통상황
- 언덕길을 올라가는 앞차
- 앞서 간 차의 타이어 자국

① 저단 기어를 이용하여 부드럽게 올라간다.
② 고단 기어를 이용하여 세게 차고 올라간다.
③ 스노 체인을 장착한 경우에는 속도를 높여 올라간다.
④ 앞차의 바퀴 자국을 따라 올라간다.
⑤ 앞차의 바퀴 자국을 피해 올라간다.

해설 수동변속기 차량으로 눈 쌓인 언덕길을 올라갈 때 고단기어를 이용하여 세게 차고 올라가면 바퀴가 헛돌고 미끄러질 수 있으므로 저단기어를 이용하여 앞차 바퀴자국을 따라 부드럽게 올라가면 된다.

830 다음 상황에서 가장 주의해야 할 위험 요인 2가지는?

교통상황
- 내린 눈이 중앙선 부근에 쌓임
- 터널 입구에도 물이 흘러 얼어 있음

① 터널 안의 상황
② 우측 전방의 차
③ 터널 안 진행차
④ 터널 직전의 노면
⑤ 내 뒤를 따르는 차

해설 겨울철 터널입구 노면은 온도차로 인해 도로가 얼어있고 미끄러운 경우가 많다. 터널 진출입로에서 노면 상황에 유의하며 서행하고, 우측 전방의 차량이 갑자기 차선변경할 수도 있으므로 주의한다.

| 정답 | 829 ①, ④   830 ②, ④

831 다음 상황에서 사고 발생 가능성이 가장 높은 2가지는?

교통상황
- 전방 우측 휴게소
- 우측 후방에 차량

① 휴게소에 진입하기 위해 급감속하다 2차로에 뒤따르는 차량과 충돌할 수 있다.
② 휴게소로 차로 변경하는 순간 앞지르기하는 뒤차와 충돌할 수 있다.
③ 휴게소로 진입하기 위하여 차로를 급하게 변경하다가 우측 뒤차와 충돌할 수 있다.
④ 2차로에서 1차로로 급하게 차로 변경하다가 우측 뒤차와 충돌할 수 있다.
⑤ 2차로에서 과속으로 주행하다 우측 뒤차와 충돌할 수 있다.

해설 고속도로 주행 중 휴게소 진입 시에 미리 차선변경을 하고, 서행하여 진행해야 한다. 무리하게 휴게소 진입을 위하여 급감속하면 2차로에 뒤따르는 차량과 추돌 위험이 있고, 급하게 차로를 변경하게 되면, 우측 후방차량과 추돌위험이 있다.

832 야간 운전 시 다음 상황에서 가장 적절한 운전 방법 2가지는?

교통상황
- 편도 2차로 직선 도로
- 1차로 후방에 진행 중인 차량
- 전방에 화물차 정차 중

① 정차 중인 화물차에서 어떠한 위험 상황이 발생할지 모르므로 재빠르게 1차로로 차로 변경한다.
② 정차 중인 화물차에 경음기를 계속 울리면서 진행한다.
③ 전방 우측 화물차 뒤에 일단 정차한 후 앞차가 출발할 때까지 기다린다.
④ 정차 중인 화물차 앞이나 그 주변에 위험 상황이 발생할 수 있으므로 속도를 줄이며 주의한다.
⑤ 1차로로 차로 변경 시 안전을 확인한 후 차로 변경을 시도한다.

해설 야간 주행 중 전방에 고장차량이나 정차 중인 차량을 만나는 경우에는 속도를 줄이고 안전을 확인한 후 차선 변경을 해야 한다.

| 정답 | 831 ①, ③   832 ④, ⑤

833 다음 상황에서 가장 안전한 운전 방법 2가지는?

교통상황
- 우로 굽은 언덕길
- 오른쪽 뒤 승용차

① 중앙선이 실선이므로 반대편 차량들의 움직임에는 주의를 기울이지 않아도 된다.
② 앞 차량의 급제동이나 급차로 변경에 대비해 주의하며 주행한다.
③ 앞 차량이 속도를 높여 주행하도록 전조등 불빛으로 재촉한다.
④ 앞차와 거리를 두면서 속도를 줄여 주행한다.
⑤ 앞 차량 우측으로 재빠르게 차로 변경한다.

해설 굽은 언덕길에서는 전방상황을 예측하기 힘드므로 전방차량과 안전거리를 충분히 두며 운전해야 한다.

834 다음 상황에서 가장 안전한 운전 방법 2가지는?

교통상황
- 편도 2차로
- 비탈길 고갯마루 부근

① 전방 우측 화물차가 차로 변경할 수 있으므로 안전거리를 둔다.
② 고갯마루 너머의 상황을 알 수 없기 때문에 주의하여야 한다.
③ 강한 바람이 불어올 수 있기 때문에 핸들을 가볍게 잡아야 한다.
④ 뒤따르는 차를 위해 속도를 높여 통과하여야 한다.
⑤ 뒤따르는 차의 운전자에게 앞지르기하라고 양보 신호를 보낸다.

해설 비탈길의 고갯마루 부근은 전방상황을 예측하기 어려우므로 서행해야 한다. 전방 2차로 주행 중인 화물차가 내 차 앞으로 차선 변경할 수도 있기 때문에 안전거리를 두며 주행한다.

정답 833 ②, ④   834 ①, ②

835 급커브 길을 주행 중이다. 가장 안전한 운전 방법 2가지는?

📎 **교통상황**
- 편도 2차로 급커브 길

① 마주 오는 차가 중앙선을 넘어올 수 있음을 예상하고 전방을 잘 살핀다.
② 원심력으로 차로를 벗어날 수 있기 때문에 속도를 미리 줄인다.
③ 스탠딩 웨이브 현상을 예방하기 위해 속도를 높인다.
④ 원심력에 대비하여 차로의 가장자리를 주행한다.
⑤ 뒤따르는 차의 앞지르기에 대비하여 후방을 잘 살핀다.

해설 급커브 길에서는 전방 시야 확보가 어렵고, 감속하지 않은 채로 주행하게 되면 원심력에 의해 차로를 벗어날 수 있으므로 속도를 줄이며 반대편 차선과 옆 차선 차량들을 주의하여야 한다.

836 다음 도로상황에서 가장 안전한 운전방법 2가지는?

📎 **교통상황**
- 비가 내려 부분적으로 물이 고여 있는 부분
- 속도는 시속 60킬로미터로 주행 중

① 수막현상이 발생하여 미끄러질 수 있으므로 감속 주행한다.
② 물웅덩이를 만날 경우 수막현상이 발생하지 않도록 급제동한다.
③ 고인 물이 튀어 앞이 보이지 않을 때는 브레이크 페달을 세게 밟아 속도를 줄인다.
④ 맞은편 차량에 의해 고인 물이 튈 수 있으므로 가급적 2차로로 주행한다.
⑤ 물웅덩이를 만날 경우 약간 속도를 높여 통과한다.

해설 전방 중앙선 부근에 물이 고여 있다. 반대차선 주행 중인 차량에 인해 고인 물이 튈 수 있고, 수막현상으로 미끄러질 수 있기 때문에 차로를 변경하고 속도를 줄여 안전하게 통과한다.

| 정답 | 835 ①, ② 836 ①, ④

837 눈길 교통상황에서 안전한 운전방법 2가지는?

교통상황
- 시속 30킬로미터 주행 중

① 앞차의 바퀴자국을 따라서 주행하는 것이 안전하며 중앙선과 거리를 두는 것이 좋다.
② 눈길이나 빙판길에서는 공주거리가 길어지므로 평소보다 안전거리를 더 두어야 한다.
③ 반대편 차가 커브길에서 브레이크 페달을 밟다가 중앙선을 넘어올 수 있으므로 빨리 지나치도록 한다.
④ 커브길에서 브레이크 페달을 세게 밟아 속도를 줄인다.
⑤ 눈길이나 빙판길에서는 감속하여 주행하는 것이 좋다.

> **해설** 눈길은 미끄러지는 사고가 잦다. 눈이 쌓인 커브길에서는 반대편 차선에서 중앙선을 침범하여 미끄러져 오는 차량이 있을 수 있기 때문에 중앙선과 거리를 두는 것이 좋고, 서행으로 앞차의 바퀴자국을 따라 주행하는 것이 안전하다.

838 반대편 차량의 전조등 불빛이 너무 밝을 때 가장 안전한 운전방법 2가지는?

교통상황
- 시속 50킬로미터 주행 중

① 증발현상으로 중앙선에 서 있는 보행자가 보이지 않을 수 있으므로 급제동한다.
② 현혹현상이 발생할 수 있으므로 속도를 충분히 줄여 위험이 있는지 확인한다.
③ 보행자 등이 잘 보이지 않으므로 상향등을 켜서 확인한다.
④ 1차로보다는 2차로로 주행하며 불빛을 바로 보지 않도록 한다.
⑤ 불빛이 너무 밝을 때는 전방 확인이 어려우므로 가급적 빨리 지나간다.

> **해설** 상향등은 주변에 차량이 없을 때 사용해야 하며, 반대차선에서 차량이 올 때는 하향등으로 조정해야 한다. 야간에 너무 밝은 불빛을 보았을 때 현혹현상이 발생할 수 있으므로 속도를 줄이고 1차로보다는 2차로로 주행하며 불빛을 바로 보지 않도록 한다.

| 정답 | 837 ①, ⑤ 838 ②, ④

839 A차가 버스를 앞지르기하려고 한다. 사고 발생 가능성이 가장 높은 2가지는?

⦿ **교통상황**
- 편도 1차로 도로
- 버스가 정류장에 정차 중
- 반대편 도로의 화물차

① A차 뒤에서 진행하던 차량의 안전거리 미확보로 인한 추돌
② 앞지르기 시 반대편 도로에서 달려오는 화물차와의 충돌
③ 버스에서 내려 버스 앞으로 뛰어 건너는 보행자와의 충돌
④ 정류장에서 버스를 기다리는 사람과의 충돌
⑤ 정차했던 버스가 출발하는 순간 버스와 반대편 화물차와의 충돌

해설 편도 1차로 도로에서 앞지를 땐 반대편 도로에서 주행 중인 차량과 충돌 위험이 있고, 버스에 가려져 버스 앞으로 뛰어 건너는 보행자와의 충돌 위험이 있다.

840 다음 상황에서 주행할 때 가장 안전한 운전방법 2가지는?

⦿ **교통상황**
- 주택가 골목길
- 맞은편 좌측에 주차된 차량들
- 우측 골목에서 공이 굴러 나옴

① 공을 주우러 어린이가 뛰어나올지 모르니 일시정지하고 상황을 지켜본다.
② 우측 골목에서 굴러온 공은 좌측이나 내 앞으로 굴러올 수도 있으므로 우측 가장자리로 붙여서 계속 주행한다.
③ 주차된 차량들은 움직이지 않으므로 주의하지 않아도 된다.
④ 공만 굴러 나왔으므로 경음기를 사용하며 달려오던 속도 그대로 주행한다.
⑤ 주차된 차량들 중 갑자기 출발하는 차량이 있을 수 있으므로 주의한다.

해설 주택가 골목길을 주행할 땐 주변 상황을 살피며 서행해야 한다. 어린이가 굴러가는 공을 주우러 뛰어나올 수 있기 때문에 일시정지하고 상황을 지켜보아야 한다. 또한 좌측에 주차된 차량에 가려진 보행자와 갑자기 출발하려는 차량이 있을 수 있으므로 주의한다.

| 정답 | 839 ②, ③   840 ①, ⑤

841 진흙탕인 비포장도로를 주행할 때 가장 안전한 운전방법 2가지는?

교통상황
- 전방 우측의 보행자
- 후사경 속 경운기

① 보행자를 보호하기 위하여 급제동한다.
② 전방에 차량이 없으므로 속도를 줄이지 않고 주행한다.
③ 보행자에게 고인 물이 튀지 않도록 주의한다.
④ 뒤따르는 경운기에 방해가 되지 않도록 신속하게 주행한다.
⑤ 노면이 젖어 미끄럽기 때문에 서행한다.

해설 진흙탕 비포장 도로는 노면이 미끄럽기 때문에 서행해야 하며, 전방의 보행자에게 진흙물이 튀기지 않도록 주의해야 한다.

842 다음에서 가장 위험한 상황 2가지는?

교통상황
- 반대편에 정차 중인 어린이 통학버스
- 통학버스 앞의 주차된 차량
- 통학버스에서 하차 중인 어린이
- 뒤따라오는 차량

① 어린이들을 승하차시킨 통학버스가 갑자기 후진할 수 있다.
② 통학버스에서 하차한 어린이가 통학버스 앞으로 갑자기 횡단할 수 있다.
③ 속도를 줄이는 내 차 뒤를 따르는 차량이 있다.
④ 반대편 통학버스 뒤에서 이륜차가 통학버스를 앞지르기할 수 있다.
⑤ 반대편 통학버스 앞에 주차된 차량이 출발할 수 있다.

해설 통학버스에서 하차한 어린이가 통학버스 앞으로 갑자기 횡단할 수 있고, 통학버스 뒤에서 이륜차가 통학버스를 앞지르기할 수 있으므로 주의하도록 한다.

정답 | 841 ③, ⑤   842 ②, ④

843 A차량이 손수레를 앞지르기할 경우 가장 위험한 상황 2가지는?

교통상황
- 어린이 보호구역
- 전방 우측 보도 위에 자전거를 탄 학생
- 반대편에서 주행하는 이륜차
- 좌측 전방 주차된 차량

① 전방 우측 보도 위에 자전거를 탄 학생이 손수레 앞으로 횡단하는 경우
② 손수레에 가려진 반대편의 이륜차가 속도를 내며 달려오는 경우
③ 앞지르기하려는 도중 손수레가 그 자리에 정지하는 경우
④ A차량 우측 뒤쪽의 어린이가 학원차를 기다리는 경우
⑤ 반대편 전방 좌측의 차량이 계속 주차하고 있는 경우

해설 전방 시야가 확보되지 않은 상태에서 무리한 앞지르기는 예상치 못한 위험을 만날 수 있다. 전방 우측 보도 위의 자전거가 손수레 앞으로 도로를 횡단하거나 맞은편의 이륜차가 손수레를 피해 좌측으로 진행할 수 있다. 또한 어린이 보호구역에서는 어린이들의 행동 특성을 고려하여 제한속도 내로 운전하여야 하고 주정차 금지 구역에 주차된 위반 차들로 인해 키가 작은 어린이들이 가려 안 보일 수 있으므로 주의하여야 한다.

844 다음 도로상황에서 가장 안전한 운전행동 2가지는?

교통상황
- 노인 보호구역
- 무단횡단 중인 노인

① 경음기를 사용하여 보행자에게 위험을 알린다.
② 비상등을 켜서 뒤차에게 위험을 알린다.
③ 정지하면 뒤차의 앞지르기가 예상되므로 속도를 줄이며 통과한다.
④ 보행자가 도로를 건너갈 때까지 충분한 거리를 두고 일시정지한다.
⑤ 2차로로 차로를 변경하여 통과한다.

해설 노인 보호구역은 시속 30킬로미터 이내로 제한되고 주정차 금지이다. 무단횡단 중인 노인이 횡단을 마칠 때까지 안전거리를 두고 일시정지하며 비상등을 점멸하여 뒤차에게 위험을 알리도록 한다.

정답 | 843 ①, ② 844 ②, ④

845 다음 도로상황에서 발생할 수 있는 가장 위험한 요인 2가지는?

교통상황
- 어린이 보호구역 주변의 어린이들
- 우측전방에 정차 중인 승용차

① 오른쪽 정차한 승용차가 갑자기 출발할 수 있다.
② 오른쪽 승용차 앞으로 어린이가 뛰어나올 수 있다.
③ 오른쪽 정차한 승용차가 출발할 수 있다.
④ 속도를 줄이면 뒤차에게 추돌사고를 당할 수 있다.
⑤ 좌측 보도 위에서 놀던 어린이가 도로를 횡단할 수 있다.

해설 어린이 보호구역 내에서는 어린이들의 움직임에 각별히 신경써야 한다. 우측전방에 정차 중인 승용차에 가려진 어린이가 뛰어나올 수 있고, 좌측 보도 위에서 놀던 어린이가 도로로 횡단할 수도 있기 때문에 주의하며 서행한다.

846 다음 도로상황에서 가장 안전한 운전방법 2가지는?

교통상황
- 우측 전방에 정차 중인 어린이 통학버스
- 어린이 통학버스에는 적색점멸등이 작동 중

① 경음기로 어린이에게 위험을 알리며 지나간다.
② 전조등으로 어린이통학버스 운전자에게 위험을 알리며 지나간다.
③ 비상등을 켜서 뒤차에게 위험을 알리며 일시정지한다.
④ 어린이통학버스에 이르기 전에 일시정지하였다가 서행으로 지나간다.
⑤ 비상등을 켜서 뒤차에게 위험을 알리며 지나간다.

해설 2차선에서 통학버스가 어린이 승하차를 위하여 정차 중이다. 이때 통학버스에서 내린 어린이가 도로로 뛰쳐나올 수 있으므로 일시정지 후 비상등을 점멸하여 후방차량에게 위험을 알리며 주변을 살펴 서행하도록 한다.

정답 | 845 ②, ⑤   846 ③, ④

847 보행신호기의 녹색점멸신호가 거의 끝난 상태에서 먼저 교차로로 진입하면 위험한 이유 2가지는?

교통상황
- 출발하려는 상황
- 삼색신호등 중 적색
- 좌측도로에서 진행해오는 차가 속도를 줄이고 있는 상황

① 내 뒤차가 중앙선을 넘어 좌회전을 할 수 있으므로
② 좌측도로에서 속도를 줄이던 차가 갑자기 우회전을 할 수 있으므로
③ 횡단보도를 거의 건너간 우측 보행자가 갑자기 방향을 바꿔 되돌아 갈 수 있으므로
④ 내 차 후방 오른쪽 오토바이가 같이 횡단보도를 통과할 수 있으므로
⑤ 좌측도로에서 속도를 줄이던 차가 좌회전하기 위해 교차로에 진입할 수 있으므로

해설 횡단보도 보행신호가 거의 끝난 상태라도 보행자, 특히 어린이들은 방향을 바꿔 되돌아가는 경우가 있다. 또한 점멸상태에서 무리하게 횡단하려는 보행자들이 있기 때문에 차량신호가 녹색이라도 보행자의 유무를 확인한 후 진행하는 것이 안전하다. 또한 차량신호가 적색인 상태에서 좌측도로에서 좌회전이 가능할 수 있으므로 예측출발은 하지 않도록 한다.

848 좌회전하기 위해 1차로로 차로 변경할 때 방향지시등을 켜지 않았을 경우 만날 수 있는 사고 위험 2가지는?

교통상황
- 시속 40킬로미터 주행 중
- 4색 신호등 직진 및 좌회전 동시신호
- 1차로 좌회전, 2차로 직진

① 내 차 좌측에서 갑자기 유턴하는 오토바이
② 1차로 후방에서 불법유턴하는 승용차
③ 1차로 전방 승합차의 갑작스러운 급제동
④ 내 차 앞으로 차로변경하려고 속도를 높이는 1차로 후방 승용차
⑤ 내 차 뒤에서 좌회전하려는 오토바이

해설 방향지시등을 점멸하지 않고 1차로로 차선변경을 하게 될 경우 좌회전하려는 후방 오토바이와 2차로로 차선 변경하려고 속도를 높이는 1차로 후방 차량과 충돌 위험이 있다. 방향지시등은 나의 움직임을 다른 운전자에게 알릴 수 있는 방법이기 때문에 이에 대한 정보를 주지 않고 방향전환하는 것은 위험하다.

| 정답 | 847 ③, ⑤ 848 ④, ⑤

849 버스가 갑자기 속도를 줄이는 것을 보고 2차로로 차로변경을 하려고 할 때 사고 발생 가능성이 가장 높은 2가지는?

교통상황
- 편도 2차로 도로
- 버스가 급제동
- 버스 앞쪽에 녹색 보행 신호
- 우측 후방에 승용차

① 횡단보도 좌·우측에서 건너는 보행자와의 충돌
② 반대편 차량과의 충돌
③ 반대편 차량과 보행자와의 충돌
④ 2차로를 진행 중이던 뒤차와의 충돌
⑤ 내 뒤를 따라오던 차량과 2차로 주행하던 차와의 충돌

해설 버스가 급제동하는 이유는 다양하지만 녹색 보행신호와 함께 보행자가 보행 중이기 때문에 급제동했을 확률이 높다. 이때 2차로로 차선변경을 하였을 때 보행자와의 충돌과 2차로를 진행 중이던 후방 차량과의 충돌 위험이 있다.

850 A차량이 좌회전하려고 할 때 사고 발생 가능성이 가장 높은 것 2가지는?

교통상황
- 뒤따라오는 이륜차
- 좌측 도로에 우회전하는 차

① 반대편 C차량이 직진하면서 마주치는 충돌
② 좌측 도로에서 우회전하는 B차량과의 충돌
③ 뒤따라오던 이륜차와의 추돌
④ 앞서 교차로를 통과하여 진행 중인 D차량과의 추돌
⑤ 우측 도로에서 직진하는 E차량과의 충돌

해설 신호등이 없는 교차로에서는 교차로에 먼저 진입한 차량에게 양보해야 하고, A차량이 좌회전 시 반대편 차로에서 직진하는 C차량과 우측 도로에서 직진하는 E차량과의 충돌 위험성이 있기 때문에 주의하며 서행한다.

정답 | 849 ①, ④ 850 ①, ⑤

851 다음과 같이 급차로 변경을 할 경우 사고 발생 가능성이 가장 높은 2가지는?

교통상황
- 편도 2차로 도로
- 앞 차량이 급제동하는 상황
- 우측 방향지시기를 켠 후방 오토바이
- 1차로 후방에 승용차

① 승합차 앞으로 무단 횡단하는 사람과의 충돌
② 반대편 차로 차량과의 충돌
③ 뒤따르는 이륜차와의 추돌
④ 반대 차로에서 차로 변경하는 차량과의 충돌
⑤ 과속으로 달려오는 1차로에서 뒤따르는 차량과의 추돌

> **해설** 전방 차량이 급제동을 하는 경우 이를 피하기 위해 급차로 변경하게 되면 1차로의 뒤따르는 차량과의 추돌 사고, 급제동 차량 앞쪽의 무단 횡단하는 보행자와의 사고 등이 발생할 수 있으므로 전방 차량과 안전 거리를 확보하고 주행하는 것이 바람직하다.

852 다음 상황에서 가장 안전한 운전방법 2가지는?

교통상황
- 편도 3차로 도로
- 폭주족의 집단 주행

① 너무 가까이 접근하지 않도록 지속적으로 경음기를 울린다.
② 차로를 급히 변경하는 이륜차에 대비하여 안전거리를 충분히 유지한다.
③ 위험하게 끼어드는 이륜차와의 충돌에 대비해 앞차와 거리를 좁힌다.
④ 이륜차 집단과 충돌하지 않도록 속도를 줄인다.
⑤ 속도를 높여서 이륜차 무리 속에서 빠져나온다.

> **해설** 전방에 집단으로 주행하는 이륜차들로부터 안전거리를 충분히 유지하면서 이륜차의 움직임에 주의하고 무리한 차로변경이나 앞지르기는 피하는 것이 바람직하다.

| 정답 | 851 ①, ⑤   852 ②, ④

853 다음 상황에서 가장 안전한 운전방법 2가지는?

교통상황
- 뒤따라오는 차량

① 반대편에 차량이 나타날 수 있으므로 차가 오기 전에 빨리 중앙선을 넘어 진행한다.
② 전방 공사 구간을 보고 갑자기 속도를 줄이면 뒤따라오는 차량과 사고 가능성이 있으므로 빠르게 진행한다.
③ 전방 공사 현장을 피해 부득이하게 중앙선을 넘어갈 때 반대편 교통 상황을 확인하고 진행한다.
④ 전방 공사 차량이 갑자기 출발할 수 있으므로 공사 차량의 움직임을 살피며 천천히 진행한다.
⑤ 뒤따라오던 차량이 내 차를 앞지르기하고자 할 때 먼저 중앙선을 넘어 신속히 진행한다.

해설 공사 중으로 부득이하게 중앙선을 넘어 진행할 때에는, 뒤따르는 차량에게 방향지시등으로 전방상황을 알리고 반대편 교통 상황을 확인하며 진행한다. 또한 전방공사 차량이 갑자기 출발할 수 있으므로 공사 차량의 움직임도 살펴야 한다.

854 다음 상황에서 운전자가 주의해야 할 가장 큰 위험 요인 2가지는?

교통상황
- 우측 주차장
- 좌측 골목길
- 후방 자전거

① 급제동하는 후방 자전거
② 우측 주차장에 주차되어 있는 승합차
③ 우측 주차장에서 급출발하려는 승용차
④ 우측 주차장에서 건물 안으로 들어가는 사람
⑤ 좌측 골목길에서 뛰어나올 수 있는 어린이

해설 주택가 골목길을 주행할 때에는 주차장이나 골목길에서 갑자기 진입하는 차량들에 주의해야 한다. 우측 주차장에서 급출발할 수 있는 승용차와, 좌측 골목길에서 뛰어나올 수 있는 어린이나 보행자 등을 주의해야 한다.

| 정답 | 853 ③, ④   854 ③, ⑤

855 다음 상황에서 가장 안전한 운전방법 2가지는?

교통상황
- 편도 1차로 도로
- 자전거의 역주행
- 후사경 속의 승용차

① 주차된 차에서 갑자기 승차자가 차문을 열고 내릴 수 있음에 대비한다.
② 자전거가 갑자기 반대편 차로로 진입할 수 있으므로 신속히 통과한다.
③ 자전거가 갑자기 일시정지할 수 있기 때문에 그대로 진행한다.
④ 일시정지하여 자전거의 움직임을 주시하면서 안전을 확인한 후에 통과한다.
⑤ 뒤따르는 차가 중앙선을 넘어 앞지르기할 것에 대비한다.

해설 전방에 주차된 차량에서 운전자가 갑자기 차문을 열고 나올 수도 있고, 역주행 중인 자전거 운전자는 진행방향을 어디로 바꿀지 모르기 때문에 안전을 확인한 후 주의하여 진행하도록 한다.

856 편도 1차로 도로를 주행 중인 상황에서 가장 안전한 운전방법 2가지는?

교통상황
- 전방 횡단보도
- 고개 돌리는 자전거 운전자

① 경음기를 사용해서 자전거가 횡단하지 못하도록 경고한다.
② 자전거가 횡단하지 못하도록 속도를 높여 앞차와의 거리를 좁힌다.
③ 자전거보다 횡단보도에 진입하고 있는 앞차의 움직임에 주의한다.
④ 자전거가 횡단할 수 있으므로 속도를 줄이면서 자전거의 움직임에 주의한다.
⑤ 횡단보도 보행자의 횡단으로 앞차가 급제동할 수 있으므로 미리 브레이크 페달을 여러 번 나누어 밟아 뒤차에게 알린다.

해설 자전거 운전자가 뒤를 돌아보는 경우는 도로를 횡단하기 위해 기회를 살피는 것임을 예측할 수 있기 때문에 주의하고, 전방의 횡단보도에서 보행자의 횡단으로 앞차가 일시정지할 수 있으므로 미리 브레이크 페달을 여러 번 나누어 밟아 뒤차에게 알린 후 전방주시하며 서행하도록 한다.

정답 | 855 ①, ④ 856 ④, ⑤

857 자전거 전용 도로가 끝나는 교차로에서 우회전하려고 한다. 가장 안전한 운전방법 2가지는?

📎 **교통상황**
- 십자형(+) 교차로
- 차량 신호등은 황색에서 적색으로 바뀌려는 순간
- 자전거 전용도로

① 일시정지하고 안전을 확인한 후 서행하면서 우회전한다.
② 내 차의 측면과 뒤쪽의 안전을 확인하고 사각에 주의한다.
③ 화물차가 갑자기 정지할 수 있으므로 화물차 좌측 옆으로 돌아 우회전한다.
④ 자전거는 자동차의 움직임을 알 수 없으므로 경음기를 계속 사용해서 내 차의 진행을 알린다.
⑤ 신호가 곧 바뀌게 되므로 속도를 높여 화물차 뒤를 따라간다.

> **해설** 자전거 전용도로가 끝나는 지점의 교차로에서 우회전할 때에는 일시정지하여 안전을 확인 후 서행한다. 운전자는 측면과 후방의 안전을 반드시 확인하고 사각지대에 주의해야 한다. 또한 전방 횡단보도 보행신호기가 초록색일 경우 운전자는 신호가 끝날 때까지 일시정지한 후 진행하여야 한다.

858 다음과 같은 시골길을 주행 중인 상황에서 가장 바람직한 운전방법 2가지는?

📎 **교통상황**
- 이면 도로
- 가장자리에서 어린이들이 놀이 중
- 농기구를 싣고 가는 자전거 운전자

① 어린이 등 여러 가지 위험 상황에 주의한다.
② 비교적 한산한 도로이므로 속도를 높여 신속히 통과한다.
③ 자전거가 도로 중앙으로 나올 수 있음을 예측하고 안전거리를 확보하면서 서행한다.
④ 어린이와 자전거 운전자에게 내 차의 진행을 알리기 위해 경음기를 반복해서 사용한다.
⑤ 자전거와 충분한 간격을 유지하기 위해 왼쪽 길 가장자리를 이용하여 신속히 통과한다.

> **해설** 주택가 이면도로를 주행할 때엔 보행자나 자전거의 보행에 방해를 주어서는 아니 된다. 가장자리에 있는 어린이가 갑자기 뛰쳐나올 것을 대비하며 자전거 운전자가 도로 중앙으로 나올 수 있음을 예측하고 안전거리를 확보하며 서행하여야 한다.

| 정답 | 857 ①, ② 858 ①, ③

859 다음 도로상황에서 가장 위험한 요인 2가지는?

교통상황
- 녹색신호에 교차로에 접근 중
- 1차로는 좌회전을 하려고 대기 중인 차들

① 좌회전 대기 중이던 1차로의 차가 2차로로 갑자기 들어올 수 있다.
② 1차로에서 우회전을 시도하는 차와 충돌할 수 있다.
③ 3차로의 오토바이가 2차로로 갑자기 들어올 수 있다.
④ 3차로에서 우회전을 시도하는 차와 충돌할 수 있다.
⑤ 뒤차가 무리한 차로변경을 시도할 수 있다.

해설 좌회전을 하려다가 직진을 하려고 마음이 바뀐 운전자가 있을 수 있다. 또한 3차로보다 소통이 원활한 2차로로 들어올 수 있는 오토바이를 주의해야 한다.

860 다음 도로상황에서 우회전하려 할 때 안전한 운전방법 2가지는?

교통상황
- 우측 후방의 이륜차

① 오토바이가 직진하여 충돌할 수 있으므로 우측 방향지시등을 미리 켠다.
② 오토바이와 충돌위험이 있으므로 신속히 우회전한다.
③ 전방 우측도로의 자동차 뒤로 길을 건널 수 있는 보행자에 대비한다.
④ 우측도로 직전에 급제동한 후 진행한다.
⑤ 후방의 오토바이가 미리 앞지르기할 수 있으므로 방향지시등을 켜지 않는다.

해설 우회전 시 반드시 우측 방향지시등을 점멸하여 후방 운전자에게 나의 진행방향을 알려야 한다. 또한 전방 우측도로의 자동차에 가려진 보행자가 있을 수 있으므로 대비하도록 한다.

| 정답 | 859 ①, ③ 860 ①, ③

861 교차로를 통과하려 할 때 주의해야 할 가장 안전한 운전방법 2가지는?

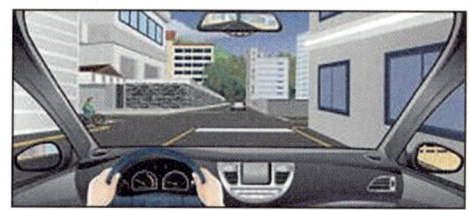

📎 **교통상황**
• 시속 30킬로미터로 주행 중

① 앞서가는 자동차가 정지할 수 있으므로 바싹 뒤따른다.
② 왼쪽 도로에서 자전거가 달려오고 있으므로 속도를 줄이며 멈춘다.
③ 속도를 높여 교차로에 먼저 진입해야 자전거가 정지한다.
④ 오른쪽 도로의 보이지 않는 위험에 대비해 일시정지한다.
⑤ 자전거와의 사고를 예방하기 위해 비상등을 켜고 진입한다.

> **해설** 좌측 도로에서 자전거가 달려오고 있으므로 속도를 줄여 일시정지한다. 또한 건물에 가려져 보이지 않는 우측도로의 차량이나 보행자 등이 출연할 것에 대비하도록 한다.

862 전방에 주차차량으로 인해 부득이하게 중앙선을 넘어가야 하는 경우 가장 안전한 운전행동 2가지는?

📎 **교통상황**
• 시속 30킬로미터로 주행 중

① 택배차량 앞에 보행자 등 보이지 않는 위험이 있을 수 있으므로 최대한 속도를 줄이고 위험을 확인하며 통과해야 한다.
② 반대편 차가 오고 있기 때문에 빠르게 앞지르기를 시도한다.
③ 부득이하게 중앙선을 넘어가야 할 때 경음기나 전조등으로 타인에게 알릴 필요가 있다.
④ 전방 자전거가 같이 중앙선을 넘을 수 있으므로 중앙선 좌측도로의 길가장자리 구역선 쪽으로 가급적 붙어 주행하도록 한다.
⑤ 전방 주차된 택배차량으로 시야가 가려져 있으므로 시야확보를 위해 속도를 줄이고 미리 중앙선을 넘어 주행하도록 한다.

> **해설** 편도 1차로에 주차차량으로 인해 부득이하게 중앙선을 넘어야 할 때엔 타인에게 이를 알려줘야 하며, 가볍게 경음기나 전조등을 사용할 수 있다. 특히 주차차량의 차체가 큰 경우 보이지 않는 사각지대가 발생하므로 주차차량 앞까지 속도를 줄여 위험에 대한 확인이 필요하다.

| 정답 | 861 ②, ④ 862 ①, ③

863 다음과 같은 도로상황에서 가장 안전한 운전방법 2가지는?

📎 **교통상황**
- 좌측 방향지시등을 켜고 시속 20킬로미터 주행 중

① 우측에 주차된 차량들이 있으므로 주차차량들과 거리를 두고 차들의 움직임 여부를 확인한다.
② 좌측에 자전거가 갑자기 차 앞으로 들어올 수 있으므로 자전거보다 먼저 나아가지 않는다.
③ 좌측도로 상황 확인이 어려우므로 신속히 좌회전한다.
④ 뒤따라오는 화물차가 내 차를 앞지르기 할 수 있으므로 교차로까지는 다소 속도를 높여준다.
⑤ 자전거가 좌측으로 진행 중이고 좌회전할 수 있으므로 자전거는 크게 신경 쓰지 않아도 된다.

> **해설** 다음과 같은 도로에서 좌회전하려는 경우, 좌측 자전거가 갑자기 차 앞으로 올 수도 있기 때문에 주의하여 진행하고, 우측에 주차된 차량이 갑자기 움직일 수도 있으므로 안전을 확인하며 진행하여야 한다.

864 다음 상황에서 A승용차 운전자의 가장 안전한 운전방법 2가지는?

📎 **교통상황**
- 편도 2차로 도로
- 앞 차량이 급제동하는 상황
- 우측 방향지시기를 켠 후방 오토바이
- 1차로 후방에 승용차

① 자전거와는 상관없이 속도를 높여 대형승합차를 앞지르기한다.
② 경음기를 계속 울리면서 대형승합차의 진행을 재촉한다.
③ 대형승합차가 급정지할 수 있으므로 안전거리를 확보한다.
④ 안전을 위해 대형승합차를 바짝 뒤따라간다.
⑤ 1차로에 승용차가 진행 중이므로 차로변경 시 안전에 유의한다.

> **해설** 대형승합차를 뒤따르는 경우 전방 시야확보가 어려우므로 안전거리를 두고 주행해야 한다. 또한 1차로로 차선변경 시 뒤에서 달려오는 차량들에 주의하며 진행한다.

| 정답 | 863 ①, ②   864 ③, ⑤

865 다음 상황에서 가장 안전한 운전방법 2가지는?

🔗 **교통상황**
- 편도 1차로의 신호등 없는 교차로
- 좌측에서 직진하려고 진입하는 승용차
- 자전거를 타고 횡단보도를 진입하려는 자전거 운전자

① 직진하는 승용차가 항상 우선이므로 그대로 진입한다.
② 좌측 자동차는 진입하지 않고 정지할 것이 예상되므로 그대로 진입한다.
③ 경음기를 울려 자전거에 알리면서 속도를 높여 진입한다.
④ 교차로 진입 전 정지선에 일시정지하여 안전을 확인한다.
⑤ 자전거가 그대로 진입할 수 있으므로 주의한다.

해설 신호등이 없는 교차로에서는 먼저 진입한 차량에게 양보해야 하며, 자전거 운전자가 횡단보도로 통행할 수 있기 때문에 정지선에서 일시정지하여 안전을 확인 후 통과한다.

| 정답 | 865 ④, ⑤

Chapter 04 안전표지형 문제

100문항 | 4지1답

866 다음의 횡단보도 표지가 설치되는 장소로 가장 알맞은 곳은?

① 포장도로의 교차로에 신호기가 있을 때
② 포장도로의 단일로에 신호기가 있을 때
③ 보행자의 횡단이 금지되는 곳
④ 신호가 없는 포장도로의 교차로나 단일로

해설 포장도로에 설치된 신호기가 없는 횡단보도와 신호등 유무에 상관없이 비포장도로에 설치된 횡단보도의 전방 50~120미터에 설치하는 표지판이다.

867 다음 안전표지에 대한 설명으로 맞는 것은?

① 유치원 통원로이므로 자동차가 통행할 수 없음을 나타낸다.
② 어린이 또는 유아의 통행로나 횡단보도가 있음을 알린다.
③ 학교의 출입구로부터 2킬로미터 이후 구역에 설치한다.
④ 어린이 또는 유아가 도로를 횡단할 수 없음을 알린다.

해설 어린이 또는 유아의 통행로나 횡단보도가 있음을 알리며 학교, 유치원 등의 통학, 통원로 및 어린이 놀이터 부근에 설치하는 어린이 보호구역 주의 표지판이다.

868 다음 안전표지가 뜻하는 것은?

① 노면이 고르지 못함을 알리는 것
② 터널이 있음을 알리는 것
③ 과속방지턱이 있음을 알리는 것
④ 미끄러운 도로가 있음을 알리는 것

해설 전방에 과속방지턱이 있다는 표지판이다. 운전자는 미리 감속하여 충격에 주의하도록 한다.

| 정답 | 866 ④ 867 ② 868 ③

869 다음 안전표지가 있는 경우 안전 운전방법은?

① 도로 중앙에 장애물이 있으므로 우측 방향으로 주의하면서 통행한다.
② 중앙 분리대가 시작되므로 주의하면서 통행한다.
③ 중앙 분리대가 끝나는 지점이므로 주의하면서 통행한다.
④ 터널이 있으므로 전조등을 켜고 주의하면서 통행한다.

해설 도로의 우측방향으로 통행하여야 할 지점이 있음을 알리는 우측방향 통행 표지판이다.

870 다음 안전표지가 뜻하는 것은?

① ㅓ자형 교차로가 있음을 알리는 것
② Y자형 교차로가 있음을 알리는 것
③ 좌합류 도로가 있음을 알리는 것
④ 우선 도로가 있음을 알리는 것

해설 우측통행이 많은 우리나라에서는 보기 드문 표지판이며 좌측에서 본선으로 합류하는 도로가 나오는 지점에 설치되는 좌합류 도로 표지판이다.

871 다음 안전표지가 뜻하는 것은?

① 오르막 경사가 있음을 알리는 것
② 내리막 경사가 있음을 알리는 것
③ 낙석 도로가 있음을 알리는 것
④ 구부러진 도로가 있음을 알리는 것

해설 내리막경사가 있음을 알리는 표지판이다. 내리막경사가 시작되는 지점 전 30미터 내지 200미터의 도로 우측에 설치된다.

872 다음 안전표지를 함께 설치하여야 할 곳으로 맞는 것은?

① 안개가 자주 끼는 고속도로
② 애완동물이 많이 다니는 도로
③ 횡풍의 우려가 있고 야생동물의 보호지역임을 알리는 도로
④ 사람들의 통행이 많은 공원 산책로

해설 첫 번째는 횡풍 표지판, 두 번째는 야생동물 보호 표지판이다.

873 다음 안전표지의 뜻으로 맞는 것은?

① 전방 100미터 앞부터 낭떠러지 위험 구간이므로 주의
② 전방 100미터 앞부터 공사 구간이므로 주의
③ 전방 100미터 앞부터 강변도로이므로 주의
④ 전방 100미터 앞부터 낙석 우려가 있는 도로이므로 주의

해설 낙석으로 도로 위에 떨어져 있는 돌에 부딪히지 않도록 조심하라는 의미의 낙석도로 표지판이다.

874 다음 안전표지의 뜻으로 맞는 것은?

① 철길표지
② 교량표지
③ 높이제한표지
④ 문화재보호표지

해설 2014년 신설된 교량표지판이다. 전방에 교량이 있음을 알리며 교량이 있는 지점 전 50미터에서 200미터의 도로 우측에 설치한다.

| 정답 | 872 ③ 873 ④ 874 ②

875 다음 안전표지의 뜻으로 맞는 것은?

① 전방에 양측방 통행 도로가 있으므로 감속 운행
② 전방에 장애물이 있으므로 감속 운행
③ 전방에 중앙 분리대가 시작되는 도로가 있으므로 감속 운행
④ 전방에 두 방향 통행 도로가 있으므로 감속 운행

해설 중앙분리대 시작 표지판이다. 운전자는 미리 감속하여 운행하도록 한다.

876 다음 안전표지가 의미하는 것은?

① 좌측방 통행
② 우합류 도로
③ 도로폭 좁아짐
④ 우측차로 없어짐

해설 편도 2차로 이상의 도로에서 우측차로가 없어질 때 설치되는 우측차로 없어짐 표지판이다.

877 다음 안전표지가 의미하는 것은?

① 중앙분리대 시작
② 양측방 통행
③ 중앙분리대 끝남
④ 노상 장애물 있음

해설 중앙분리대가 시작됨을 알리는 중앙분리대 시작표지판이다.

| 정답 | 875 ③ 876 ④ 877 ①

878 다음 안전표지가 의미하는 것은?

① 편도 2차로의 터널
② 연속 과속방지턱
③ 노면이 고르지 못함
④ 굴곡이 있는 잠수교

해설 노면이 고르지 못함을 알리는 표지판이다. 과속방지턱 표지판과 혼동할 수 있기 때문에 주의하도록 한다.

879 다음 안전표지가 의미하는 것은?

① 자전거 통행이 많은 지점
② 자전거 횡단도
③ 자전거 주차장
④ 자전거 전용도로

해설 자전거 통행이 많은 지점이 있음을 알리는 자전거표지판이다.

880 다음 안전표지가 있는 도로에서 올바른 운전방법은?

① 눈길인 경우 고단 변속기를 사용한다.
② 눈길인 경우 가급적 중간에 정지하지 않는다.
③ 평지에서 보다 고단 변속기를 사용한다.
④ 짐이 많은 차를 가까이 따라간다.

해설 오르막경사가 있음을 알리는 오르막경사 표지판이다. 눈길일 경우 저단 변속기를 사용하며 가급적 중간에 정차하지 않도록 한다. 또한 짐이 많은 차를 가까이 따라가게 되면 앞차가 미끄러져 충돌위험이 있기 때문에 안전거리를 두고 서행하도록 한다.

| 정답 | 878 ③ 879 ① 880 ②

881 다음 안전표지가 있는 도로에서의 안전운전 방법은?

① 신호기의 진행신호가 있을 때 서서히 진입 통과한다.
② 차단기가 내려가고 있을 때 신속히 진입 통과한다.
③ 철도건널목 진입 전에 경보기가 울리면 가속하여 통과한다.
④ 차단기가 올라가고 있을 때 기어를 자주 바꿔가며 통과한다.

해설 철길건널목이 있음을 알리는 철도건널목 표지판이다. 이때 일시정지 표지판이 함께 설치되는데 신호기에 따라 진행해야 하며, 무리한 진입은 사고를 유발하기 때문에 서서히 진입 통과하도록 한다.

882 다음 안전표지가 뜻하는 것은?

① 우선도로에서 우선도로가 아닌 도로와 교차함을 알리는 표지이다.
② 일방통행 교차로를 나타내는 표지이다.
③ 동일방향통행도로에서 양측방으로 통행하여야 할 지점이 있음을 알리는 표지이다.
④ 2방향 통행이 실시됨을 알리는 표지이다.

해설 우선도로와 비우선도로 교차지점에서 설치되는 우선교차로 표지판이다. 우선도로를 주행 중일 때 측면에서 오는 차량에게 양보하지 않는다. 이때 측면도로는 양보 표지판이 함께 설치되어 우선도로의 우선통행을 보장받을 수 있다.

883 다음 안전표지의 뜻으로 맞는 것은?

① 대형버스가 자주 다니는 지점을 알리는 것
② 대형버스 사고 다발지점을 알리는 것
③ 철길건널목을 알리는 것
④ 차마와 노면전차가 교차하는 지점이 있음을 알리는 것

해설 2019년에 신설된 표지판이며 차마와 노면전차가 교차하는 지점이 있음을 알리는 노면전차 주의표지판이다.

| 정답 | 881 ① 882 ① 883 ④

884 다음 안전표지에 대한 설명으로 맞는 것은?

① 강변도로 표지이다.
② 자동차전용도로 표지이다.
③ 주차장 표지이다.
④ 버스전용차로 표지이다.

해설 강변을 지나는 도로를 알리는 강변도로 표지판이며, 추락주의의 뜻도 가지고 있다.

885 다음 안전표지에 대한 설명으로 맞는 것은?

① 2방향 통행 표지이다.
② 중앙분리대 끝남 표지이다.
③ 양측방통행 표지이다.
④ 중앙분리대 시작 표지이다.

해설 동일방향 통행 도로에서 양측방으로 통행하여야 할 지점이 있음을 알리는 양측방통행 주의표지판이다.

886 다음 안전표지에 대한 설명으로 맞는 것은?

① 회전형 교차로표지
② 유턴 및 좌회전 차량 주의표지
③ 비신호 교차로표지
④ 좌로 굽은 도로

해설 회전교차로 주의표지판으로 교차로 전 30미터에서 120미터의 도로 우측에 설치된다.

887 다음 안전표지가 설치되는 장소로 가장 알맞은 곳은?

① 도로가 좌로 굽어 차로이탈이 발생할 수 있는 도로
② 눈·비 등의 원인으로 자동차등이 미끄러지기 쉬운 도로
③ 도로가 이중으로 굽어 차로이탈이 발생할 수 있는 도로
④ 내리막경사가 심하여 속도를 줄여야 하는 도로

해설 결빙 등에 의해 자동차 등이 미끄러지기 쉬운 도로에 설치되는 미끄러운 도로 주의표지판이다.

888 다음 안전표지에 대한 설명으로 맞는 것은?

① 차의 우회전 할 것을 지시하는 표지이다.
② 차의 직진을 금지하게 하는 주의표지이다.
③ 전방 우로 굽은 도로에 대한 주의표지이다.
④ 차의 우회전을 금지하는 주의표지이다.

해설 전방 우로 굽은 도로에 대한 주의표지판이다.

889 다음 안전표지가 설치된 곳에서의 운전 방법으로 맞는 것은?

① 전방 50미터부터 앞차와의 거리를 유지하며 주행한다.
② 앞차를 따라서 주행할 때에는 매시 50킬로미터로 주행한다.
③ 뒤차와의 간격을 50미터 정도 유지하면서 주행한다.
④ 차간거리를 50미터 이상 확보하며 주행한다.

해설 차간거리확보 규제표지로 표지판에 표시된 차간거리 이상을 확보하여야 할 도로의 구간 또는 필요한 지점의 우측에 설치한다. 고속도로인 경우 차간거리를 100m 이상, 자동차전용도로는 80m 이상 확보하도록 한다.

정답 | 887 ② 888 ③ 889 ④

890 다음 안전표지가 뜻하는 것은?

① 전방 50미터 위험
② 차간거리 확보
③ 최저속도 제한
④ 최고속도 제한

해설 최고속도제한 규제표지이다. 표지판에 표시된 속도로 자동차 등의 최고속도를 지정한다.

891 다음 안전표지에 대한 설명으로 맞는 것은?

① 보행자는 통행할 수 있다.
② 보행자뿐만 아니라 모든 차마는 통행할 수 없다.
③ 도로의 중앙 또는 좌측에 설치한다.
④ 통행금지 기간은 함께 표시할 수 없다.

해설 도로의 이상, 공사 등으로 일시적 통행을 차단할 때 사용되는 통행금지 규제 표지이다. 보행자뿐 아니라 모든 차마는 통행할 수 없다.

892 다음 안전표지에 대한 설명으로 가장 옳은 것은?

① 이륜자동차 및 자전거의 통행을 금지한다.
② 이륜자동차 및 원동기장치자전거의 통행을 금지한다.
③ 이륜자동차와 자전거 이외의 차마는 언제나 통행할 수 있다.
④ 이륜자동차와 원동기장치자전거 이외의 차마는 언제나 통행할 수 있다.

해설 이륜자동차 및 원동기장치 자전거의 통행금지 규제표지로 통행을 금지하는 구역, 도로의 구간 또는 장소의 전면이나 도로의 중앙 또는 우측에 설치한다.

| 정답 | 890 ④ 891 ② 892 ②

893 다음 안전표지에 대한 설명으로 맞는 것은?

① 차의 진입을 금지한다.
② 모든 차와 보행자의 진입을 금지한다.
③ 위험물 적재 화물차 진입을 금지한다.
④ 진입금지기간 등을 알리는 보조표지는 설치할 수 없다.

해설 진입금지 규제표지로 차의 진입을 금지하는 구역 및 도로의 중앙 또는 우측에 설치되며 일방통행길에서 역주행 금지로 쓰인다.

894 다음 안전표지에 대한 설명으로 가장 옳은 것은?

① 직진하는 차량이 많은 도로에 설치한다.
② 금지해야 할 지점의 도로 좌측에 설치한다.
③ 이런 지점에서는 반드시 유턴하여 되돌아가야 한다.
④ 좌·우측 도로를 이용하는 등 다른 도로를 이용해야 한다.

해설 차의 직진을 금지하는 규제표지이며, 이 경우 좌·우측 도로를 이용하는 등 다른 도로를 이용해야 한다. 차의 직진을 금지해야 할 지점의 도로우측에 설치된다.

895 다음 안전표지가 뜻하는 것은?

① 유턴금지
② 좌회전 금지
③ 직진금지
④ 유턴구간

해설 유턴금지 규제표지로 차마의 유턴을 금지하는 도로의 구간이나 장소의 전면 또는 필요한 지점의 도로우측에 설치한다.

| 정답 | 893 ① 894 ④ 895 ①

896 다음 안전표지에 관한 설명으로 맞는 것은?

① 화물을 싣기 위해 잠시 주차할 수 있다.
② 승객을 내려주기 위해 일시적으로 정차할 수 있다.
③ 주차 및 정차를 금지하는 구간에 설치한다.
④ 이륜자동차는 주차할 수 있다.

해설 주차금지 규제 표지로, 운전자가 있는 상태에서 5분 이내의 정차는 가능하다. 택시 등의 차량이 승객을 내려주기 위해 일시적으로 정차할 수 있다.

897 다음 안전표지가 뜻하는 것은?

① 차폭 제한
② 차 높이 제한
③ 차간거리 확보
④ 터널의 높이

해설 차도의 노면으로부터 상단폭이 4.7m 미만인 터널, 지하차도 등에 설치되며, 표지판에 표시된 높이를 초과하는 차(적재화물 높이 포함)의 통행을 제한하는 차높이 제한 규제표지이다.

898 다음 안전표지가 뜻하는 것은?

① 차 높이 제한
② 차간거리 확보
③ 차폭 제한
④ 차 길이 제한

해설 차폭 제한 규제표지로 표지판에 표시한 폭이 초과된 차(적재화물폭 포함)의 통행을 제한한다.

| 정답 | 896 ② 897 ② 898 ③

899 다음 안전표지가 있는 도로에서의 운전 방법으로 맞는 것은?

① 다가오는 차량이 있을 때에만 정지하면 된다.
② 도로에 차량이 없을 때에도 정지해야 한다.
③ 어린이들이 길을 건널 때에만 정지한다.
④ 적색등이 켜진 때에만 정지하면 된다.

해설 일시정지 규제 표지판으로 차량의 운전자는 무조건 일시정지 한 후 출발해야 한다. 신호기가 없는 횡단보도 앞, 교차로, 철도건널목 등에 설치된다.

900 다음 규제표지를 설치할 수 있는 장소는?

① 교통정리를 하고 있지 아니하고 교통이 빈번한 교차로
② 비탈길 고갯마루 부근
③ 교통정리를 하고 있지 아니하고 좌우를 확인할 수 없는 교차로
④ 신호기가 없는 철길 건널목

해설 서행 규제표지로 차가 서행하여야 하는 도로의 구간 또는 장소의 필요한 지점 우측에 설치된다. 비탈길 고갯마루 부근에서는 전방 상황을 예측하기 어렵기 때문에 서행해야 하며, 나머지 지문은 일시정지해야 하는 장소이다.

901 다음 규제표지가 의미하는 것은?

① 위험물을 실은 차량 통행금지
② 전방에 차량 화재로 인한 교통 통제 중
③ 차량화재가 빈발하는 곳
④ 산불발생지역으로 차량 통행금지

해설 위험물 적재차량 통행금지 규제표지로 유조차, 화학물운반차 등 화재나 폭발을 일으킬 위험이 있는 화물차량의 진입을 금지하는 표지이다.

| 정답 | 899 ② 900 ② 901 ①

902 다음 규제표지가 설치된 지역에서 운행이 금지된 차량은?

① 이륜자동차
② 승합차동차
③ 승용자동차
④ 원동기장치자전거

해설 승합자동차 통행금지 규제표지로 승차정원 30명 이상의 버스 통행을 금지하는 표지이다.

903 다음 안전표지의 뜻으로 맞는 것은?

① 일렬주차 표지
② 상습정체구간 표지
③ 야간통행주의 표지
④ 차선변경구간 표지

해설 상습정체구간 표지이다. 정체시 직진 신호라도 교차로 내에 진입하지 않아야 한다.

904 다음 규제표지가 의미하는 것은?

① 커브길 주의
② 자동차 진입금지
③ 앞지르기 금지
④ 과속방지턱 설치 지역

해설 추월을 금지하는 앞지르기 금지 표제규지로 큰 고가도로, 터널, 교량 진입 전에 설치된다.

| 정답 | 902 ② 903 ② 904 ③

905 다음 안전표지에 대한 설명으로 맞는 것은?

① 차의 높이 제한표지이다.
② 차의 중량 제한표지이다.
③ 차폭 제한 표지이다.
④ 차간거리 확보 표지이다.

해설 차중량제한 규제표지로 표지판에 표시한 중량을 초과하는 차의 통행을 제한한다. 주로 교량, 고가도로 진입 전에 설치된다.

906 다음 안전표지에 대한 설명으로 맞는 것은?

① 승용자동차의 통행을 금지하는 것이다.
② 위험물 운반 자동차의 통행을 금지하는 것이다.
③ 승합자동차의 통행을 금지하는 것이다.
④ 화물자동차의 통행을 금지하는 것이다.

해설 화물자동차 통행금지 규제표지로 화물자동차(차량총중량 8톤 이상의 화물자동차와 승용자동차 이외의 차체 길이 8미터 이상의 자동차)의 통행을 금지한다.

907 다음 안전표지에 대한 설명으로 맞는 것은?

① 차가 우회전하는 것을 금지하는 것이다.
② 차가 좌회전하는 것을 금지하는 것이다.
③ 차가 통행하는 것을 금지하는 것이다.
④ 차가 유턴하는 것을 금지하는 것이다.

해설 우회전 금지 표제규지로 교차로에서 우회전을 금지시킬 때 사용되는 표지이다.

908 다음 중, 도로교통법의 규제표지로 맞는 것은?

①  ②  ③  ④

> 해설 도로교통법 안전표지에 해당하는 종류로는 주의표지, 지시표지, 규제표지, 보조표지, 노면표시가 있다. 규제표지에 해당하는 것은 양보 표지판이다.

909 다음 규제표지가 설치된 지역에서 운행이 허가되는 차량은?

① 화물자동차
② 경운기
③ 트랙터
④ 손수레

> 해설 트랙터, 경운기 통행금지 표지판으로 현재는 잘 사용하지 않아 트랙터, 경운기 및 손수레 통행금지 표지로 대체되었다.

910 다음 규제표지에 대한 설명으로 맞는 것은?

① 최저속도 제한표지
② 최고속도 제한표지
③ 차간거리 확보표지
④ 안전속도 유지표지

> 해설 최저속도 제한 규제표지이며 표지판에 표시한 속도로 자동차 등의 최저속도를 지정한다.

| 정답 | 908 ① 909 ① 910 ①

911 다음 안전표지의 명칭으로 맞는 것은?

① 양측방 통행표지
② 양측방 통행금지 표지
③ 중앙분리대 시작표지
④ 중앙분리대 종료표지

해설 양측방 통행에 대한 지시표지이다.

912 다음 안전표지에 대한 설명으로 맞는 것은?

① 신호에 관계없이 차량 통행이 없을 때 좌회전할 수 있다.
② 적색신호에 다른 교통에 방해가 되지 않을 때에는 좌회전할 수 있다.
③ 비보호이므로 좌회전 신호가 없으면 좌회전할 수 없다.
④ 녹색신호에서 다른 교통에 방해가 되지 않을 때에는 좌회전할 수 있다.

해설 직진신호일 때 다른 교통에 방해를 주지 않으며 비보호 좌회전이 가능하다는 것을 알리는 표지이다.

913 다음 안전표지의 명칭은?

① 양측방 통행표지
② 좌·우회전 표지
③ 중앙분리대 시작표지
④ 중앙분리대 종료표지

해설 좌우회전 지시표지이다.

정답 | 911 ① 912 ④ 913 ②

914 다음 안전표지의 뜻으로 맞는 것은?

① 이중굽은도로표지
② 좌회전 및 유턴표지
③ 유턴우선표지
④ 좌회전우선표지

해설 좌회전 및 유턴 지시표지로 차가 좌회전 또는 유턴할 지점의 도로우측 또는 중앙에 설치된다.

915 다음 안전표지에 대한 설명으로 맞는 것은?

① 주차장에 진입할 때 화살표 방향으로 통행할 것을 지시하는 것
② 좌회전이 금지된 지역에서 우회 도로로 통행할 것을 지시하는 것
③ 회전형 교차로이므로 주의하여 회전할 것을 지시하는 것
④ 좌측면으로 통행할 것을 지시하는 것

해설 우회로 지시표지로 차의 좌회전이나 유턴이 금지된 지역에서 우회도로로 통행할 것을 지시하는 표지이다.

916 다음 안전표지가 의미하는 것은?

① 백색화살표 방향으로 진행하는 차량이 우선 통행할 수 있다.
② 적색화살표 방향으로 진행하는 차량이 우선 통행할 수 있다.
③ 백색화살표 방향의 차량은 통행할 수 없다.
④ 적색화살표 방향의 차량은 통행할 수 없다.

해설 통행우선 지시표지로 백색화살표 방향으로 진행하는 차량이 우선 통행할 수 있도록 표시하는 것이다. 맞은편 도로에서는 반드시 양보 표지를 설치하여 통행 우선이 되도록 보장해야 한다.

| 정답 | 914 ② 915 ② 916 ①

917 다음 안전표지가 의미하는 것은?

① 자전거 횡단이 가능한 자전거횡단도가 있다.
② 자전거 횡단이 불가능한 것을 알리거나 지시하고 있다.
③ 자전거와 보행자가 횡단할 수 있다.
④ 자전거와 보행자의 횡단에 주의한다.

해설 자전거 횡단이 가능한 자전거횡단도 표지이다.

918 다음 안전표지가 의미하는 것은?

① 좌측도로는 일방통행 도로이다.
② 우측도로는 일방통행 도로이다.
③ 모든 도로는 일방통행 도로이다.
④ 직진도로는 일방통행 도로이다.

해설 직진도로의 일방통행임을 지시하는 것으로 일방통행 지시표지이다. 일방통행 도로의 입구 및 구간 내 필요한 지점의 도로양측에 설치하고 구간의 시작 및 끝의 보조표지를 부착·설치하며 구간 내에 교차하는 도로가 있을 경우에는 교차로 부근의 도로양측에 설치한다.

919 다음 안전표지가 의미하는 것은?

① 자전거 전용차로이다.
② 자동차 전용도로이다.
③ 자전거 우선통행 도로이다.
④ 자전거 통행금지 도로이다.

해설 자전거 전용차로 지시표지이다.

| 정답 | 917 ① 918 ④ 919 ①

920 다음 안전표지에 대한 설명으로 맞는 것은?

① 자전거만 통행하도록 지시한다.
② 자전거 및 보행자 겸용 도로임을 지시한다.
③ 어린이보호구역 안에서 어린이 또는 유아의 보호를 지시한다.
④ 자전거횡단도임을 지시한다.

해설 자전거 및 보행자 겸용도로임을 지시하는 표지이다.

921 다음 안전표지에 대한 설명으로 맞는 것은?

① 양 측방 통행 표지이다.
② 유턴 표지이다.
③ 회전 교차로 표지이다.
④ 좌우회전 표지이다.

해설 표지판의 화살표 방향으로 자동차가 회전 진행할 것을 지시하는 회전 교차로 표지이다. 회전교차로는 선 진입차량이 우선 통행권을 가지고 있다.

922 다음 안전표지에 대한 설명으로 맞는 것은?

① 자전거도로에서 2대 이상 자전거의 나란히 통행을 허용한다.
② 자전거의 횡단도임을 지시한다.
③ 자전거만 통행하도록 지시한다.
④ 자전거 주차장이 있음을 알린다.

해설 자전거도로에서 2대 이상의 자전거가 나란히 통행을 허용하는 지시표지이다. 이 표지가 없을 경우 동일한 속도로 나란히 자전거를 주행하는 것은 금지이다.

923 다음 안전표지에 대한 설명으로 맞는 것은?

① 자전거횡단도 표지이다.
② 자전거우선도로 표지이다.
③ 자전거 및 보행자 겸용도로 표지이다.
④ 자전거 및 보행자 통행구분 표지이다.

해설 자전거 및 보행자 겸용도로에서 자전거와 보행자를 구분하여 통행하도록 지시하는 표지이다.

924 다음 안전표지에 대한 설명으로 맞는 것은?

① 차가 양측 방향으로 통행할 것을 지시한다.
② 차가 좌회전 직진 또는 우회전 할 것을 지시한다.
③ 차가 일방 통행할 것을 지시한다.
④ 차가 회전할 것을 지시한다.

해설 진행방향별 통행구분 표지이다. 해당 표지는 좌회전 직진 또는 우회전 할 것을 지시하는 것이다.

925 다음 안전표지에 대한 설명으로 맞는 것은?

① 차가 회전 진행할 것을 지시한다.
② 차가 좌측면으로 통행할 것을 지시한다.
③ 차가 우측면으로 통행할 것을 지시한다.
④ 차가 유턴할 것을 지시한다.

해설 우측면통행 지시표지이다.

926 다음 안전표지에 대한 설명으로 맞는 것은?

① 차가 좌측면으로 통행할 것을 지시한다.
② 차가 회전 진행할 것을 지시한다.
③ 차가 우측면으로 통행할 것을 지시한다.
④ 차가 후진할 것을 지시한다.

해설 좌측면통행 지시표지이다.

927 다음 안전표지에 대한 설명으로 맞는 것은?

① 버스전용차로를 지시한다.
② 다인승전용차로를 지시한다.
③ 자전거 전용도로임을 지시한다.
④ 자동차 전용도로임을 지시한다.

해설 자동차 전용도로 지시표지이다. 화물차, 승합차 등을 포함한 자동차만 통행 가능하며, 이륜차는 긴급차로 지정된 차량만 통행이 가능하다.

928 다음 안전표지에 대한 설명으로 맞는 것은?

① 자전거 주차장이 있음을 알린다.
② 자전거 전용도로임을 지시한다.
③ 자전거횡단도임을 지시한다.
④ 자전거 및 보행자 겸용도로임을 지시한다.

해설 자전거 전용도로 또는 전용구간임을 지시하는 표지이다. 개인형 이동장치를 포함한 자전거만 통행할 수 있는 도로이다.

| 정답 | 926 ① 927 ④ 928 ②

929 다음 안전표지에 대한 설명으로 맞는 것은?

① 어린이 보호구역 안에서 어린이 또는 유아의 보호를 지시한다.
② 보행자가 횡단보도로 통행할 것을 지시한다.
③ 보행자 전용도로임을 지시한다.
④ 노인 보호구역 안에서 노인의 보호를 지시한다.

해설 보행자 전용도로 지시표지이다. 차도 없이 도로 전체를 인도로 만든 경우이며, 자전거를 포함한 차마는 진입금지이다.

930 다음 안전표지에 대한 설명으로 맞는 것은?

① 차가 직진 또는 우회전할 것을 지시한다.
② 차가 직진 또는 좌회전할 것을 지시한다.
③ 차가 유턴할 것을 지시한다.
④ 차가 우회도로로 통행할 것을 지시한다.

해설 직진 및 좌회전 지시표지이다. 줄여서 직좌라고 표현하며, 직진과 좌회전의 동시신호이다.

931 다음 안전표지에 대한 설명으로 맞는 것은?

① 노약자 보호를 우선하라는 지시를 하고 있다.
② 보행자 전용도로임을 지시하고 있다.
③ 어린이보호를 지시하고 있다.
④ 보행자가 횡단보도로 통행할 것을 지시하고 있다.

해설 보행자가 횡단보도로 통행할 것을 지시하고 있는 횡단보도 표지판이다.

932 다음의 안전표지의 뜻으로 맞는 것은?

① 횡단보도를 통행하는 장애인을 보호할 것을 지시한다.
② 주택가 이면도로에서 어린이를 보호할 것을 지시한다.
③ 노인보호구역 안에서 노인의 보호를 지시한다.
④ 노인이 횡단보도로 통행할 것을 지시한다.

해설 노인보호구역 안에서 노인의 보호를 지시한다. 차마의 통행속도는 시속 30킬로미터로 제한되어 있다.

933 다음 중 도로교통법의 지시표지로 맞는 것은?

①  ②  ③  ④

해설 도로교통법의 안전표지에 해당하는 종류로는 주의표지, 지시표지, 규제표지, 보조표지 그리고 노면표시가 있다. 지시표지는 주로 원형에 테두리가 없는 파란색 바탕으로 도로 이용자에게 알리는 표지판이다.

934 다음 안전표지가 의미하는 것은?

① 우회전 표지
② 우로 굽은 도로 표지
③ 우회전 우선 표지
④ 우측방 우선 표지

해설 우회전 지시표지이다.

| 정답 | 932 ③ 933 ③ 934 ①

935 다음과 같은 교통안전 시설이 설치된 교차로에서의 통행방법 중 맞는 것은?

① 좌회전 녹색 화살표시가 등화된 경우에만 좌회전할 수 있다.
② 좌회전 신호 시 좌회전하거나 진행신호 시 반대 방면에서 오는 차량에 방해가 되지 아니하도록 좌회전할 수 있다.
③ 신호등과 관계없이 반대 방면에서 오는 차량에 방해가 되지 아니하도록 좌회전할 수 있다.
④ 황색등화 시 반대 방면에서 오는 차량에 방해가 되지 아니하도록 좌회전할 수 있다.

[해설] 신호등의 좌회전 녹색 화살표시가 등화된 경우 좌회전할 수 있으며, 직진 신호 시 반대 방면에서 오는 차량에 방해가 되지 아니하도록 좌회전할 수 있다.

936 다음 노면표시가 의미하는 것은?

① 운전자는 좌·우회전을 할 수 없다.
② 운전자는 좌우를 살피면서 운전해야 한다.
③ 운전자는 좌·우회전만 할 수 있다.
④ 운전자는 우회전만 할 수 있다.

[해설] 좌우회전금지 노면표지이다.

937 다음 노면표시가 의미하는 것은?

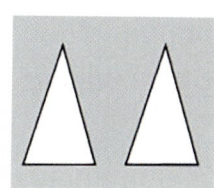

① 전방에 과속방지턱 또는 교차로에 오르막 경사면이 있다.
② 전방 도로가 좁아지고 있다.
③ 차량 두 대가 동시에 통행할 수 있다.
④ 산악지역 도로이다.

[해설] 오르막 경사면 노면표지로 전방에 과속방지턱 또는 교차로에 오르막 경사면이 있음을 알리는 표지이다.

| 정답 | 935 ② 936 ① 937 ①

938 다음 노면표시가 의미하는 것은?

① 유턴금지표시로 유턴할 수 없다.
② 유턴금지표시로 좌회전할 수 없다.
③ 통행금지표시로 직진할 수 없다.
④ 좌회전금지표시로 좌회전할 수 없다.

해설 유턴금지표시로 차마의 유턴을 금지하는 표시이다.

939 다음 상황에서 적색 노면표시에 대한 설명으로 맞는 것은?

① 차도와 보도를 구획하는 길 가장자리 구역을 표시하는 것
② 차의 차로변경을 제한하는 것
③ 보행자를 보호해야 하는 구역을 표시하는 것
④ 소방시설 등이 설치된 구역을 표시하는 것

해설 불법 주정차로 인해 소방활동 지연을 막기 위해 표시된다. 소방시설 등이 설치된 곳으로부터 각각 5미터 이내인 곳에서 신속한 소방 활동을 위해 특히 필요하다고 인정하는 곳에 주·정차금지를 표시한다.

940 다음과 같은 노면표시에 따른 운전방법으로 맞는 것은?

① 정차·주차금지를 표시하는 노면표시가 없으므로 정차·주차를 해도 된다.
② 서행해야 하는 노면표시가 있으므로 어린이 안전에 유의하며 서행해야 한다.
③ 주차금지를 표시하는 노면표시가 있고, 정차 금지를 표시하는 노면표시가 없으므로 정차를 한다.
④ 서행해야 하는 노면표시가 없으므로 상황에 따라 속도를 높이며 운전한다.

해설 어린이 보호구역은 주정차가 금지되어 있고, 서행 노면표시가 있으므로 어린이 안전에 유의하며 서행해야 한다.

| 정답 | 938 ① 939 ④ 940 ②

941 다음 안전표지에 대한 설명으로 틀린 것은?

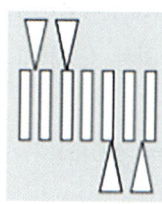

① 고원식 횡단보도 표시이다.
② 볼록 사다리꼴과 과속방지턱 형태로 하며 높이는 10cm로 한다.
③ 운전자의 주의를 환기시킬 필요가 있는 지점에 설치한다.
④ 모든 도로에 설치할 수 있다.

해설 제한속도를 시속 30킬로미터 이하로 제한할 필요가 있는 도로에서 운전자가 횡단보도임을 알 수 있게 표시하는 것이다.

942 다음 안전표지에 대한 설명으로 맞는 것은?

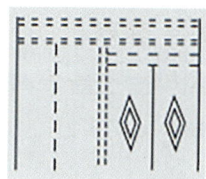

① 전방에 안전지대가 있음을 알리는 것이다.
② 차가 양보하여야 할 장소임을 표시하는 것이다.
③ 전방에 횡단보도가 있음을 알리는 것이다.
④ 주차할 수 있는 장소임을 표시하는 것이다.

해설 전방 30~50미터에 횡단보도가 있으므로 주의하며 서행해야 되는 표지이다. 필요할 경우 10미터에서 20미터를 더한 거리에 추가 설치할 수 있다.

943 다음 안전표지에 대한 설명으로 맞는 것은?

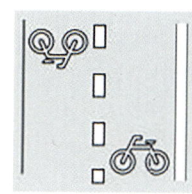

① 자전거 전용도로임을 표시하는 것이다.
② 자전거의 횡단도임을 표시하는 것이다.
③ 자전거주차장에 주차하도록 지시하는 것이다.
④ 자전거도로에서 2대 이상 자전거의 나란히 통행을 허용하는 것이다.

해설 도로에 자전거 횡단이 필요한 지점에 설치하며 횡단보도가 있는 교차로에서는 횡단보도 측면에 표시된다.

| 정답 | 941 ④ 942 ③ 943 ②

944 다음 안전표지에 대한 설명으로 맞는 것은?

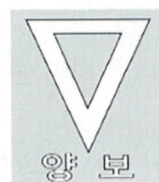

① 차가 양보하여야 할 장소임을 표시하는 것이다.
② 차가 들어가 정차하는 것을 금지하는 표시이다.
③ 횡단보도임을 표시하는 것이다.
④ 노상에 장애물이 있음을 표시하는 것이다.

해설 교차로나 합류도로 등에서 차가 양보하여야 하는 지점에 표시된다.

945 다음 안전표지에 대한 설명으로 맞는 것은?

① 차가 양보하여야 할 장소임을 표시하는 것이다.
② 노상에 장애물이 있음을 표시하는 것이다.
③ 차가 들어가 정차하는 것을 금지하는 것을 표시이다.
④ 주차할 수 있는 장소임을 표시하는 것이다.

해설 통행량이 많은 교차로 등에 설치되는 정차금지지대이다. 이 구간 안에서는 어떠한 경우라도 신호대기를 포함한 정차를 할 수 없다.

946 다음 안전표지의 의미로 맞는 것은?

① 자전거 우선도로 표시
② 자전거 전용도로 표시
③ 자전거 횡단도 표시
④ 자전거 보호구역 표시

해설 자동차의 통행량이 2천대 미만인 도로의 일부 구간 및 차로를 정하여 자전거와 차량 모두 안전하게 통행할 수 있도록 표시되는 자전거 우선 도로 표시이다.

정답 | 944 ① 945 ③ 946 ①

947 다음 차도 부문의 가장자리에 설치된 노면표시의 설명으로 맞는 것은?

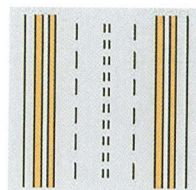

① 정차를 금지하고 주차를 허용한 곳을 표시하는 것
② 정차 및 주차금지를 표시하는 것
③ 정차를 허용하고 주차금지를 표시하는 것
④ 구역·시간·장소 및 차의 종류를 정하여 주차를 허용할 수 있음을 표시하는 것

해설 상시 정차 및 주차금지를 표시하는 것이다. 복선으로 된 곳은 단 1분이라도 주정차를 하게 될 경우 단속될 수 있다.

948 다음 안전표지의 의미로 맞는 것은?

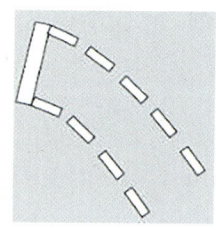

① 교차로에서 좌회전하려는 차량이 다른 교통에 방해가 되지 않도록 적색등화 동안 교차로 안에서 대기하는 지점을 표시하는 것
② 교차로에서 좌회전하려는 차량이 다른 교통에 방해가 되지 않도록 황색등화 동안 교차로 안에서 대기하는 지점을 표시하는 것
③ 교차로에서 좌회전하려는 차량이 다른 교통에 방해가 되지 않도록 녹색등화 동안 교차로 안에서 대기하는 지점을 표시하는 것
④ 교차로에서 좌회전하려는 차량이 다른 교통에 방해가 되지 않도록 적색 점멸등화 동안 교차로 안에서 대기하는 지점을 표시하는 것

해설 교차로에서 좌회전하려는 차량이 다른 교통에 방해가 되지 않도록 녹색등화 동안 교차로 안에서 대기하는 지점을 표시하는 좌회전 유도 차로 표시이다.

949 다음 안전표지의 의미로 맞는 것은?

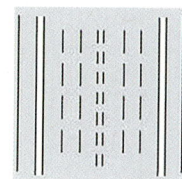

① 갓길 표시
② 차로변경 제한선 표시
③ 유턴 구역선 표시
④ 길 가장자리 구역선 표시

해설 보도와 차도가 구분되지 않은 도로에서 보행자의 안전을 확보하기 위해 경계를 표시한 길 가장자리 구역선 표시이다.

| 정답 | 947 ② 948 ③ 949 ④

950 다음 노면표시의 의미로 맞는 것은?

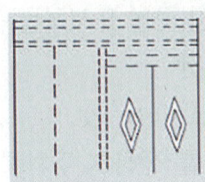

① 전방에 교차로가 있음을 알리는 것
② 전방에 횡단보도가 있음을 알리는 것
③ 전방에 노상장애물이 있음을 알리는 것
④ 전방에 주차금지를 알리는 것

해설 전방에 횡단보도가 있음을 알리는 횡단보도 예고 표시이다. 운전자는 서행하며 주의하도록 한다.

951 다음 안전표지의 뜻으로 맞는 것은?

① 최저 속도 제한을 해제
② 최고 속도 매시 50킬로미터의 제한을 해제
③ 50미터 앞부터 속도 제한을 해제
④ 차간거리 50미터를 해제

해설 최고속도 표지와 해제 표지가 같이 있을 때 최고속도의 제한을 해제하는 것을 의미한다.

952 다음 안전표지의 뜻으로 맞는 것은?

① 30미터 앞부터 속도 제한을 해제
② 최고 속도 제한을 해제
③ 차간거리 30미터 제한을 해제
④ 최저 속도 제한을 해제

해설 숫자 아래에 밑줄이 있는 경우 최저속도 표지이다. 최저속도 매시 30킬로미터의 제한을 해제하는 것을 의미힌다.

| 정답 | 950 ② 951 ② 952 ④

953 다음 안전표지가 의미하는 것은?

① 중앙분리대 시작
② 양 측방 통행
③ 1.5km 전방 공사로 인해 1, 2차로 통행 차단
④ 노상 장애물 있음

해설 1.5킬로미터 전방에서 공사 중이며 1, 2차로의 통행이 차단되는 것을 미리 알려주는 표지이다.

954 다음 안전표지의 뜻으로 가장 옳은 것은?

① 자동차와 이륜자동차는 08:00~20:00 통행을 금지
② 자동차와 이륜자동차 및 원동기장치자전거는 08:00~20:00 통행을 금지
③ 자동차와 원동기장치자전거는 08:00~20:00 통행을 금지
④ 자동차와 자전거는 08:00~20:00 통행을 금지

해설 자동차와 이륜자동차 및 원동기장치자전거의 통행을 지정된 시간 동안 금지하는 것을 의미한다.

955 다음 안전표지에 대한 설명으로 맞는 것은?

① 주차금지장소에 주차한 자동차를 견인하는 지역임을 표시한다.
② 주차금지장소에 주차할 수 있는 지역임을 표시한다.
③ 정차 및 주차가능 장소임을 표시한다.
④ 정차 및 주차금지 장소임을 표시한다.

해설 주차금지 지역을 알리는 것이며 이 구역에 주차할 시 견인할 수 있음을 의미한다.

956 다음 안전표지에 대한 설명으로 맞는 것은?

① 적색 신호 시 좌회전할 것을 지시한다.
② 유턴을 금지하는 것이다.
③ 모든 신호에 유턴할 것을 지시한다.
④ 적색 신호 시 유턴할 것을 지시한다.

해설 적색 신호 시에 유턴할 수 있음을 의미한다.

957 다음 안전표지에 대한 설명으로 맞는 것은?

① 일요일, 공휴일만 버스전용차로 통행차만 통행할 수 있음을 알린다.
② 일요일, 공휴일을 제외하고 버스전용차로 통행차만 통행할 수 있음을 알린다.
③ 모든 요일에 버스전용차로 통행차만 통행할 수 있음을 알린다.
④ 일요일, 공휴일을 제외하고 모든 차가 통행할 수 있음을 알린다.

해설 일요일, 공휴일을 제외하고 해당 차선은 버스전용차로 통행차만 통행할 수 있음을 의미한다.

958 다음 안전표지가 의미하는 것은?

① 중앙분리대 시작
② 전방 2km 앞 공사 중
③ 전방 400m 앞 3차로 차단 중
④ 노상 장애물 있음

해설 전방 400미터 앞 3차로가 차단되어 차로가 감소되는 것을 알려주는 표지이다.

| 정답 | 956 ④ 957 ② 958 ③

959 다음 안전표지에 대한 설명으로 맞는 것은?

① 평일에 06:00~22:00 안전표지부터 160미터까지 주차할 수 있다.
② 공휴일에 06:00~22:00 안전표지부터 160미터까지 주차할 수 있다.
③ 평일에는 시간에 상관없이 주차할 수 있다.
④ 공휴일에는 시간에 상관없이 주차할 수 있다.

해설 주차금지 구역이지만, 공휴일에 해당 시간 동안 안전표지로부터 160미터까지 주차할 수 있음을 의미한다.

960 다음 도로명판에 대한 설명으로 맞는 것은?

① 왼쪽과 오른쪽 양 방향용 도로명판이다.
② "1→"이 위치는 도로 끝나는 지점이다.
③ 강남대로는 699미터이다.
④ "강남대로"는 도로이름을 나타낸다.

해설 강남대로의 넓은 길 시작점을 의미하며 "1→"이 위치는 도로의 시작점을 의미하고 강남대로는 6.99킬로미터를 의미한다.

961 다음 안전표지에 대한 설명으로 맞는 것은?

① 일방통행인 어린이 보호구역을 알리는 표지
② 좌측에 어린이 보호구역이 있다는 표지
③ 우측에 어린이 보호구역이 있다는 표지
④ 어린이 보호구역으로 통행을 금지하는 표지

해설 우측에 어린이 보호구역이 있다는 표지이다. 어린이 보호구역은 시속 30킬로미터 이내로 주행해야 하며, 어린이의 안전을 위해 주의하며 서행하도록 한다.

정답 | 959 ② 960 ④ 961 ③

962 다음 안전표지에 대한 설명으로 맞는 것은?

① 100미터 앞부터 도로가 없어짐
② 100미터 앞부터 도로 폭이 넓어짐
③ 100미터 앞부터 우측 도로 폭이 좁아짐
④ 100미터 앞부터 도로 폭이 좁아짐

해설 100미터 앞부터 도로 폭이 좁아짐을 알리는 표지이다. 차로구분이 없거나 3차로 미만의 도로에서 설치된다.

963 다음 중 관공서용 건물번호판은?

①  ②  ③  ④

해설 1번과 2번은 일반용 건물번호판이고, 3번은 문화재 및 관광용 건물번호판, 4번은 관공서용 건물번호판이다.(도로명 주소 안내시스템 http : //www.juso.go.kr)

964 다음 건물번호판에 대한 설명으로 맞는 것은?

① 평촌길은 도로명, 30은 건물번호이다.
② 평촌길은 주 출입구, 30은 기초번호이다.
③ 평촌길은 도로시작점, 30은 건물주소이다.
④ 평촌길은 도로별 구분기준, 30은 상세주소이다.

해설 상단에 표기된 글은 도로명, 하단에 표기된 숫자는 건물번호이다.

정답 962 ④ 963 ④ 964 ①

965 다음 3방향 도로명 예고표지에 대한 설명으로 맞는 것은?

① 좌회전하면 300미터 전방에 시청이 나온다.
② '관평로'는 북에서 남으로 도로구간이 설정되어 있다.
③ 우회전하면 300미터 전방에 평촌역이 나온다.
④ 직진하면 300미터 전방에 '관평로'가 나온다.

해설 도로구간은 서→동, 남→북으로 설정되며, 도로의 시작지점에서 끝지점으로 갈수록 건물번호가 커진다. 직진하면 300미터 전방에 '관평로'가 나온다.

Chapter 05 동영상형 문제

35문항 | 4지1답

966 다음 영상에서 예측되는 가장 위험한 상황은?

① 좌로 굽은 도로를 지날 때 반대편 차가 미끄러져 중앙선을 넘어올 수 있다.
② 좌로 굽은 도로를 지날 때 우측에 정차한 차가 갑자기 출발할 수 있다.
③ 좌로 굽은 도로를 지날 때 원심력에 의해 미끄러져 중앙선을 넘어갈 수 있다.
④ 우로 굽은 도로를 지날 때 반대편 차가 원심력에 의해 중앙선을 넘어올 수 있다.

> **해설** 눈이 오거나 결빙된 도로는 차가 미끄러지기 쉽다. 영상에서와 같이 반대편 차선의 차량이 원심력에 의해 미끄러져 중앙선을 침범할 수 있기 때문에 주의해야 한다.

967 다음 영상에서 예측되는 가장 위험한 상황은?

① 1차로를 주행 중 2차로 주행 차가 속도를 줄일 경우 충돌할 수 있다.
② 1차로를 주행 중 앞차가 급차로 변경을 할 때 반대편 차와 충돌할 수 있다.
③ 1차로를 주행 중 1차로에 고장난 차와 충돌할 수 있다.
④ 2차로를 주행 중 1차로로 차로 변경하는 앞차와 추돌할 수 있다.

> **해설** 안전거리를 유지하지 않고 운전하게 되면 앞차와의 추돌사고가 발생될 확률이 높아지고, 자신의 차가 정지할 수 있는 공간이 없어져 1차로에 고장난 차와 충돌할 수 있다.

968 다음 영상에서 예측되는 가장 위험한 상황은?

① 1차로를 주행 중인 차량이 갑자기 속도를 줄인다.
② 3차로 후방에서 주행하던 차가 전방 3차로에 주차한 차를 피해 내 차 앞으로 급차로 변경할 수 있다.
③ 교차로에 이르기 전 1차로에서 좌회전 신호 대기 중이던 차가 갑자기 직진할 수 있다.
④ 교차로를 지나 1차로를 주행 중인 차량이 무인 단속 카메라를 발견하고 갑자기 속도를 줄인다.

> **해설** 옆의 차로에서 주행하던 차가 내 차로로 들어오려고 할 때 속도를 줄여 적극적으로 넣어주려는 경우는 많지 않다. 영상의 경우처럼 전방에 주차한 차를 피하려는 경우 무리한 차로변경을 시도할 수 있다는 것을 생각하고 반드시 속도를 줄여 무리한 차로변경에 대비하여야 한다.

| 정답 | 966 ① 967 ③ 968 ②

969 다음 중 어린이보호구역에서 횡단하는 어린이를 보호하기 위해 도로교통법규를 준수하는 차는?

① 붉은색 승용차
② 흰색 화물차
③ 청색 화물차
④ 주황색 택시

해설 어린이보호구역에서는 어린이가 언제 어느 순간에 나타날지 모르기 때문에 주의하며 서행하여야 한다. 갑자기 나타난 어린이로 인해 앞차 급제동하면 뒤따르는 차가 추돌할 수 있기 때문에 반드시 안전거리를 확보하여야 한다.

970 다음 영상에서 예측되는 가장 위험한 상황은?

① 우측 버스 정류장에서 휴대 전화를 사용하고 있는 사람
② 커브 구간을 지날 때 반대편 도로 가장자리로 주행하는 이륜차
③ 반대편 도로에서 좌회전을 하려는 트랙터
④ 커브 구간을 지나자마자 반대편 도로에서 우회전하려는 차

해설 좌회전하려는 트랙터 운전자는 도로가 커브길이라 반대편에 차가 오는 것을 미리 확인하기 어렵고 가까이 오는 차가 없다 보니 좌회전을 할 수 있다고 판단하였다. 그러나 반대편 직진차가 나타났을 때 직진차의 속도가 예상보다 빠를 경우 사고가 발생할 수 있다.

971 다음 영상에서 예측되는 가장 위험한 상황은?

① 1차로로 차로 변경할 때 출발하려는 2차로에 정차 중인 차
② 좌회전할 때 반대편 1차로에서 좌회전하는 대형 화물차
③ 좌회전할 때 반대편 도로의 대형 화물차와 승합차 사이에서 달려 나오는 이륜차
④ 좌회전을 완료하는 순간 반대편 1차로에서 신호 대기 중인 차

해설 비보호좌회전은 타인이 예측하기 어려운 행동이다. 반대편 차의 입장에서는 직진신호이므로 당연히 직진차만 예측하게 마련이다. 뿐만 아니라 비보호좌회전하는 차의 운전자 역시 반대편 2개 차로 중에 1차로는 좌회전하려는 차이고 두 개 차로 정차한 차가 있으므로 직진차가 없다고 판단하게 된다. 그러나 이륜차의 경우 차로 사이로 나올 수 있다는 것도 예측하며 운전하여야 한다.

| 정답 | 969 ③ 970 ③ 971 ③

972 다음 중 교차로에서 횡단하는 보행자 보호를 위해 도로교통법규를 준수하는 차는?

① 갈색 SUV차
② 노란색 승용차
③ 주홍색 택시
④ 검정색 승용차

해설 보행 녹색신호를 지키지 않거나 신호를 예측하여 미리 출발하는 보행자에 주의하여야 한다. 보행 녹색신호가 점멸할 때 갑자기 뛰기 시작하여 횡단하는 보행자에 주의하여야 한다. 우회전 시 횡단보도에 내려서서 대기하는 보행자가 말려드는 현상에 주의하여야 한다. 우회전할 때 반대편에서 직진하는 차량에 주의하여야 한다.

973 다음 영상에서 예측되는 가장 위험한 상황은?

① 화물차의 미등 및 반사체 등이 잘 보이지 않아 추돌할 수 있다.
② 화물차가 1차로로 차로를 변경할 경우 충돌할 수 있다.
③ 고장난 차를 피해 2차로로 차로를 변경할 때 1차로를 주행하는 차와 충돌할 수 있다.
④ 고장난 차를 피해 2차로로 차로를 변경하여 주행 중 견인차가 갑자기 출발할 경우 충돌할 수 있다.

해설 야간 운전 시엔 미등과 차폭등 전조등을 점등하고 운전해야 한다. 전방의 화물차는 미등 및 반사체가 보이지 않아 뒤따르는 차량과의 충돌위험이 높다.

974 다음 영상에서 예측되는 가장 위험한 상황은?

① 첫 번째 교차로를 통과할 때 반대편 1차로의 차가 직진할 수 있다.
② 전방에 녹색 신호를 보고 교차로를 빠르게 통과하다 물이 고인 곳에서 미끄러질 수 있다.
③ 공사 구간 2차로를 주행 중 1차로를 주행 중인 차가 갑자기 좌측 차로로 차로변경 한다.
④ 두 번째 교차로에서 우회전 후 전방 2차로의 차가 도로우측에 주차할 수 있다.

해설 교차로를 통과할 때는 대부분의 운전자들이 속도를 높여서 주행하는 경향이 있다. 그러나 영상과 같이 비가 오고 노면에 물이 고인 상황에서는 수막현상이 생기거나 핸들이 돌아가는 상황 등이 발생할 수 있으므로 서행해야 한다.

| 정답 | 972 ④ 973 ① 974 ②

975 다음 영상에서 예측되는 가장 위험한 상황은?

① 전방에 사고 난 차를 피하려다 중앙분리대를 넘어갈 수 있다.
② 전방에 사고 난 차를 피하려다 2차로의 전방 차량과 충돌할 수 있다
③ 2차로 주행 중 3차로에서 내 차 앞으로 급하게 변경하는 차와 충돌할 수 있다.
④ 3차로로 주행 중 커브 구간에서 원심력에 의해 2차로로 주행하는 차와 충돌할 수 있다.

> 해설 1차로 주행 중 전방에 사고현장을 목격하고 2차로로 차로를 변경하여 주행 중 3차로에서 내 차 앞으로 급하게 끼어드는 형광색 차량과 충돌 위험이 있다.

976 다음 영상에서 예측되는 가장 위험한 상황은?

① 교차로에서 우회전하기 위해 1차로에서 2차로로 차로변경 하는 순간 1차로에서 좌회전 대기 중 유턴할 수 있는 차
② 교차로에서 우회전할 때 반대편 1차로에서 좌회전할 수 있는 맨 앞차
③ 교차로에서 우회전하였을 때 2차로에서 역주행하는 이륜차
④ 교차로에서 우회전하여 주행 중 2차로에 주차하고 있던 차량에서 갑자기 출발할 수 있는 맨 앞차

> 해설 교차로에서 우회전하자마자 2차로 갓길에서 역주행하는 이륜차와 정면 충돌위험이 높다. 도로에서는 다양한 위험들이 있다는 것을 생각하며 운전해야 한다.

977 다음 영상에서 예측되는 가장 위험한 상황은?

① 빠른 속도로 내리막 커브 구간을 통과할 때 원심력에 의해 우측 방호벽을 충돌할 수 있다.
② 내리막 커브 구간을 지나 앞지르기할 때 우측으로 방향을 바꾸던 앞차가 정지할 수 있다.
③ 앞서 가던 차가 무인 단속 카메라를 보고 급제동할 수 있다.
④ 무인 단속 카메라를 보고 속도를 줄이는 앞차를 앞지르기할 때 반대편 도로의 차가 속도를 줄일 수 있다.

> 해설 도로에서는 다양한 상황들이 있고, 앞차와의 추돌 위험을 피하기 위해 안전거리를 유지해야 한다. 영상에서 보이는 보라색 차량은 앞쪽에 아무런 장애물 없이 급제동을 하였기 때문에 뒤따르던 내 차량과 충돌 위험이 높다.

| 정답 | 975 ③ 976 ③ 977 ③

978 다음 영상에서 예측되는 가장 위험한 상황은?

① 1차로에서 주행하는 검은색 승용차가 차로변경을 할 수 있다.
② 승객을 하차시킨 버스가 후진 할 수 있다.
③ 1차로의 승합자동차가 앞지르기 할 수 있다.
④ 이면도로에서 우회전하는 승용차와 충돌할 수 있다.

> 해설 우측 이면도로에서 우회전하여 합류하려고 끼어든 차량이 저속으로 주행 중이기 때문에 뒤따르던 차량과 충돌할 수 있다.

979 다음 영상에서 예측되는 가장 위험한 상황은?

① 2차로를 주행 중인 택시가 갑자기 좌측 차로로 차로변경을 할 수 있다.
② 1차로에서 주행하고 있는 오토바이와 충돌할 수 있다.
③ 반대편 차로에서 좌회전 하는 오토바이와 충돌할 수 있다.
④ 인도에 있는 보행자가 갑자기 무단횡단을 할 수 있다.

> 해설 교차로에서 좌회전 신호를 받고 좌회전 하는 중에 오토바이가 급하게 내 차 옆으로 끼어들었다. 오토바이의 경우 차체가 작아 사각지대가 생길 수 있기 때문에 유의하며 진행해야 한다.

980 다음 영상에서 예측되는 가장 위험한 상황은?

① 2차로에 승객을 태우기 위해 정차 중인 시내버스
② 문구점 앞에서 아이를 안고 있는 보행자
③ 주차구역 내에 일렬로 주차되어 있는 승용차
④ 주차구역 주변에서 장난을 치고 있는 어린이들

> 해설 어린이들의 경우 좌우를 확인하지 못하고 움직이는 경향이 있으므로 어린이들의 갑작스러운 행동에 대비하는 운전습관이 필요하다.

| 정답 | 978 ④ 979 ② 980 ④

981 교차로에서 직진하려고 한다. 이 때 가장 주의해야 할 차는?

① 반대편에서 우회전하는 연두색 차
② 내 차 앞에서 우회전하는 흰색 화물차
③ 좌측도로에서 우회전하는 주황색 차
④ 우측도로에서 우회전하는 검정색 차

> **해설** 교차로에서 직진 시 가장 주의해야 할 차는 우측 도로에서 우회전하는 차량이다. 영상 후반부에서 우회전하려는 검정색 차는 속도를 줄이지 않고 그대로 진입하고 있다. 이때 그대로 직진하게 되면 충돌 위험이 있기 때문에 우회전 차의 움직임을 잘 살피면서 전방신호 변경에 대비하며 서행으로 진입해야 된다.

982 다음 중 비보호좌회전 교차로에서 도로교통법규를 준수하면서 가장 안전하게 좌회전하는 차는?

① 녹색신호에서 좌회전하는 녹색 버스
② 녹색신호에서 좌회전하는 분홍색 차
③ 황색신호에서 좌회전하는 청색 차
④ 적색신호에서 좌회전하는 주황색 차

> **해설** 녹색 버스는 다른교통에 방해를 주지 않으며 녹색등화에서 올바르게 좌회전하였다. 분홍색 차는 교차로 내부에서 일시정지를 하였고, 청색 차는 황색 신호에서 진행하였으며 주황색 차는 적색신호에서 진행하였으므로 가장 안전하게 비보호좌회전을 한 차량은 녹색 버스이다.

983 녹색신호인 교차로가 정체 중이다. 도로교통법규를 준수하는 차는?

① 교차로에 진입하는 청색 화물차
② 정지선 직전에 정지하는 흰색 승용차
③ 청색 화물차를 따라 진입하는 검정색 승용차
④ 흰색 승용차를 앞지르기 하면서 진입하는 택시

> **해설** 교차로 내부가 정체 중일 경우 무리하게 진입해서는 아니된다. 청색 화물차와 뒤따르는 검정색 승용차는 정체 중인 교차로를 무리하게 진입하였고, 택시는 흰색 승용차를 앞지르기 하면서 정체 중인 교차로로 진입하였다. 도로교통법규를 준수한 차는 정지선 직전에 정지한 흰색 승용차다.

정답 | 981 ④ 982 ① 983 ②

984 다음 중 딜레마존이 발생할 수 있는 황색신호에서 가장 적절한 운전행동을 하는 차는?

① 속도를 높여 통과하는 화물차
② 정지선 직전에 정지하는 흰색 승용차
③ 그대로 통과하는 주황색 택시
④ 횡단보도에 정지하는 연두색 승용차

해설 딜레마존은 황색신호일 때 가속하거나 감속하여도 안전하게 통과하기 어려운 구간이다. 이때 급정거를 하게 되면 후방 차량과 충돌 위험이 있기 때문에 미리 감속하여 정지선 직전에 정차하는 것이 안전하다. 속도를 높이거나 그대로 통과하는 화물차와 주황색 택시, 횡단보도에 정지하는 연두색 승용차는 신호위반이다. 따라서 적절한 운전을 한 차량은 흰색 승용차다.

985 다음 중 교차로에서 우회전할 때 횡단하는 보행자 보호를 위해 도로교통법규를 준수하는 차는?

① 주황색 택시
② 청색 화물차
③ 갈색 SUV차
④ 노란색 승용차

해설 횡단보도가 있는 교차로에서 우회전할 때 반대편에서 직진하는 차량과 횡단보도 앞에서 대기하는 보행자에 주의하며 서행으로 통과하도록 한다. 주황색 택시는 속도를 높여 통과하였다. 청색 화물차는 횡단보도를 통과할 때 서행하였고, 노란색 승용차는 보행자 신호를 무시하고 진행하였으며 갈색 SUV차는 정지선을 넘어서 정지하였다. 따라서 도로교통법규를 준수한 차는 청색 화물차이다.

986 신호등 없는 횡단보도를 통과하려고 한다. 보행자보호를 위해 가장 안전한 방법으로 통과하는 차는?

① 횡단하는 사람이 없어도 정지선에 정지하는 흰색 승용차
② 횡단하는 사람이 없어 속도를 높이면서 통과하는 청색 화물차
③ 횡단하는 사람을 피해 통과하는 이륜차
④ 횡단하는 사람을 보고 횡단보도 내 정지하는 빨간 승용차

해설 신호등 없는 횡단보도 통과 시 보행자가 없더라도 정지선 직전에 일시정지한 후 진행해야 한다. 흰색 승용차는 보행자가 횡단보도를 이용하여 보행을 완전히 마칠 때까지 정지선 직전에 정지하였다. 청색 화물차와 이륜차는 보행자가 보행 중인데 무리해서 통과를 하였고, 빨간 승용차는 정지선을 넘어서 정지하였다. 따라서 가장 안전한 방법으로 통과한 차는 흰색 승용차다.

정답 | 984 ② 985 ② 986 ①

987 시내 일반도로를 주행 중 갑자기 앞차가 비상점멸등을 작동하였다. 이 때 적절한 운전방법을 선택한 차는?

① 앞차를 피해 오른쪽 차로로 급차로 변경한 후 주행하는 흰색 화물차
② 비상점멸등을 작동하고 동시에 브레이크 페달을 여러 번 나누어 밟는 흰색 승용차
③ 앞차를 신속히 앞지르기하는 빨간색 승용차
④ 급제동하는 청색 화물차

> **해설** 전방 차량이 갑자기 멈추었을 때 후방 차량은 비상점멸등을 키고 브레이크 페달을 여러 번 나누어 밟아 정지하는 것이 안전하다. 앞차를 피해 급차로변경하는 흰색 화물차, 전방차량을 빠르게 앞지르기하는 빨간 승용차, 급제동하는 청색 화물차는 올바른 운전방법이 아니다.

988 교차로에 접근 중이다. 이 때 가장 주의해야 할 차는?

① 좌측도로에서 우회전하는 차
② 반대편에서 직진하는 흰색 화물차
③ 좌회전하고 있는 청색 화물차
④ 반대편에서 우회전하는 검정색 승용차

> **해설** 교차로에서 직진하려 할 때 가장 주의해야 할 차량은 좌회전하고 있는 청색 화물차이다. 좌측도로에서 우회전하는 차량이나 반대편에서 직진, 우회전하는 차량은 내 차량과 충돌 가능성이 낮다.

989 ├자형 교차로로 접근 중이다. 이 때 예측할 수 있는 위험요소가 아닌 것은?

① 좌회전하는 차가 직진하는 차의 발견이 늦어 충돌할 수 있다.
② 좌회전하려고 나오는 차를 발견하고, 급제동할 수 있다.
③ 직진하는 차가 좌회전하려는 차의 발견이 늦어 충돌할 수 있다.
④ 좌회전하기 위해 진입하는 차를 보고 일시정지할 수 있다.

> **해설** 좌측 도로에서 합류하려 할 때 옆의 큰 나무로 인해 가려져 직진해오는 차량이 합류차량을 미처 발견하지 못할 수 있다. 합류지점에서 합류차량을 발견하였을 때 브레이크 페달을 여러 번 밟아 천천히 일시정지하여 후방 차량과 합류차량과의 충돌을 방지할 수 있다.

990 회전교차로에서 회전할 때 우선권이 있는 차는?

① 회전하고 있는 빨간색 승용차
② 진입하려는 흰색 화물차
③ 진출하고 있는 노란색 승용차
④ 양보선에 대기하는 청색 화물차

해설 회전교차로 내에서 통행 우선권이 있는 차량은 회전하고 있는 빨간색 승용차이다.

991 도로를 주행 중 무단 횡단하는 보행자를 발견하였다. 보행자 보호를 위해 올바른 조치를 하는 차는?

① 차로를 변경하면서 통과하는 택시
② 속도를 높이면서 통과하는 흰색 승용차
③ 충분한 안전거리를 두고 일시정지하는 청색 화물차
④ 흰색승용차를 뒤따라서 가는 빨간색 승용차

해설 보행자는 횡단보도나 육교 등을 통하여 횡단하여야 한다. 무단횡단 보행자를 발견하였을 때, 보행자 잘못이지만 운전자는 보행자를 보호해야 한다. 보행자와 충분한 안전거리를 두고 일시정지하며 비상등을 점멸하여 다른 차량들에게 위험을 알리고 있는 청색 화물차가 가장 올바른 조치를 취하였다.

992 다음 중 이면도로에서 위험을 예측할 때 가장 주의하여야 하는 것은?

① 정체 중인 차 사이에서 뛰어나올 수 있는 어린이
② 실내 후사경 속 청색 화물차의 좌회전
③ 오른쪽 자전거 운전자의 우회전
④ 전방 승용차의 급제동

해설 이면도로를 지나갈 때는 차와 차 사이에서 갑자기 나올 수 있는 보행자에 주의하여야 한다. 영상에서 반대편 차선이 정체 중이므로 정차한 차량에 가려진 어린이가 갑자기 뛰어나올 수 있으므로 주변 상황을 주시하며 서행해야 한다.

| 정답 | 990 ① 991 ③ 992 ①

993 한적한 도로 전방에 경운기가 있다. 이 때 위험요소가 아닌 것은?

① 갑자기 경운기가 진행방향을 바꿀 수 있다.
② 경운기에 실은 짚단이 떨어질 수 있어 급제동할 수 있다.
③ 다른 차량보다 속도가 느리기 때문에 앞지르기할 수 있다.
④ 앞차가 속도를 높이면서 도로 중앙으로 이동할 수 있다.

> **해설** 경운기는 레버로 방향을 전환하고, 방향지시등과 후사경 등이 안전장치가 없어 경운기의 움직임을 정확하게 파악할 수 없기 때문에 경운기를 뒤따라가는 경우, 충분한 공간과 안전거리를 유지하면서 움직임에 대비하여야 한다. 그리고 일반 차량보다 속도가 느리기 때문에 앞지르기는 어렵다.

994 고속도로에서 본선차로로 진입하려고 하고 있다. 올바른 운전방법은?

① 본선 차로를 주행하는 차와 관계없이 가속차로에서 속도를 높여 신속히 진입한다.
② 진입할 때 실선에서도 진입할 수 있는 공간이 확보되면 신속하게 진입하여야 한다.
③ 좌측후사경의 버스가 양보해줄 것으로 믿고, 차로를 변경하면서 진입한다.
④ 가속차로에서 후사경으로 진입공간이 확보될 때까지 속도를 조절하면서 차로를 변경하여 진입한다.

> **해설** 고속도로에서 본선차로로 진입하려 할 때 후사경을 통하여 본선차로 주행 중인 차량들의 흐름을 파악하여 진입공간이 확보될 때까지 속도를 조절하면서 차로를 변경하여 진입하여야 한다. 이때 너무 느리게 진행하거나 너무 빠르게 진행하면 본선차로 주행 중인 차량과의 충돌 위험이 높아진다.

995 고속도로에서 진출하려고 한다. 올바른 운전방법 2가지는?

① 우측 방향지시등 작동하면서 서서히 차로를 변경한다.
② 급감속으로 신속히 차로를 변경한다.
③ 감속차로에서부터 속도계를 보면서 속도를 줄인다.
④ 감속차로 전방에 차가 없으면 속도를 높여 신속히 진출로를 통과한다.

> **해설** 고속도로에서 진출하려 할 때 후사경을 통하여 후방 상황을 파악한 후 우측 방향지시등을 점멸하여 순차적으로 차로를 변경하도록 한다. 감속차로에 도달하였다면 속도계를 보면서 속도를 줄이도록 한다.

정답 | 993 ③ 994 ④ 995 ①, ③

996 다음 중 고속도로에서 도로교통법규를 준수하면서 앞지르기하는 차는?

① 검정색 차
② 노란색 승용차
③ 빨간색 승용차
④ 주황색 택시

> 해설 고속도로에서 앞지르기를 할 경우 좌측 차로를 이용하여 앞지르기를 하여야 한다. 노란색 승용차와 주황색 택시는 우측 차로를 이용하여 앞지르기를 하였기 때문에 도로교통법규를 위반하였고, 빨간색 승용차는 연속적으로 앞지르기를 하였기 때문에 매우 위험하다.

997 안개 길을 주행하고 있을 때 운전자의 조치로 적절하지 못한 것은?

① 급제동에 주의한다.
② 내 차의 위치를 정확하게 알린다.
③ 속도를 높여 안개 구간을 통과한다.
④ 주변 정보 파악을 위해 시각과 청각을 동시에 활용한다.

> 해설 안개길에서는 전방상황을 예측하기 어렵기 때문에 안전거리를 확보하며 주변상황을 예의주시하며 서행해야 한다. 또한 안개등을 점멸하여 다른 차량들에게 나의 위치를 알려야 한다. 이때 급가속 급감속을 하게 되면 다른 차량들과의 충돌 위험이 있다.

998 야간에 커브 길을 주행할 때 운전자의 눈이 부실 수 있다. 어떻게 해야 하나?

① 도로의 우측가장자리를 본다.
② 불빛을 벗어나기 위해 가속한다.
③ 급제동하여 속도를 줄인다.
④ 도로의 좌측가장자리를 본다.

> 해설 야간 좌측으로 굽은 길을 주행할 때 반대편 차선에서 주행중인 차량의 불빛으로 인해 눈이 부신다. 이때 도로의 우측 가장자리를 보며 현혹현상이 발생되지 않도록 주의하며 다른 차량들과의 안전거리를 확보하며 주행하도록 한다.

999 다음 중 신호없는 횡단보도를 횡단하는 보행자를 보호하기 위해 도로교통법규를 준수하는 차는?

① 흰색 승용차
② 흰색 화물차
③ 갈색 승용차
④ 적색 승용차

해설 보행자 신호기가 없는 횡단보도에서 보행자가 횡단 중일 때 운전자는 정지선 직전에 일시정지하여 보행자가 횡단을 안전하게 마칠 수 있도록 하여야 한다. 반대편 흰색 승용차만 이를 준수하였고, 나머지 차량들은 도로교통법규를 미준수하였다.

1000 좁은 골목길을 주행 중이다. 이 때 위험요소가 가장 적은 대상은?

① 주차된 차량을 피해 좌측으로 나오는 자전거
② 횡단하는 보행자
③ 반대편에서 직진하는 이륜차
④ 주차하고 있는 승용차

해설 좁은 골목길을 주행할 때는 주변상황을 살피며 서행해야 한다. 전방의 주차된 차량을 피해 좌측으로 나오는 자전거와 좌측에서 횡단하려는 보행자, 반대편에서 직진해오는 이륜차와 충돌 위험이 있다. 전방의 주차 중인 승용차는 내 차량과의 충돌 위험이 상대적으로 낮다.

정답 999 ① 1000 ④

MEMO

MEMO

2023 홍시car가 알려주는 운전면허 필기 1·2종 공통

발행일 2022년 9월 30일 **발행인** 조순자
저 자 도로교통공단 **해 설** 홍시car
편집·표지디자인 백진주 **발행처** 지식오름
팩 스 031-942-1152

※ 낙장이나 파본은 교환해 드립니다.
※ 이 책의 무단 전제 또는 복제행위는 저작권법 제136조에 의거하여 처벌을 받게 됩니다.

정 가 11,000원   **ISBN** 979-11-91292-79-4